中等职业学校
工艺美术专业教材

3ds Max室内装饰效果图制作

（第二版）

主　编　韩　良
副主编　傅丽娟　高　宇

中国教育出版传媒集团
高等教育出版社·北京

内容提要

本书依据《中等职业学校工艺美术专业教学标准（试行）》的要求，在第一版的基础上修订而成。全书以实际操作为主，同时结合工程实例，比较详尽地讲解运用3ds Max软件进行室内装饰效果图制作的基础知识，包括制作3ds Max室内装饰效果图概述，建模、材质、灯光和相机介绍，制作教室、卧室、客厅、总经理办公室、大厅效果图以及制作全景卧室效果图。本书从简到繁，理论联系实际，实战步骤分明、图文并茂。

为了方便教学，随书附赠数字资源，读者可登录http://abook.hep.com.cn/sve免费获取。本书可作为中等职业学校工艺美术专业选修课教材。

图书在版编目（CIP）数据

3ds Max室内装饰效果图制作 / 韩良主编. --2版. -- 北京：高等教育出版社，2023.2
工艺美术专业
ISBN 978-7-04-058827-9

Ⅰ. ①3… Ⅱ. ①韩… Ⅲ. ①室内装饰设计－计算机辅助设计－三维动画软件－中等专业学校－教材 Ⅳ. ①TU238-39

中国版本图书馆CIP数据核字（2022）第108799号

3ds Max Shinei Zhuangshi Xiaoguotu Zhizuo

策划编辑 王宇彤　责任编辑 司马镭　特约编辑 王宇彤　封面设计 赵 阳
版式设计 张 杰　责任绘图 马天驰　责任校对 胡美萍　责任印制 高 峰

出版发行 高等教育出版社
社　　址 北京市西城区德外大街4号
邮政编码 100120
印　　刷 北京市密东印刷有限公司
开　　本 889mm×1194mm 1/16
印　　张 14.75
字　　数 270千字
购书热线 010-58581118
咨询电话 400-810-0598
网　　址 http://www.hep.edu.cn
　　　　 http://www.hep.com.cn
网上订购 http://www.hepmall.com.cn
　　　　 http://www.hepmall.com
　　　　 http://www.hepmall.cn
版　　次 2008年9月第1版
　　　　 2023年2月第2版
印　　次 2023年2月第1次印刷
定　　价 59.00元

物 料 号 58827-00

第二版前言

依据《教育部办公厅关于公布首批〈中等职业学校专业教学标准（试行）〉目录的通知（教职成厅函〔2014〕11号）》和《教育部办公厅关于公布第二批〈中等职业学校专业教学标准（试行）〉目录的通知（教职成厅函〔2014〕48号）》，文化艺术类专业分为美术绘画、动漫游戏、工艺美术和美术设计与制作等专业。依据教育部印发《职业教育专业目录（2021年）》，室内设计是新的专业教学标准中工艺美术专业的一个专业方向。该专业方向主要对应室内装饰设计、室内装饰工程和精细木工等职业（岗位）。

3ds Max 室内装饰效果图是室内设计重要的辅助手段。3ds Max 是目前国内外使用较广泛的效果图制作软件，也是目前国内室内装饰行业运用最普遍的一个软件。本着适用性原则，本书使用 3ds Max 2018 软件介绍室内装饰效果图的制作。

《3ds Max 室内装饰效果图制作》自 2008 年出版以来，被国内众多中等职业学校的工艺美术专业选为专业技能方向课教材，广受欢迎。在使用过程中，一些学校的师生对本书提出了宝贵的反馈意见。本次修订结合读者意见，结合室内效果图制作的新理论与新技术对全书进行了核查，对各项目内容进行了必要的修订。

全书分 8 个项目。项目 1 为制作 3ds Max 室内装饰效果图概述；项目 2 以凳子为例介绍建模、材质、灯光和相机的使用；项目 3 为制作教室效果图，深入介绍材质、灯光实际应用；项目 4 为制作卧室效果图，介绍 CAD 导入单面建模；项目 5 为制作客厅效果图，介绍家具导入、介绍 VR 渲染；项目 6 为制作总经理办公室效果图；项目 7 为制作大厅效果图；项目 8 为全景卧室效果图。

本书在修订中，遵循新时代教育理念，注重培养当代学生的专业核心素养，力求符合当代学生的成长环境。在内容选择上强调基础和实用；在项目讲解中注重可操作性，在说明方法和示例上尽量做到简单明了、通俗易懂。为体现软件更新和满足时代需求本次修订删除了 LS 渲染内容，增加了 CR 渲染 360° 全景图渲染内容，教材内容更加翔实、丰富，更加利教便学。

本书配套数字资源，读者可以访问 http://abook.hep.com.cn/sve，注册后输入封底学习卡上的密码获取教学资源。

本书由浙江省绍兴市柯桥区职业教育中心韩良主编，傅丽娟、高宇为副主编。由于编者水平有限，书中难免有不当之处，恳请广大读者批评指正。若有建设性意见，望赐教，以供吸纳，使本书更臻完善。如有反馈意见，请发邮件至 zz_dzyj@pub.hep.cn。

编　者

2021 年 12 月

第一版前言

3ds Max是目前国内外使用较广泛的效果图制作软件。由于3ds Max的前身是DOS时代著名的3DS，它最大的特点就是对计算机硬件要求低，因此它也是在我国拥有最大用户群的三维动画制作软件。3ds Max是目前在微机上最好的室内装饰效果图制作软件，也是目前国内室内装饰行业运用最普遍的一个软件。

全书分7章。第1章概述3ds Max的基本功能和基本操作；第2章介绍凳子的建模及材质和灯光的使用；第3章为制作教室效果图，介绍3ds Max默认渲染；第4章为制作卧室效果图，介绍CAD导入单面建模；第5章为制作客厅效果图，介绍家具导入、LS渲染；第6章为制作总经理办公室效果图；第7章为制作大厅效果图。本书还附有光盘，其中含有所有示例模型和材质。

本书结合编者多年实际操作经验和教学经验编写，编写时侧重项目教学，书中示例基本包含了学生毕业后进入室内装饰公司可能涉及的效果图类型。

针对中等职业技术学校的培养目标和学生的特点，本书在内容选择上不要求面面俱到，强调基础和实用。在项目讲解中注重可操作性，在说明方法和示例上尽量做到简单明了、通俗易懂，侧重实际运用。所有示例从简到繁，层层深入，每个示例都给出了详细的操作步骤，学生按照书中的指导操作，就可顺利地制作出效果图，并可全面深入地训练和学习命令的使用方法及应用技巧。

由于编者水平有限，书中难免有不当之处，恳请广大读者批评指正。

编　者

2008年4月

目 录

项目 1　制作 3ds Max 室内装饰效果图概述

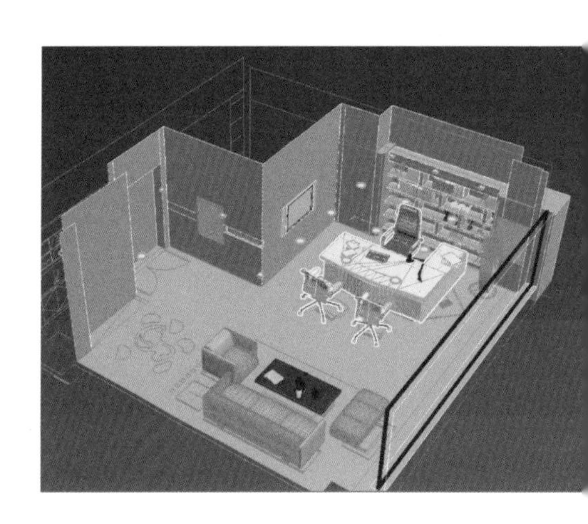

3ds Max 是三维动画渲染和制作软件，广泛应用于影视、工业设计、建筑设计、游戏制作及工程可视化等领域。至 2021 年 12 月，3ds Max 的最新版本为 3ds Max 2022。由于最新版本对硬件要求较高，且 3ds Max 2018 已能满足制作室内装饰效果图的大部分要求，本着适用性原则，以该版本介绍室内装饰效果图的制作流程。

任务 1　3ds Max 2018 界面简介

安装 3ds Max 2018 后，双击桌面上的图标，启动 3ds Max 2018 软件，打开软件界面，如图 1–1 所示。

图 1–1　界面

在 3ds Max 2018 界面中，按照其功能大致可以分为以下几个区域。

1. 菜单栏

菜单栏如图 1–2 所示，它位于界面中标题栏之下，与标准的 Windows 文件菜单的结构和用法相同。菜单栏上包括“文件（F）”“编辑（E）”“工具（T）”“组（G）”“视图（V）”“创建（C）”“修改器（M）”“动画（A）”“图形编辑器（D）”“渲染（R）”“Civil View”“自定义（U）”“脚本（S）”“内容”“Arnold”和“帮助（H）”菜单。

图 1–2　菜单栏

2. 工具栏

工具栏位于菜单栏下面，包含各种工具按钮，但它只显示与当前界面有关的功能按钮，方便用户操作，如图 1–3 所示。

图 1–3　工具栏

3. 命令面板

命令面板的默认位置是在界面的右侧，它显示与当前操作对象相关的各种命令。命令面板以树状结构按层排列，以卷展栏形式展开，内容丰富，用户的大部分操作都可以通过这个命令面板来完成，如图 1–4 所示。

4. 视图区

视图区是制作效果图的工作场地，通常分为 4 个视图，即顶视图、前视图、左视图和透视视图，如图 1–5 所示。在制作效果图时，用户可以从不同角度观察模型的形态。用户可以使用快捷方式将当前视图转换为所需的视图，例如，顶视图（T）、前视图（F）、左视图（R）和透视视图（P）。

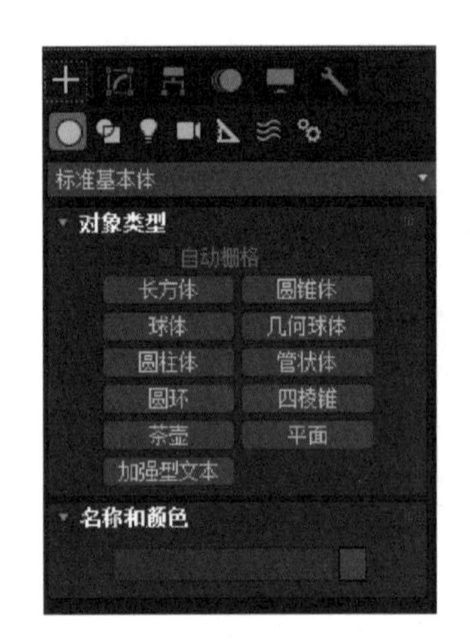

图 1–4　命令面板

图 1–5　视图区

5. 视图控制区

视图控制区位于界面的右下角，通过使用它提供的工具可以实现对视图的缩放、局部放大、满屏显示、旋转等，如图 1–6 所示。

除此之外，还有动画控制区和状态栏，它们位于界面下部，这里不做介绍。

图 1–6　视图控制区

任务 2　3ds Max 2018 的单位设置和空间对象捕捉设置

3ds Max 系统以浮点数存储数值，所以建模精度较高。另外，3ds Max 自 3ds Max 5 起就全面引入了 Auto CAD 的捕捉功能，这极大地提高了 3ds Max 的建模速度和建模精度。因此，掌握如何设置 3ds Max 2018 的单位以及如何灵活使用空间对象捕捉功能，有利于后面的操作。

1. 设置 3ds Max 的单位

使用 3ds Max 进行设计时，应首先进行单位设置。单击 3ds Max 菜单栏上“自定义”→“单位设置”命令，将弹出“单位设置”对话框。如图 1–7 所示，默认状态是在通用单位状态下，系统创建的模型只显示数字，不显示单位。而在建模时，一般将显示单位和建筑标准制图单位设置为毫米，首先在“显示单位比例”选项区中，选中“公制”单选按钮并在下拉菜单中选择“毫米”，单击“系统单位设置”按钮，在弹出的对话框中，设置系统单位比例为“1 单位为 1.0 mm”，如图 1–8 所示。

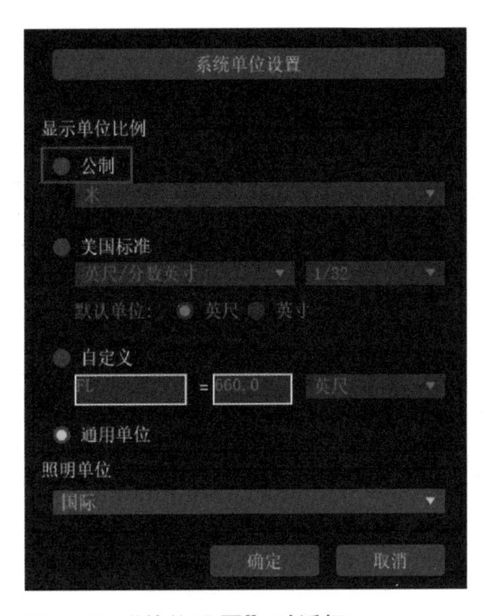

图 1–7　“单位设置”对话框

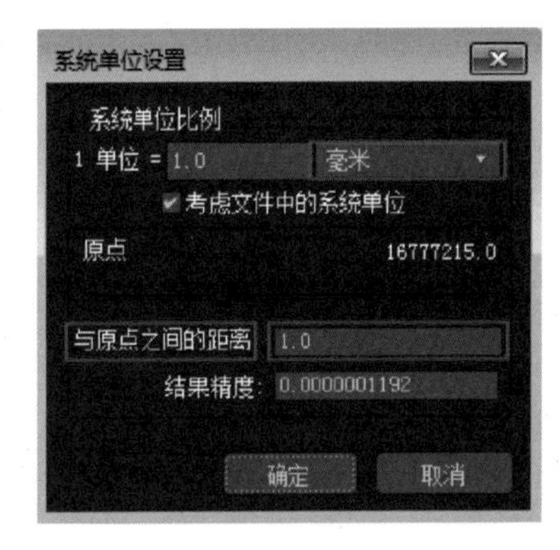

图 1–8　“系统单位设置”对话框

2. 设置 3ds Max 的空间捕捉功能

3ds Max 的空间捕捉功能在工具栏中显示为 3 ⊾ % ⇕，分别为捕捉开关、角度捕捉切换、百分比捕捉切换和微调器捕捉切换。

捕捉时一般只选 2.5 维（D）格式。按住 3ds Max 工具栏上 3 的箭头可以调整为 2.5 维（D）格式，右键单击 3 会弹出对话框。

“捕捉”选项卡：共有 12 种捕捉方式，如图 1–9 所示，选中所需的复选框后关闭对话框。一般只勾选“顶点”“中点”复选框，其他复选框根据需要选用。

“选项”选项卡：一般只需设置角度，在“角度”选项后面的数值框中根据需要输入角度即可。当导入到CAD图纸时，CAD图纸会被冻结，所以需要选中“捕捉到冻结对象”复选框，如图1–10所示。“主栅格”选项卡和“用户栅格”选项卡使用得不多，这里就不介绍了。

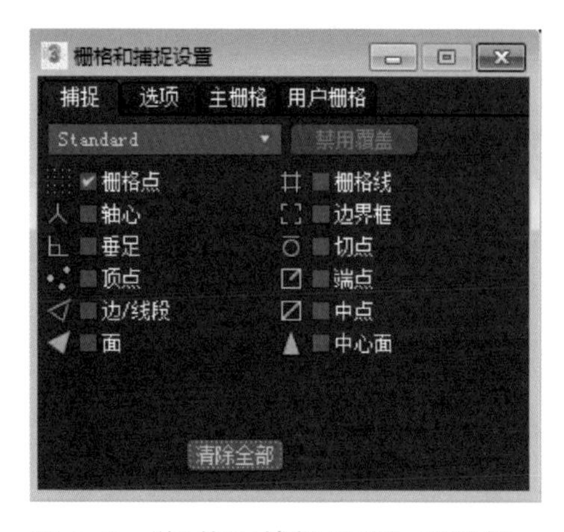

图1–9 “栅格和捕捉设置”对话框—“捕捉”选项卡

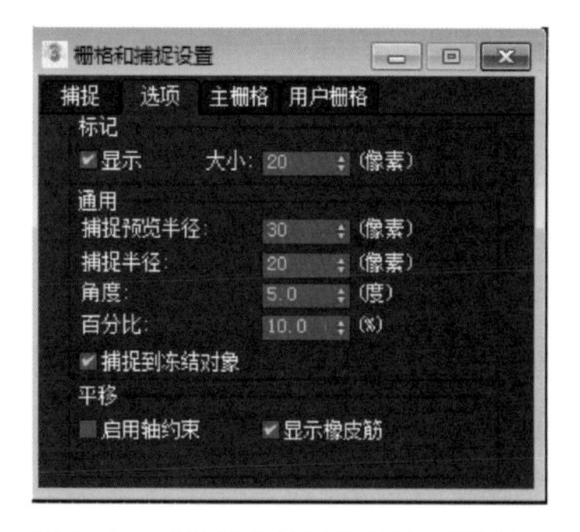

图1–10 “栅格和捕捉设置”对话框—“选项”选项卡

任务3 视图布局

在视图控制区的按钮上，单击鼠标右键，弹出“视口配置”对话框，如图1–11所示。

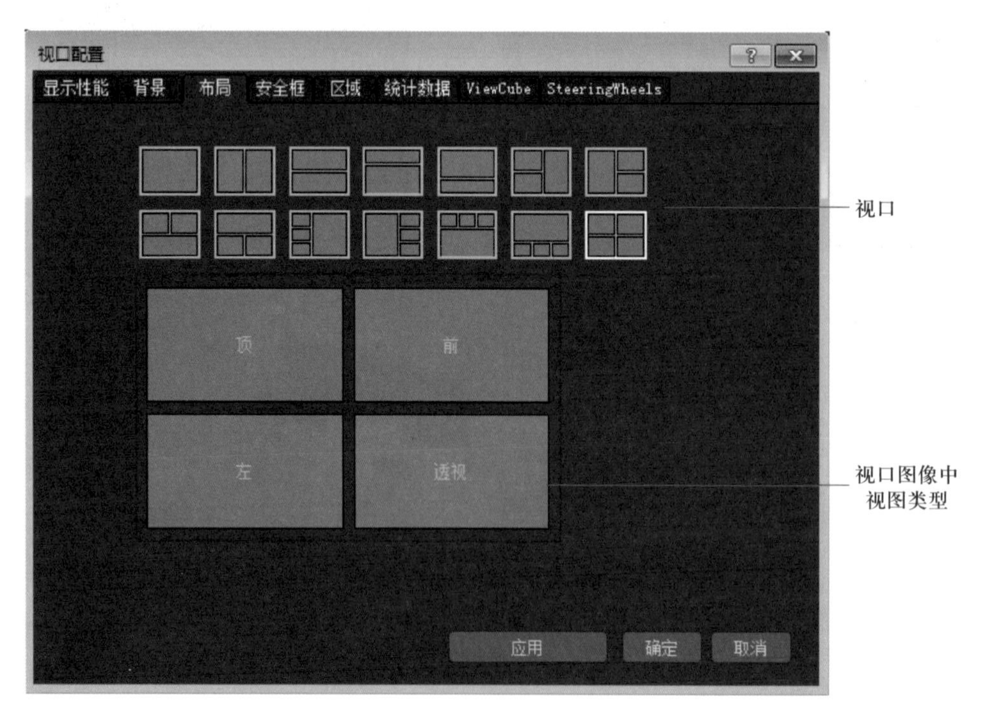

图1–11 “视口配置”对话框

3ds Max 系统共设置了 14 种视口类型，其中默认视口类型为顶视图、前视图、左视图和透视视图平均分布。在这里可以选择自己喜欢的布局格式，但最好还是保持原来的布局。

在任意一个视口类型上单击，即可选择视口类型。也可以单击视图控制区中的当前“最大化视口切换”按钮，实现选中视口最大化。按〈Alt+W〉键可以将 4 个视图显示方式改为单视图显示方式。

任务 4　常用的一些小命令

1. 组

① 如果需要用多个对象来创建一个室内装潢模型，往往需要将这些对象组成一个组。创建组的命令有两个，即组群和附加。使用“组群”命令可以将所选中的对象定义为一个新组。使用“附加”命令可以将所选中的对象添加到现有的组中。

② 创建一个新组：选择多个同类型或不同类型的对象，如灯光、几何体、空间扭曲，从菜单栏上选择“组”→“成组”命令，在弹出的对话框中输入组名“组 001”，如图 1-12 所示，单击“确定”按钮即可。也可以将组和组再合并成组，但尽量不要将组再合并成组。

图 1-12　“组”对话框

③ 添加新对象到一个组中：选中一个或多个对象，从菜单栏上选择“组”→“附加”命令，单击一个组，这样就将对象放到这个组中了。

④ 删除一个组中的对象：选中一个组，从菜单栏上选择“组”→“打开”命令，选中欲删除的对象，从菜单栏上选择“组”→“分离”命令，就可以删除组中的对象。

2. 锁定

选中一个对象后，可以使用“锁定”命令（快捷键是〈Space〉），避免因误操作而破坏已建模好的对象。

3. 线框和实体模式切换

使用快捷键〈F3〉，可以在线框和实体模式中切换。

4. 其他命令及其快捷键

捕捉快捷键是〈S〉，角度捕捉快捷键是〈A〉，移动快捷键是〈W〉，旋转快捷键是〈E〉，缩放快捷键是〈R〉，材质编辑器快捷键是〈M〉。

任务 5　文件格式

3ds Max 系统默认的文件扩展名为 .MAX。“文件”菜单中的“打开”命令和“合并”命令都是调用 .MAX 文件的命令。其中，“合并”命令是将 .MAX 文件中的对象合并入当前场景。将其他格式的文件导入 3ds Max 中，可以大大提高制作效果图的速度。

在 3ds Max 中，“导入”命令可识别的文件扩展名有 AutoCAD 的 .DWG、.DXF，还有 3DSTUDIO 的 .3DS 格式，“输出”命令可以将 3ds Max 的场景输出，输出时可以选择 .3DS、.DWF、.STL 和 .WRL 格式。

任务 6　室内装饰效果图制作流程

3ds Max 是目前制作效果图时使用最普遍的一个软件，在 3ds Max 中制作效果图的流程可以分为以下几个步骤：

步骤 1，先熟悉图纸，明确设计师的意图，以便建模时少走弯路。

步骤 2，使用 AutoCAD 将各个需要的面单独分离出来。一般先建墙体模型和顶模型模型面，然后再建各个需要的立面模型。

步骤 3，建模时要将每个局部模型都改成中文名称，以便寻找和修改。根据设计师的图纸，为各模型添加材质效果。

步骤 4，根据需要布光，充分表现空间立体感和气氛，体现设计师的意图。

步骤 5，使用 VR 渲染出图，一般生成 3 200 像素 ×2 400 像素大小的图。

步骤 6，在 Photoshop 等图形图像设计软件中进行后期处理时，一般需要调整画面的基调色、亮度和反差，弥补画面的不足，较好地表现质感和层次感，同时添加必要的配景。

本章对 3ds Max 进行了简单的介绍，介绍了 3ds Max 的界面组成、单位设置及空间对象捕捉设置，在制作效果图的时候将用到这些知识。下面几个项目将详细介绍效果图制作的方法和流程。

课后练习

简述室内效果图的制作流程。

项目 2　建模、材质、灯光和相机

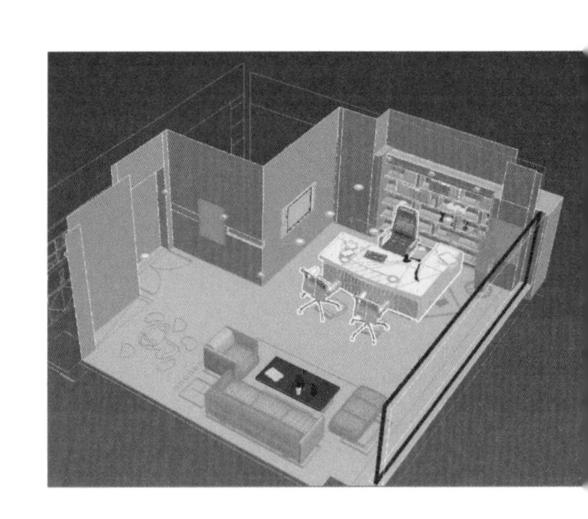

本项目将以一个简单的实例——凳子来讲解基本的建模、材质、灯光和相机的使用方法，帮助同学们初步掌握 3ds Max 效果图的制作方法。

任务 1　凳子建模

1. 单位设置

在建模前首先要设置单位，利用“自定义”菜单进行单位设置，将单位显示比例和系统单位比例设置全部改为毫米。在 3ds Max 中系统对模型的存储和计算均以系统单位为准，设置不同的系统单位会影响模型的导入和导出、合并和替换，在制作室内装饰效果图时，系统单位一般设置为毫米。

2. 建模

（1）创建凳前腿

① 在顶视图中，单击“创建”→“几何体”→“长方体”按钮，如图 2-1 所示。在下面卷展栏的键盘输入栏设置长为 40 mm、宽为 40 mm、高为 400 mm。单击“创建”按钮，将长方体命名为“凳腿 001”。

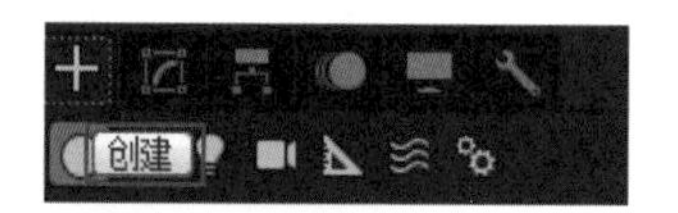

图 2-1　新建长方体

② 选中“凳腿 001”，单击右键，在弹出的快捷菜单中选择“克隆”命令，弹出“克隆选项”对话框，在“对象”选项区中选择“实例”单选钮，命名为“凳腿 002”，单击“确定”按钮复制一个凳腿，如图 2-2 所示。在“对象”选项区中有 3 个单选钮：选中“复制”单选钮，则复制对象和源对象完全独立；选中“实例”单选钮，则改变任意一个，另外的对象也随之改变；选择“参考”单选钮，则改变复制对象，源对象也随之改变，但若改变源对象，复制对象则不改变。在工具栏“移动”按钮上单击右键，弹出如图 2-3 所示的对话框，在“偏移：屏幕”选项区的“Y”框中输入“390.0 mm”。移动操作有两种：一种是用鼠标拖曳所选中的对象；一种是在移动按钮处，单击右键，在弹出的对话框中输入参数来精确移动。

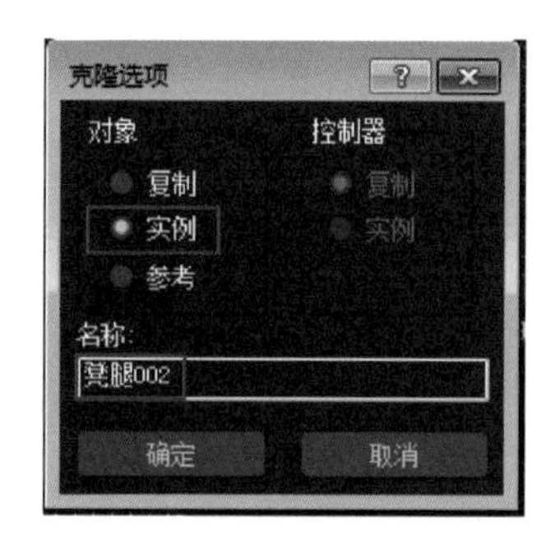

图 2-2　“克隆选项”对话框

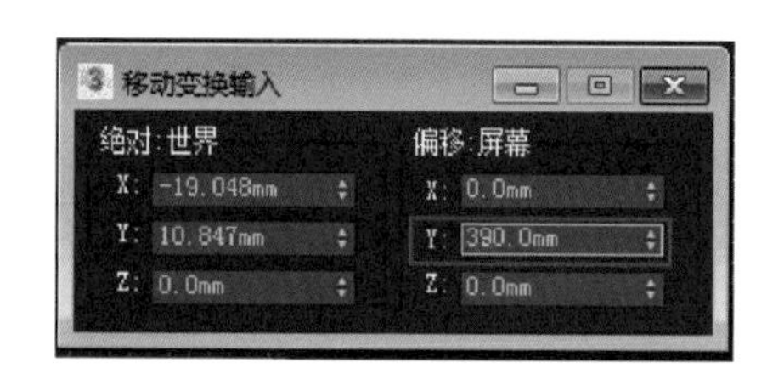

图 2-3　“移动变换输入”对话框

（2）创建凳后腿

① 在前视图中，单击“创建”■→“图形”■，在“对象类型”卷展栏中单击“矩形”按钮，在前视图用键盘输入法创建一个长为 800 mm、宽为 40 mm 的矩形，命名为“凳腿 003”。

② 在前视图中，单击右键，在弹出的快捷菜单中选择“转换为”→“转换为可编辑样条线”命令。在选择卷展栏中单击“顶点”按钮■，如图 2-4 所示。

③ 在“几何体”卷展栏中单击“优化”按钮，将优化工具栏激活，如图 2-5 所示。

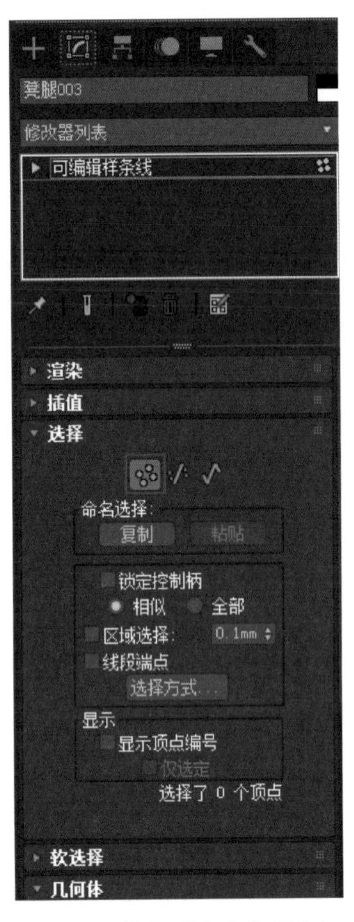

图 2-4 单击“顶点”按钮

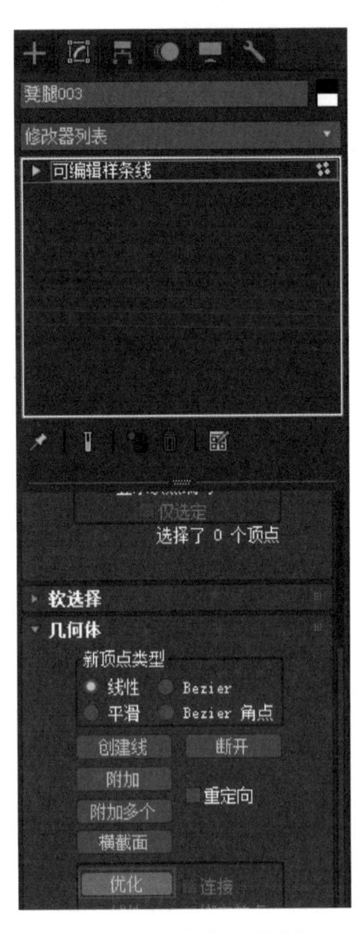

图 2-5 激活优化工具栏

④ 激活工具栏中 2.5 捕捉按钮，仅勾选中点，在前视图中，在“凳腿 003”两条直线中间加上点，单击工具栏中“选择对象”，选中 2 个点，单击右键，在弹出的快捷菜单将“ bezier 角点”改选为“ bezier”。关闭捕捉按钮。然后单击“移动”按钮■，将凳腿 003 调整成如图 2-6 所示的形状。

⑤ 单击“修改命令面板”■，从“修改器列表”的下拉列表中选择“挤出”命令，在“参数”选项区的“数量”框中输入“40 mm”，如图 2-7 所示。

⑥ 在顶视图中，选中“凳腿 003”，单击“对齐按钮”，激活它，单击“凳腿 001”，在弹出对话框的“对齐位置（屏幕）”选项区中，选中“ Y 位置”复选框，在“当前对象”和“目标对象”选项区中都选择“最小”单选钮（为叙述简便，后面将此步操作简写为“Y 位置—最小—最小”，类似操作也做相应简写），如图 2–8 所示。

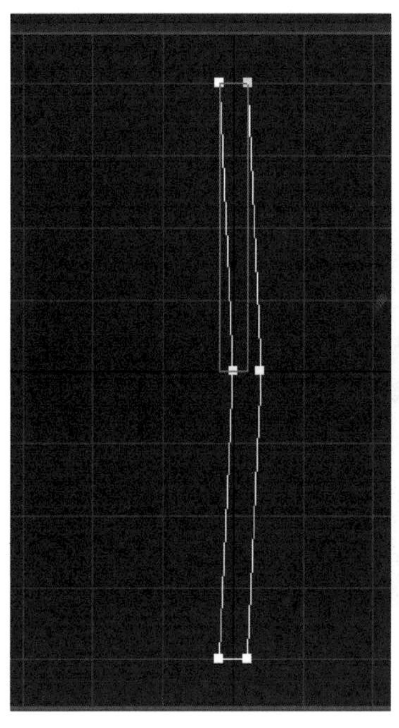

图 2–6　调整“凳腿 003”形状

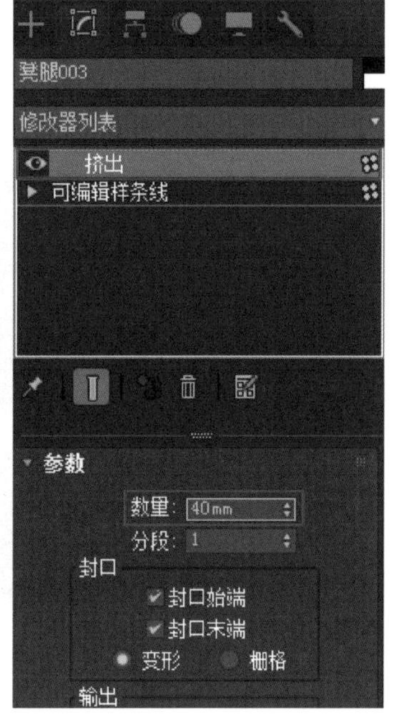

图 2–7　设置“数量”参数

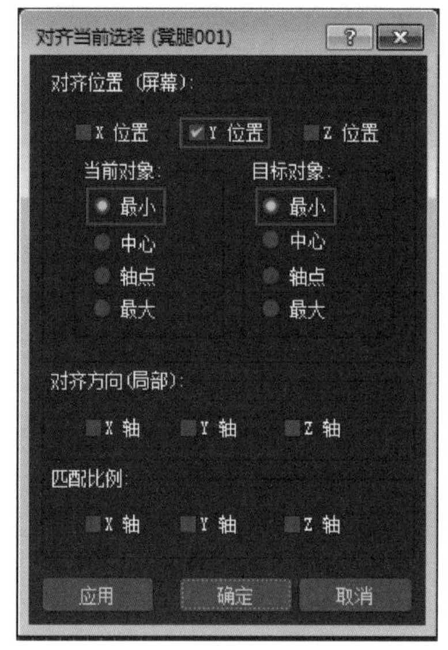

图 2–8　在顶视图中对齐

⑦ 同样在左视图中将“凳腿 003”和“凳腿 001”的对齐位置设置为“ Y 位置—最小—最小”。

⑧ 在顶视图中，将“凳腿 003”用移动命令向 X 方向移动 –400 mm，然后克隆复制“凳腿 003”并命名为“凳腿 004”。最后将“凳腿 004”和“凳腿 002”的对齐位置设置为“Y 位置—最小—最小”。

（3）凳面制作

在“选择”卷展栏中单击“创建→图形→线”按钮，激活它，在前视图中创建初始类型为角点，如图 2–9 所示拖动类型为平滑的弧形线段，取名为“凳面”。进入修改命令面板，在“选择”卷展栏中单击线段按钮，激活它，单击“样条线”按钮，同样将“样条线”激活，如图 2–10 所示。在“几何体”卷展栏中

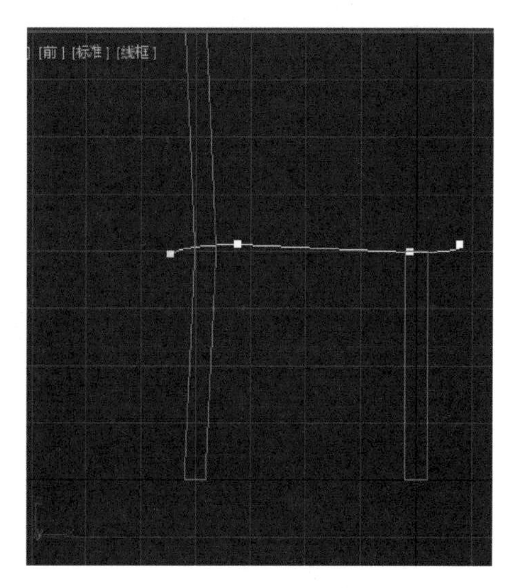

图 2–9　创建“凳面”弧形线段

找到“轮廓”工具栏，激活它，在其后的数字框中输入“20”。然后在“修改器列表”中选择“挤出”命令，将凳面挤出参数设为“450”。然后在顶视图中将凳面向 Y 方向移动 420 mm，如图 2–11 所示。

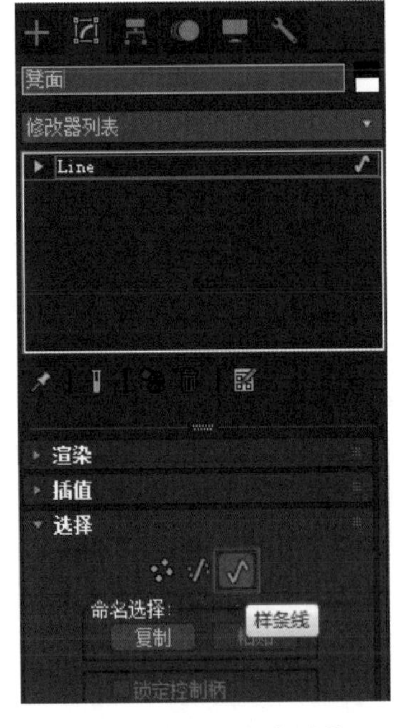

图 2–10　激活“样条线”

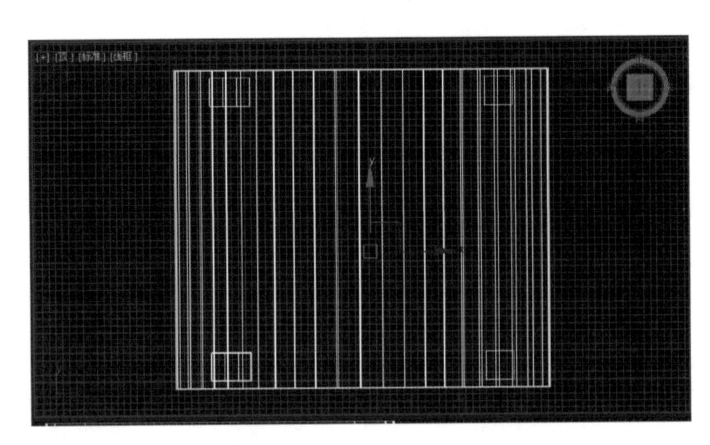
图 2–11　挤出“凳面”

（4）创建凳子档

① 在左视图中，创建一个长方体，取名为“凳子档 001”，长和宽都为 30 mm，高为 400 mm。

② 在前视图中单击“对齐”按钮，将“凳子档 001”和“凳腿 001”的对齐位置设置为“Y 位置—最小—中间”。

③ 在左视图中，按住〈Shift〉键，单击“移动”按钮，用前面讲过的方法复制出“凳子档 002”，然后将其和“凳子腿 002”的对齐位置设置为“X 位置—中心—中心”。

④ 切换到顶视图，激活“角度捕捉切换”按钮，将角度改为“90°”。按住〈Shift〉键，单击“旋转”按钮，将“凳子档 001”旋转 90°，复制出“凳子档 003”，然后用对齐的方法将“凳子档 003”放到“凳腿 001”和“凳腿 002”之间的合适位置。

⑤ 复制出“凳子档 004”，并放到“凳腿 003”和“凳腿 004”之间。

⑥ 用类似方法复制 3 个靠背档，选择合适的移动方式在凳子靠背处放置 3 个靠背档。

至此，第一个简单模型凳子创建完成，主要涉及实体创建、线编辑和创建、移动、复制、对齐、旋转、挤出等知识点。

任务 2　使用材质

1. 为凳面添加材质

① 第一次打开材质编辑器时将 SLate 材质编辑器改为精简材质编辑器，同时在渲染设置中将渲染器改为扫描线渲染。单击选择凳面，再单击“材质编辑器”按钮，或者按快捷键〈M〉。

② 在弹出的“材质编辑器”对话框中，选中第 1 个材质球，再单击“漫反射颜色”后面的“无贴图”按钮，如图 2-12 所示，或者直接单击“获取材质”按钮。

③ 在弹出的“材质 / 贴图浏览器”对话框中选择“贴图”→“通用”→“位图”，如图 2-13 所示。然后在本书配套 Abook 资源中找到“项目 2/ 材质 / 木 .jpg”文件。

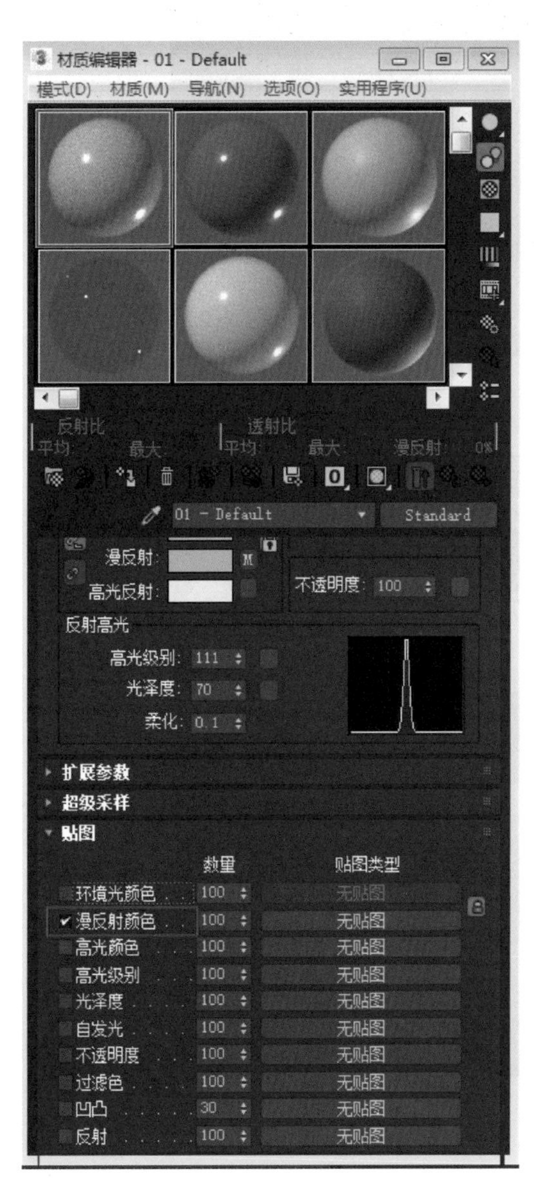

图 2-12　“材质编辑器”对话框

图 2-13　“材质 / 贴图浏览器”对话框

④ 单击“材质编辑器”对话框中的“将材质赋予指定对象”按钮（后面简称为“赋予材质”按钮），将材质赋给凳面。

2. 材质修改

从“修改器列表”中选择“UVW 贴图”选项，在“参数”卷展栏中将贴图改为长方形，同时修改长度、宽度、高度为合适数值。

3. 将所有对象赋予材质并合并

① 用以上方法将凳子其他部分都赋予材质，同时将材质贴图修改好。

② 将所有对象选中，选择“组”菜单中的“成组”命令，在弹出的对话框中将名称改为“凳子”，如图 2-14 所示。

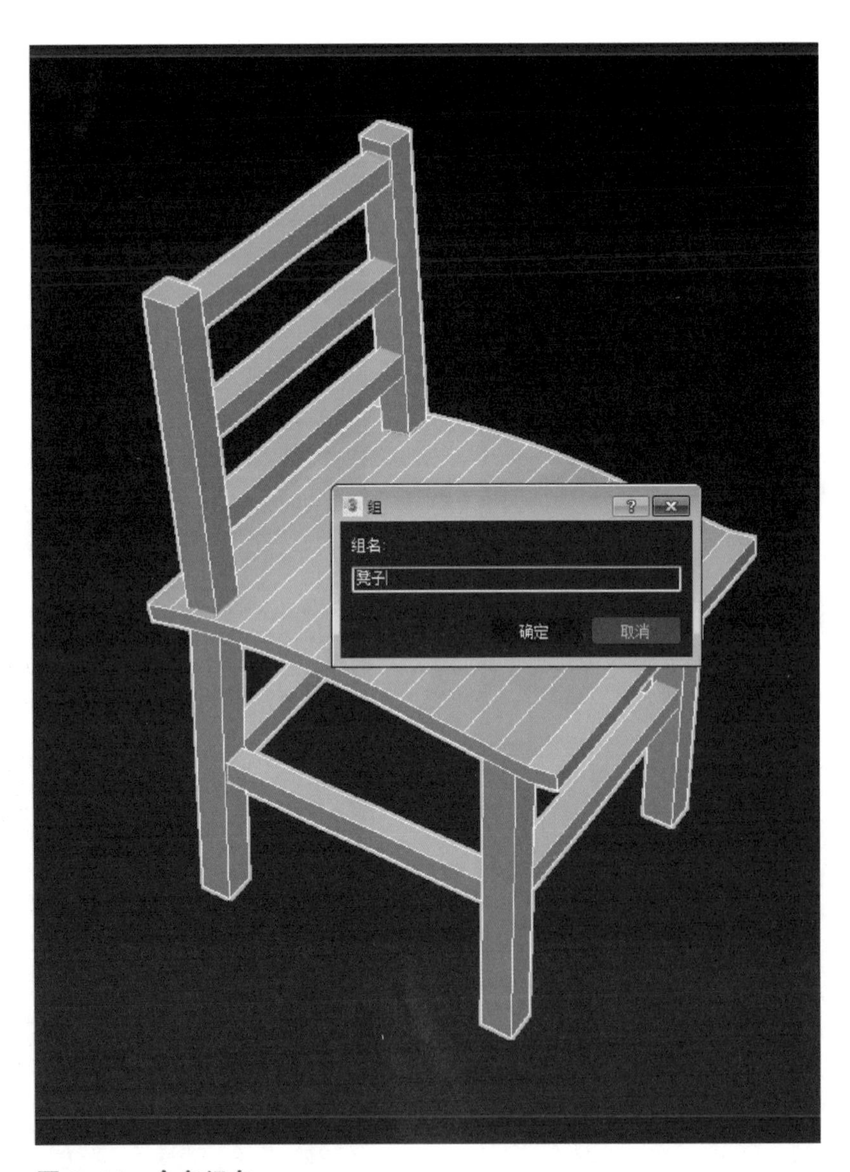

图 2-14 命名组名

③ 单击透视视图，并使用快捷键〈Alt+W〉将透视视图控制区最大化。

④ 单击 3ds Max 右下角视图控制区的“最大化显示选取对象”按钮，将凳子最大化。

⑤ 单击“快速渲染”按钮，或按快捷键〈F9〉，渲染透视视图。

⑥ 至此，第一个作品完成。选择“文件”菜单中的“保存”命令，将文件名命名为“凳子”。

任务 3　初步使用灯光

本任务将创建一个简单的环境，对灯光进行简单介绍，以便读者对灯光有初步的认识。

1. 环境创建

① 在顶视图中创建一个长方体，长度为 3 000 mm，宽度为 50 mm，高度为 2 500 mm，命名为“墙”，将颜色设置为白色。

② 再创建一个长方体，长度为 3 000 mm，宽度为 3 000 mm，高度为 50 mm，命名为“地面”，同样将颜色设置为白色。

③ 用对齐按钮将“地面”和“墙”对齐，首先将“地面”和“墙”的对齐位置设置为“X 位置—最小—最大”，单击“应用”按钮后，再将“地面”和“墙”的对齐位置设置为“Y 位置—最大—最大”。

④ 然后将凳子移动到地面上，如图 2–15 所示。

2. 灯光创建

① 单击“灯光”按钮，打开“灯光”面板，如图 2–16 所示。

② 在顶视图中，在凳子右上角放置一盏泛光灯。这是一种可以向四周照射的点光源，凡是面向点光源的模型均能被其照射，可以进行“衰减范围”“投影”等参数设置，通常在环境中产生明暗的对比关系。在“移动”按钮上单击右键，在弹出的对话框中设置参数，将 Z 轴移动 2 000 mm。

图 2–15　将凳子移至地面

③ 单击修改命令面板，在“常规参数”卷展栏中选中“启用”复选框，设置阴影模式为“阴影贴图”，如图 2–17 所示。阴影一般分为阴影贴图、mental ray

阴影贴图、区域阴影、光线跟踪阴影和 VERY 阴影五类，本书中会用到阴影贴图和 VERY 阴影。

④ 在“强度 / 颜色 / 衰减”卷展栏中将“倍增”设为 0.1，颜色设为白色，如图 2–18 所示。倍增是用来设置灯光强度的，可以根据需要修改参数，例如，改为 3 或 0.5 等。倍增后面的是颜色色块，单击默认的白色，会打开“颜色选择器：灯光颜色”对话框，如图 2–19 所示。在其中可以选择灯光的颜色，例如黄色或蓝色。返回“强度 / 颜色 / 衰减”卷展栏，在“远距衰减”选项区中选中“使用”复选框，将“结束”改成“8 000.0 mm”。

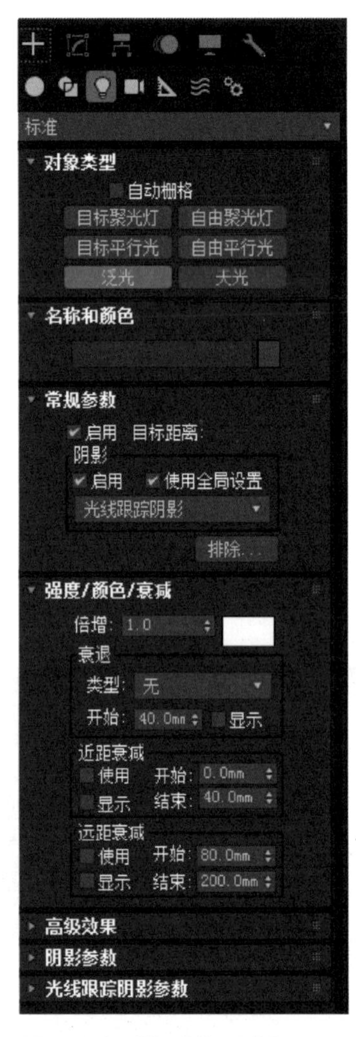

图 2–16 “灯光”面板

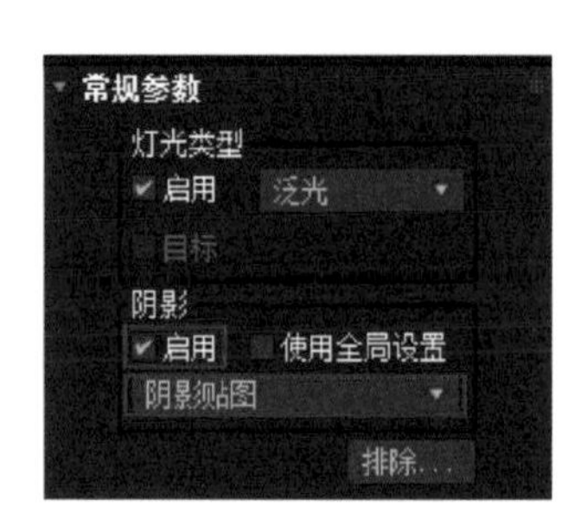

图 2–17 “常规参数”卷展栏

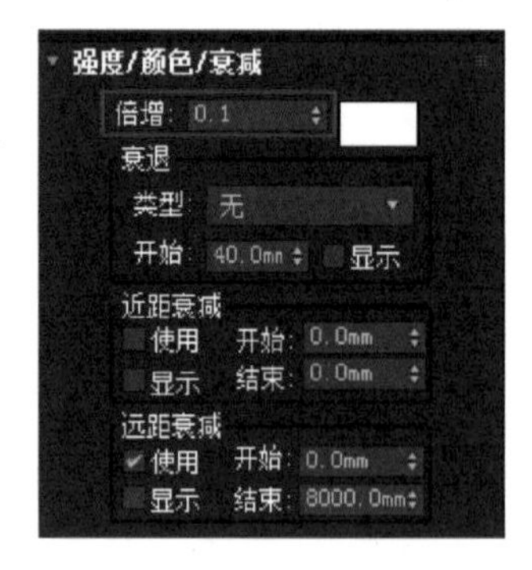

图 2–18 “强度 / 颜色 / 衰减”卷展栏

⑤ 将视图切换到透视视图，单击“快速渲染”按钮，或者按快捷键〈 F9〉。渲染后的图像如图 2–20 所示。

⑥ 在背景凳子上方添加一盏目标聚光灯。目标聚光灯是一种有明确发光点和目标的光源。该光源在其发光点和目标间形成一个锥形照射区域，只有位于

该区域内的模型才能被该光源照射，可进行“衰减”和“投影”参数设置，以产生逼真的静态环境效果。单击灯光面板中的“目标聚光灯”，在如图 2–21 所示的位置放置一盏目标聚光灯。和前面泛光灯一样选择“启用”复选框，将阴影模式选为“阴影贴图”，倍增改为 0.5。然后将“远距衰减”选项区中的“结束”改为“4 000.0 mm”，再将“聚光区 / 光束”设为“28.0”，“衰减区 / 区域”设为“45.0”，如图 2–22 所示。

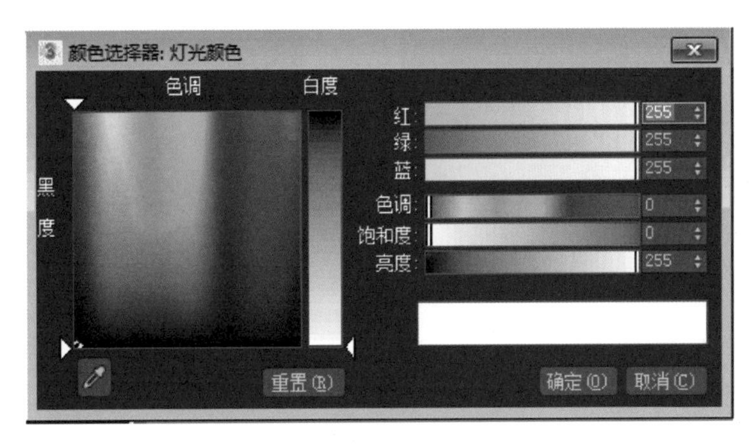

图 2–19　“颜色选择器：灯光颜色”对话框

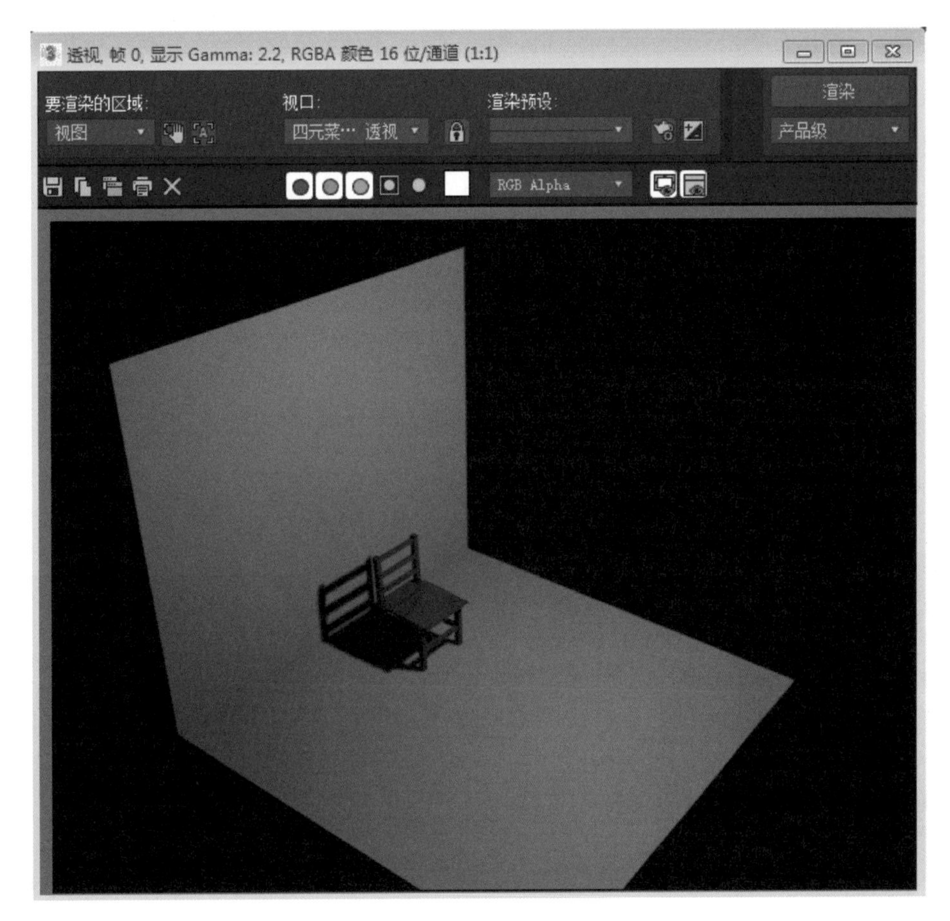

图 2–20　渲染效果

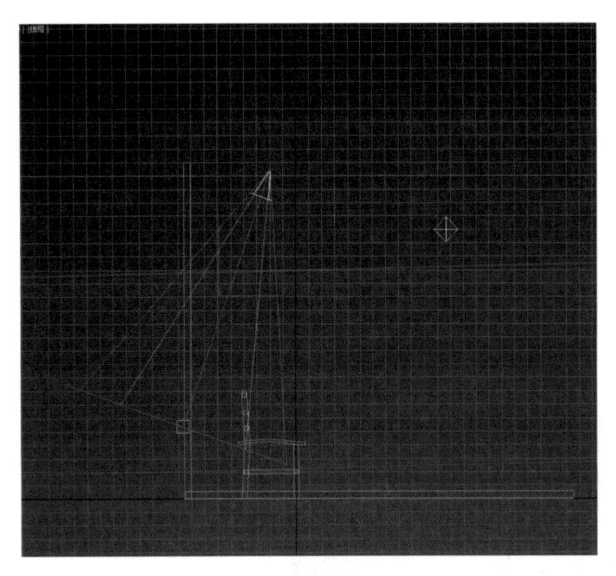

图 2-21 放置目标聚光灯

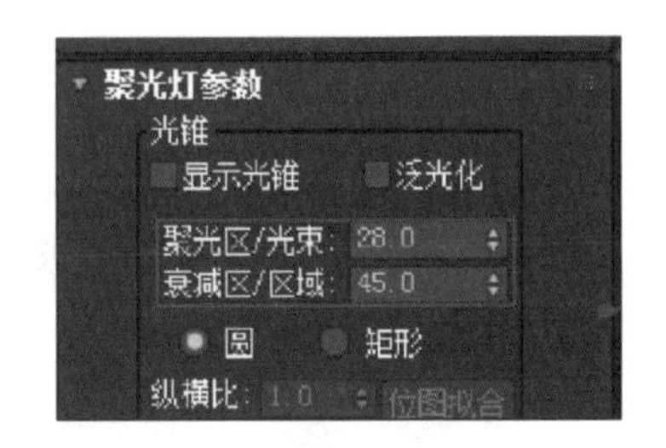

图 2-22 设置参数

任务 4 使用照相机和渲染

① 单击“创建命令”面板下的“相机”按钮，在“对象”卷展栏中选择“目标相机”，如图 2-23 所示。在 3ds Max 中，相机有物理、目标、自由相机三种。其中目标相机有两个控制项：一个是摄像点，它表示相机的位置或者人的眼睛的位置；另外一个是相机的目标点，它表示相机的观察点或者人的视点的位置。改变两项中任何一项的位置，都会影响视野中的图像。自由相机只有一个控制项——摄像点，它表示相机的位置或者人的眼睛的位置，但一般不用。

② 打开“相机”面板，如图 2-24 所示，在“参数”卷展栏中将“镜头”改为“35.0”。在视图中的适当位置按住鼠标左键，拖曳光标到视图中的适当位置，释放鼠标，即确定了相机目标点，然后在各视图中调整镜头和目标位置，创建如图 2-25 所示的相机。

图 2-23 选择“目标相机”

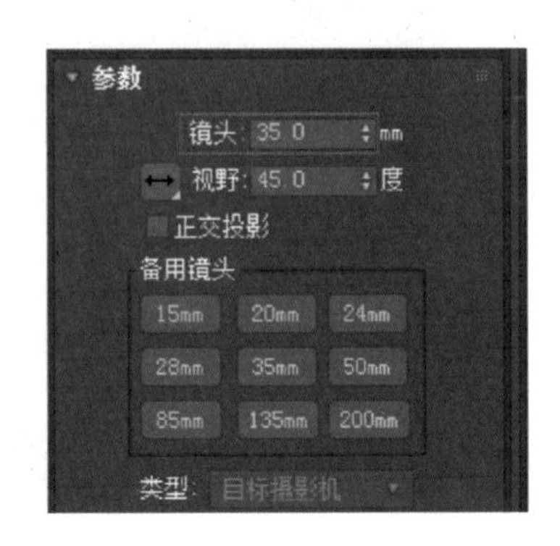

图 2-24 “参数”卷展栏

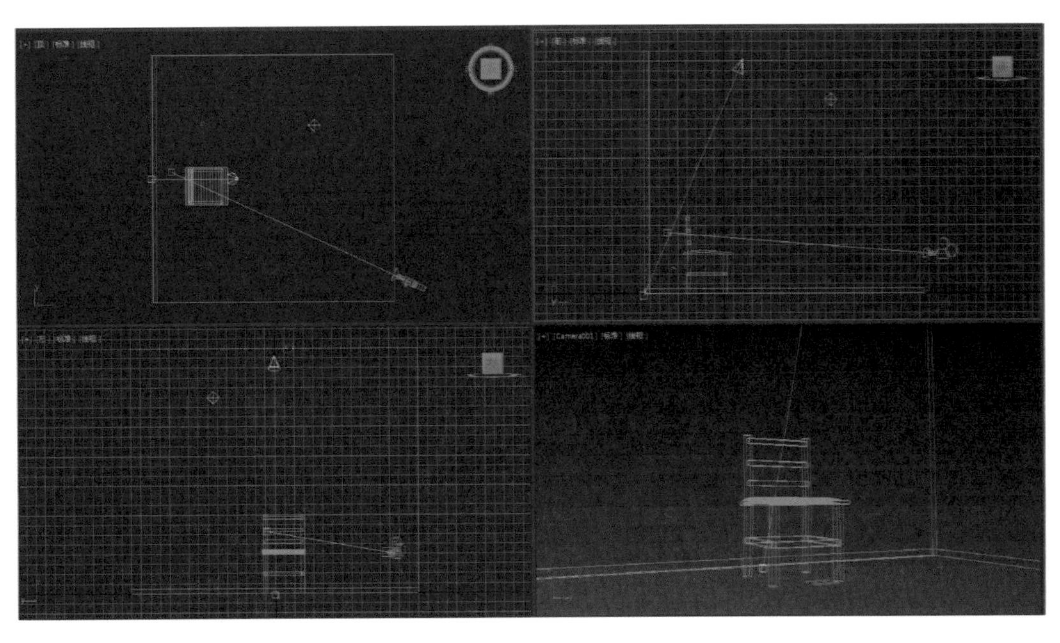

图 2–25　创建相机

③ 选择透视视图，按〈 C 〉键，把当前视图变成相机视图。

④ 按〈 F9 〉键渲染当前视图，单击面板上的“保存”按钮，以 JPEG 格式保存，命名为“椅子”，如图 2–26 所示。

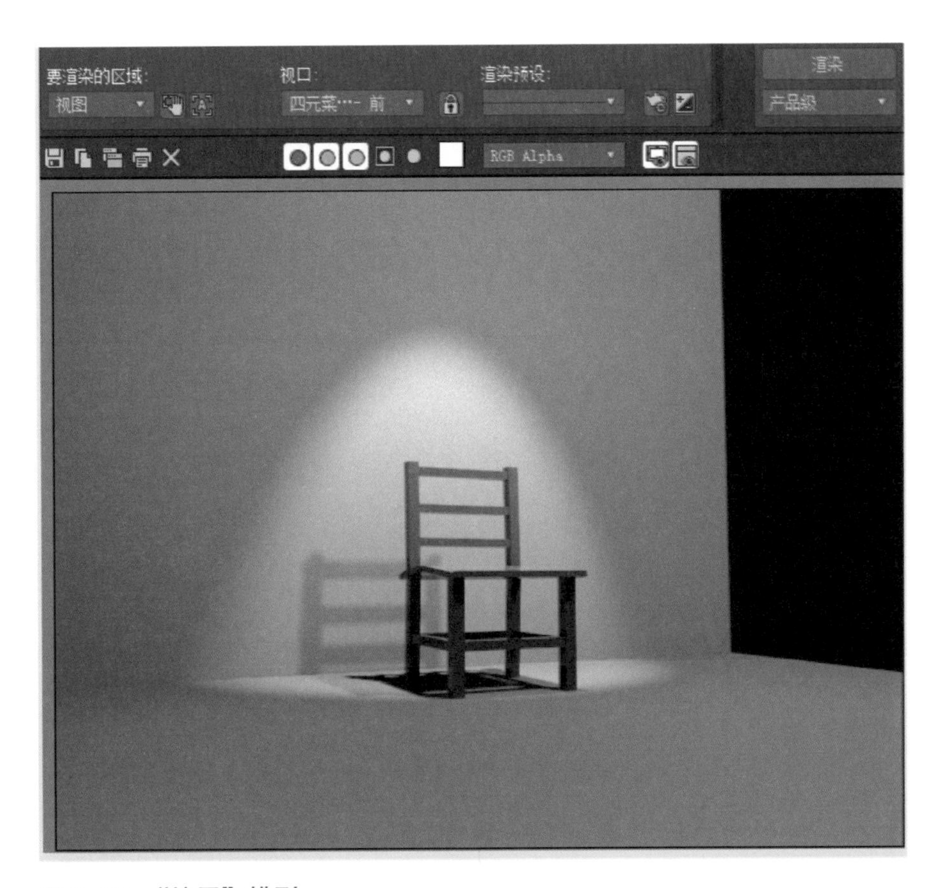

图 2–26　“椅子”模型

本项目简单地介绍了建模、材质、灯光的使用方法，后面几个项目将逐步深入地讲解它们。

课后练习

1. 参考书中实例完成凳子建模，了解建模、移动、复制、对齐、几何体、捕捉线编辑的基本运用方法。
2. 参考书中实例完成凳子材质的设置，了解材质编辑器的基本运用方法。
3. 了解灯光、摄像机的设置，了解灯光、摄像机的基本运用方法。
4. 课后完成一个小方凳 3ds Max 建模。

项目 3　制作教室效果图

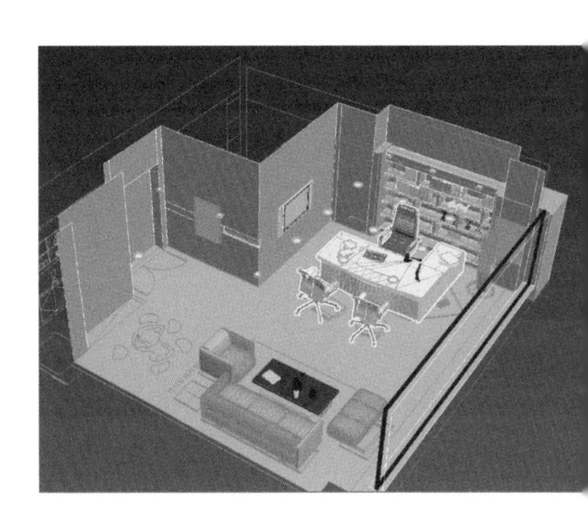

上一个项目介绍的建模、材质、灯光的使用方法，在这个项目将运用到教室的效果图制作中。

任务 1　制作教室模型

1. 教室靠窗墙的创建

① 首先设置单位为毫米，选择前视图，单击视图控制区界面右下角的“最大化视口切换”按钮，将前视图最大化，并在前视图中创建一个长方体。

② 进入“修改命令”面板，将长方形的长、宽、高分别改为“3 300.0 mm”“8 500.0 mm”“280.0 mm”。将颜色改为白色，并命名为“墙”，如图 3–1 所示。

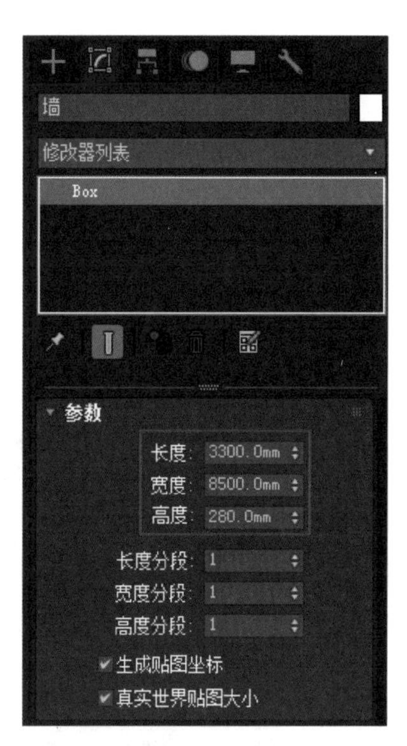

图 3–1　创建“墙”

③ 在前视图中再创建一个长方体，进入“修改命令”面板，将长、宽、高分别改为“1 500.0 mm”“2 100.0 mm”“500.0 mm”，名称改为“布尔窗 001”。单击工具栏上的“捕捉”按钮，将“3 维捕捉”改为“2.5 维捕捉”，并在“栅格和捕捉设置”对话框中选中“顶点”复选框，将左下角与墙左下角对齐，然后右键单击“移动”按钮，X 轴方向移动 400 mm、Y 轴方向移动 900 mm 到如图 3–2 所示的位置。注意，必须将布尔窗穿过墙，不然将不能开出窗洞。

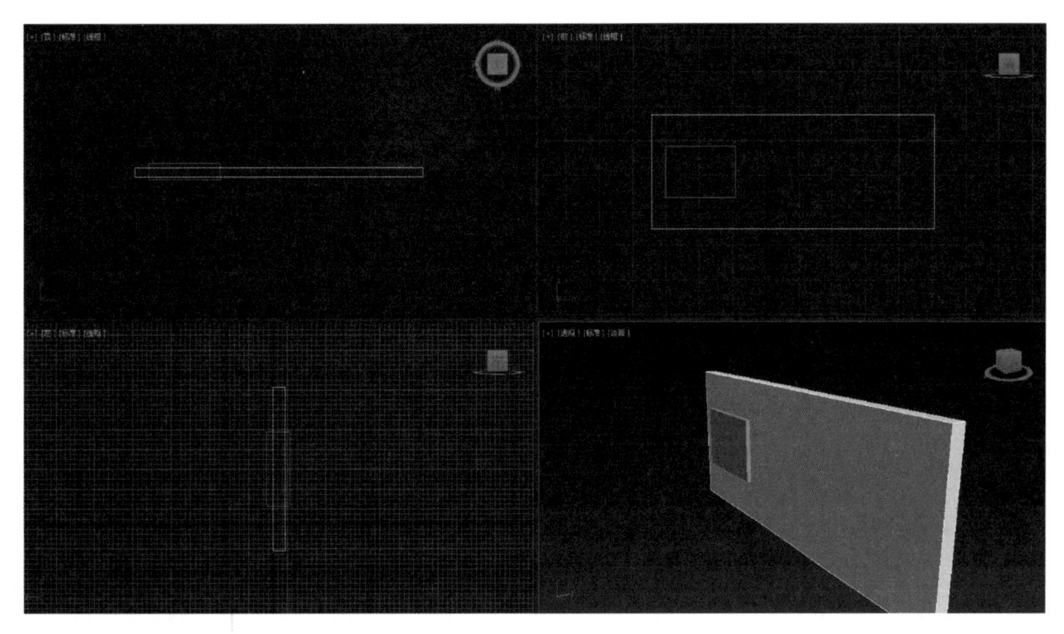

图 3–2　设置“布尔窗 001”

④ 右键单击主工具栏，在弹出的快捷菜单中选中“附加”复选框，在 3ds Max 界面中会出现一个附加工具栏，如图 3–3 所示。单击“阵列”按钮。“阵列”是一个功能强大的复制工具，它可以将选择的图形复制成 2 维或 3 维的图形复制品，并且可以通过大量的参数来控制复制，如复制品的间距、旋转角度、缩放比例和数量。

图 3–3　附加工具栏

⑤ 选中“布尔窗 001”，单击“阵列”按钮，在弹出的对话框中将“阵列变换”选项区中的 X 增量设为“2 800.0 mm”，将“阵列维度”选项区中的 1D 数量设为“3”，如图 3–4 所示。

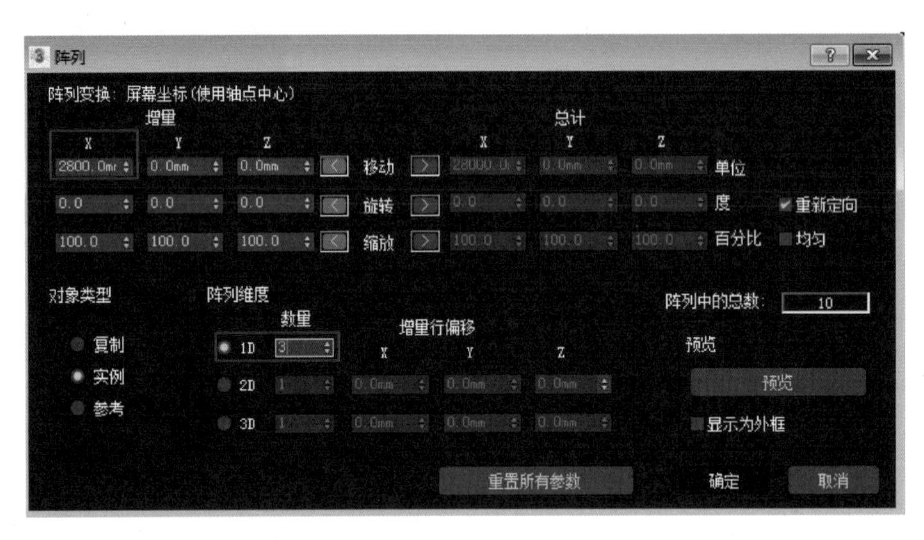

图 3–4　“阵列”对话框

⑥ 这样在墙上创建了 3 个长方形，分别为“布尔窗 001”“布尔窗 002”“布尔窗 003”。接下去将通过布尔运算在墙上开 3 个窗洞。布尔运算是根据几何体的空间位置结合两个 3 维对象的运算方式，用于运算的两个对象必须有相交部分。在创建布尔运算时要注意以下问题：运算对象的法线方向要保持一致；参加布尔运算的对象有相近的段数，这样可以避免错误的发生；布尔运算的对象表面要充分相交，不能有共面；每次只能进行两个对象的布尔运算操作，对下一个对象进行运算前，应先退出布尔运算窗口。

⑦ 选中“墙”，进入“创建几何体命令”面板，将标准基本体设为“复合对象”，如图 3–5 所示。

⑧ 单击“布尔”按钮，再单击“添加运算对象”按钮，将“运算对象参数”选为“差集”，如图 3–6 所示，然后单击“布尔窗 001”。

图 3-5　将标准基本体设为“复合对象”

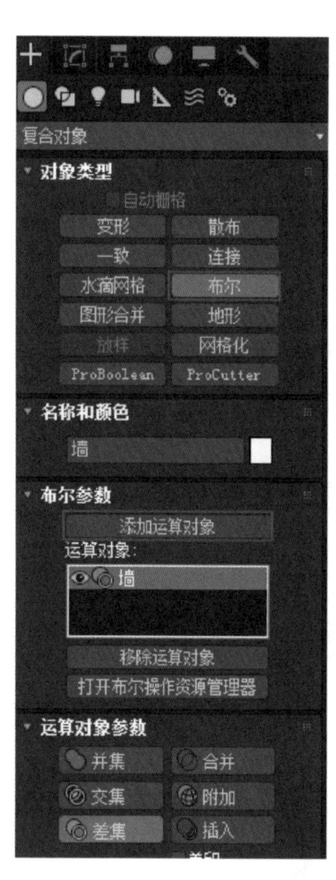

图 3-6　设置“运算对象参数”

⑨ 重复布尔运算 2 次，减掉“布尔窗 002”和“布尔窗 003”，这样窗洞就开好了，如图 3-7 所示。

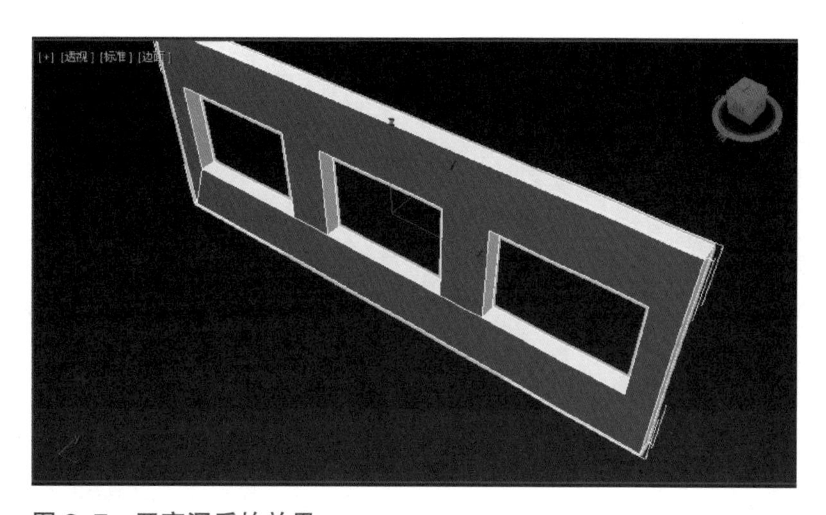

图 3-7　开窗洞后的效果

2. 地面和房顶的创建

① 在顶视图中创建一个长、宽、高分别为 6 000.0 mm、8 500.0 mm、100.0 mm 的长方体，命名为“地面”。

② 单击工具栏上的“捕捉”按钮，将“3 维捕捉”改为“2.5 维捕捉”，并在

“栅格和捕捉设置”对话框中选中“顶点”复选框，如图 3-8 所示。

③ 在顶视图中选择“地面”，按〈Space〉键锁住该对象，单击“移动”按钮，用捕捉工具将地面的左下角和墙的左下角对齐，如图 3-9 所示。

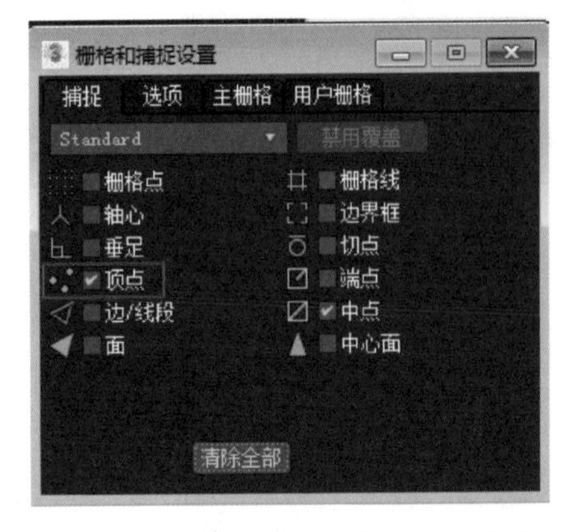

图 3-8 “栅格和捕捉设置”对话框

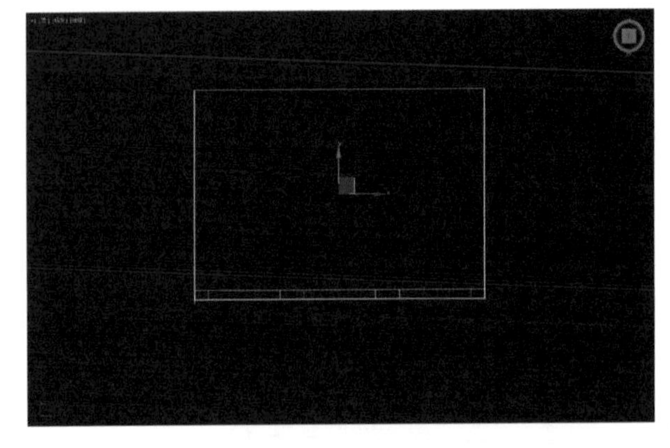

图 3-9 对齐

④ 按〈L〉键切换到左视图，同样用捕捉工具将地面的右上角和墙的右下角对齐。

⑤ 按住〈Shift〉键，移动地面，在弹出的“克隆选项”对话框中，选中“复制”单选钮，将长方体命名为“房顶”，如图 3-10 所示。用捕捉工具将该长方体的右下角和墙右上角对齐。

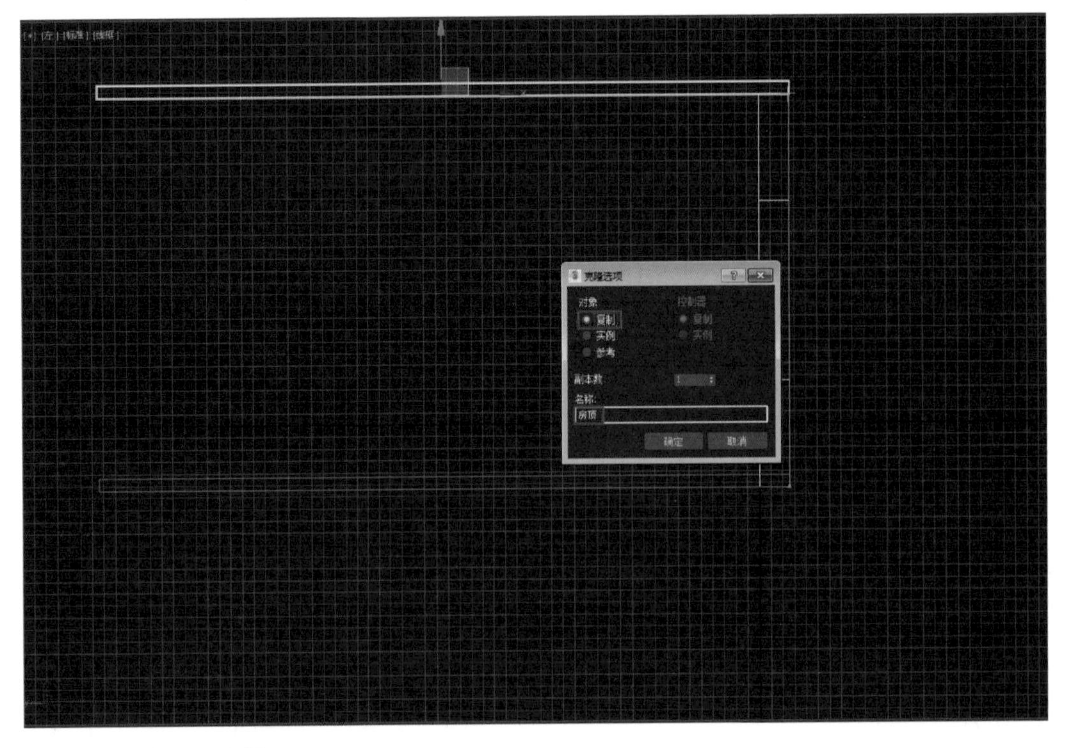

图 3-10 命名长方体

3. 窗户的创建

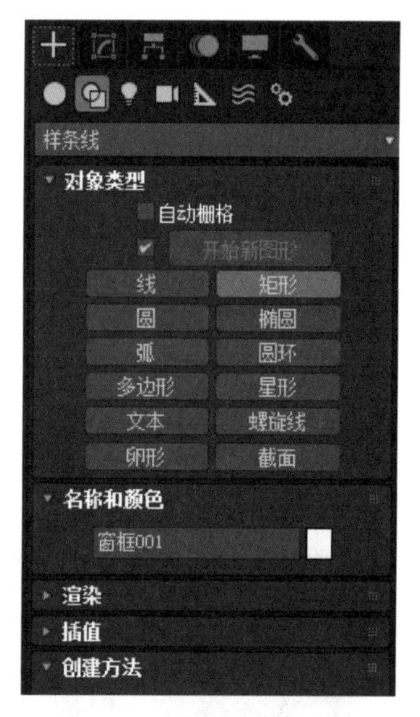

图 3-11 创建“窗框 001”

① 进入图形面板，单击“对象类型”卷展栏中的“矩形”按钮，在前视图中创建一个矩形。

② 进入“修改命令”面板，将矩形的长、宽分别改为“1 500.0 mm”“2 100.0 mm”。命名为“窗框 001”，如图 3-11 所示。

③ 按〈Space〉键锁定“窗框 001”，按〈S〉键打开 2.5 维捕捉（〈S〉键为打开和关闭捕捉的快捷键）。

④ 移动“窗框 001”，用捕捉工具将“窗框 001”的左下角与窗洞的左下角对齐。

⑤ 单击右键，在弹出的快捷菜单中选择“隐藏未选定对象”命令，这样在画面上只显示“窗框 001”，如图 3-12 所示。

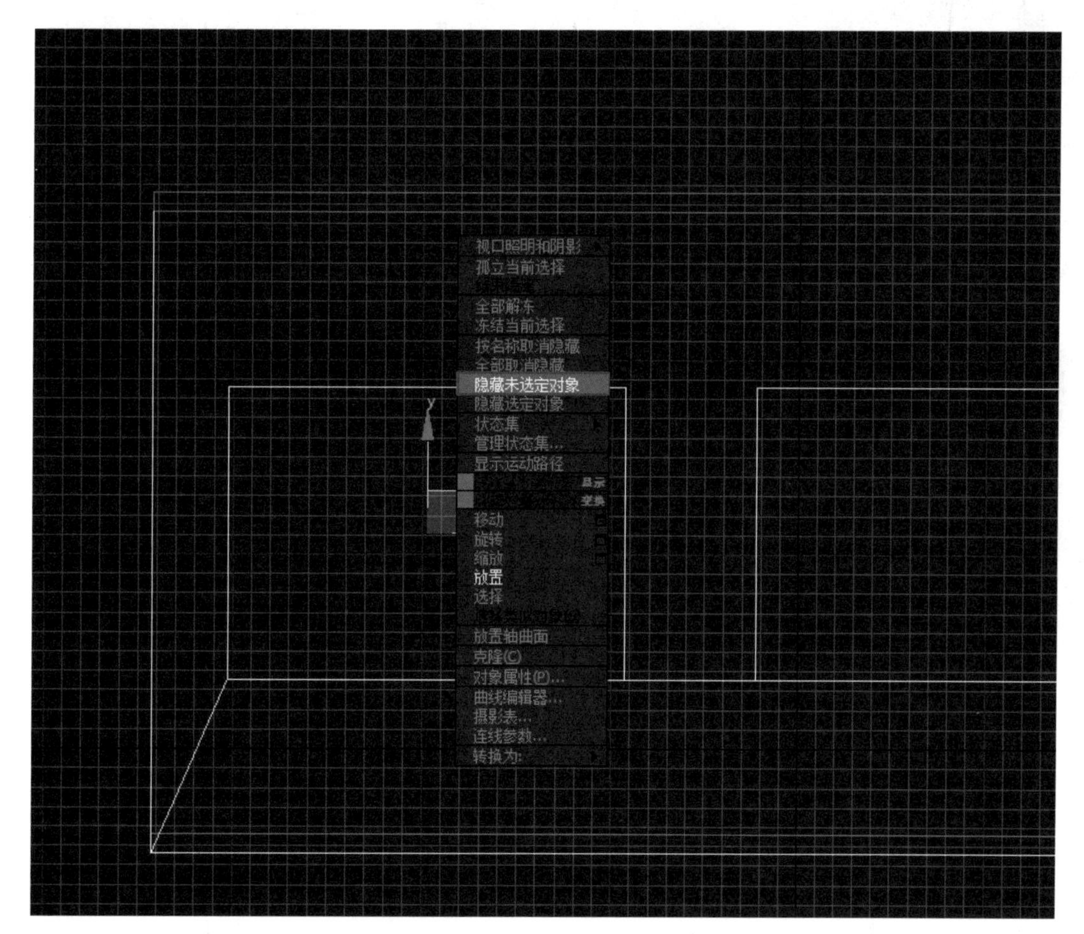

图 3-12 选择“隐藏未选中对象”命令

⑥ 在“窗框 001”上单击右键，在弹出的快捷菜单中选择“转换为：”→“转

换为可编辑样条线”命令，如图 3–13 所示。

⑦ 进入“修改命令”面板，在“选择”卷展栏中单击“样条线”按钮（样条线的编辑是指编辑样条线次对象列表中的第三级次对象，在曲线的编辑中可进行结合、封闭、轮廓、布尔运算和镜像等操作）。在“几何体”卷展栏中找到“轮廓”按钮，将它右边的参数改为“50”，如图 3–14 所示。现在可以看见窗框 001 变成双框线条了。

⑧ 单击“修改器列表”的下拉箭头，从下拉列表中选择“挤出”选项，在“参数”卷展栏中将“数量”改为“120 mm”，如图 3–15 所示。

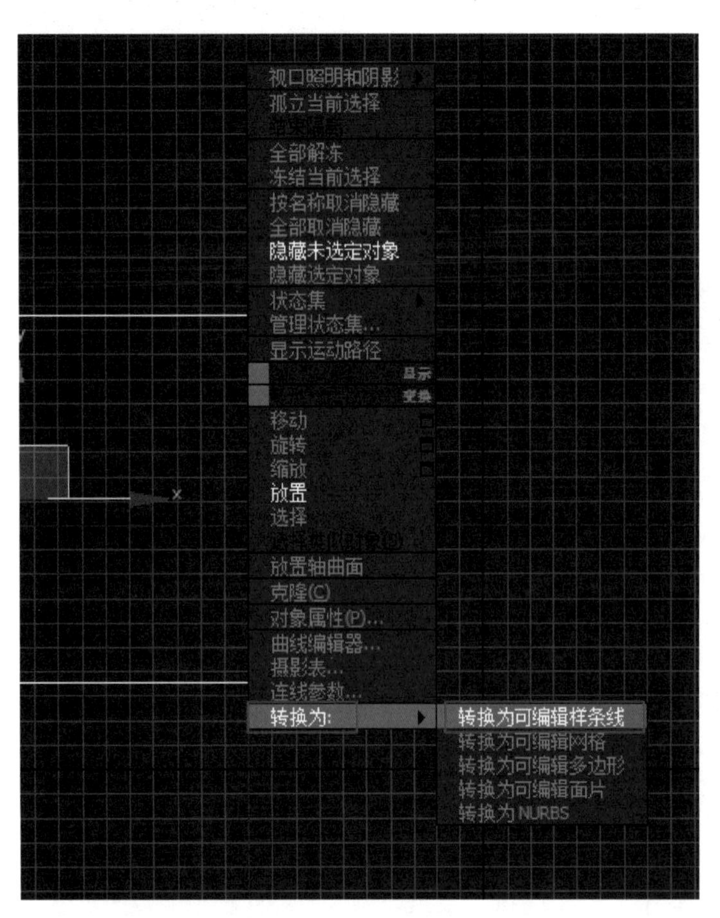

图 3–13 选择“转换为可编辑样条线”命令

图 3–14 修改面板

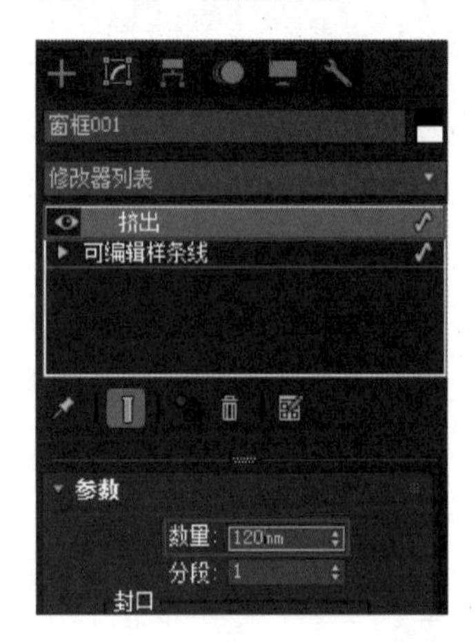

图 3–15 设置“参数”卷展栏

⑨ 用以上方法在窗框中制作一个矩形，命名为“玻璃窗内框 001”，长和宽分别为 1 400 mm、1 000 mm。

⑩ 使用捕捉工具，移动“玻璃窗内框 001”，将它的左上角与“窗框 001”内线框的左上角对齐。

⑪ 单击右键，在弹出的快捷菜单中选择“转换为：”→“转换为可编辑样条线”命令。

⑫ 进入“修改命令”面板，在“选择”卷展栏中单击“样条线”按钮，在“几何体”卷展栏中找到“轮廓”按钮，将它右边的参数改为“50 mm”。

⑬ 单击“修改器列表”的下拉箭头，从下拉列表中选择“挤出”选项，在“参数”卷展栏中将“数量”改为“50 mm”。

⑭ 复制一个玻璃窗内框，命名为“玻璃窗内框 002”。打开捕捉，将复制的玻璃窗内框移动到另外半边，如图 3-16 所示。

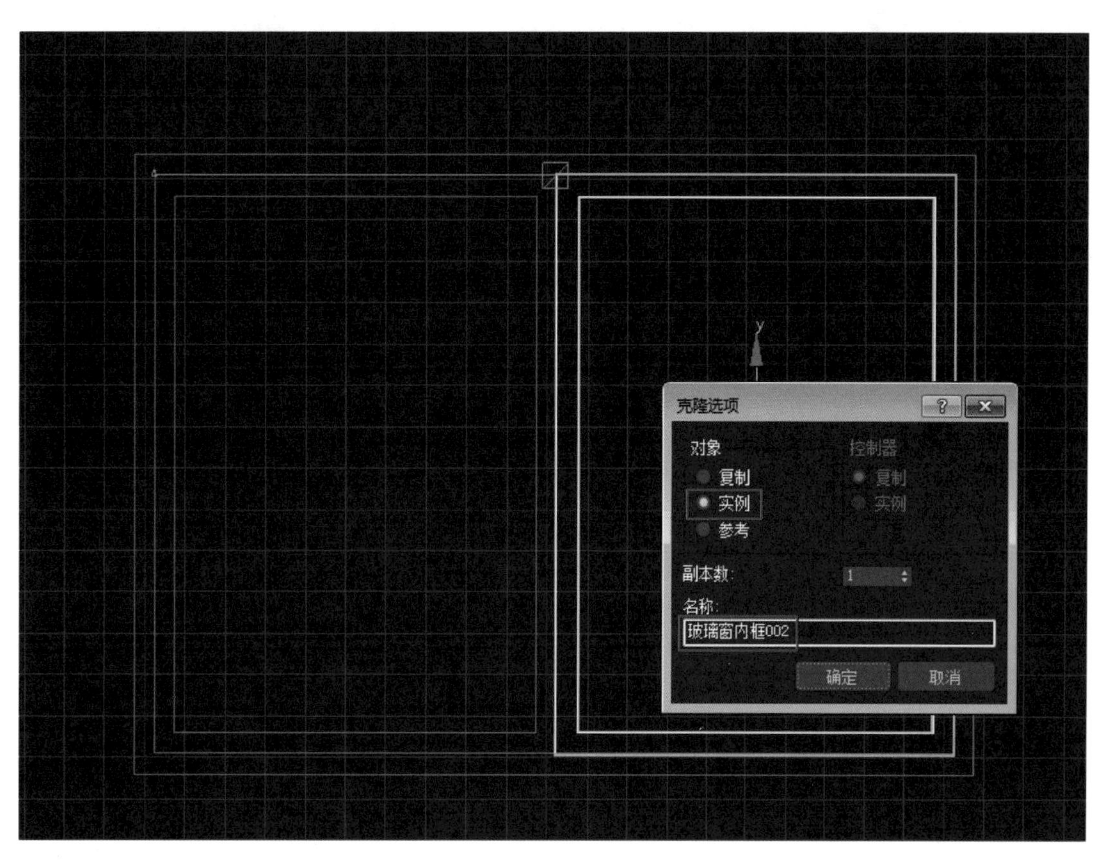

图 3-16 复制出“玻璃窗内框 002”

⑮ 切换到顶视图，选中“玻璃窗内框 001”，在移动按钮上单击右键，在弹出的“移动变换输入”窗口中将“偏移：屏幕”选项区中的“Y”改为“-10 mm”，如图 3-17 所示。

⑯ 选中“玻璃窗内框 002”，单击“对齐”按钮，单击“玻璃窗内框 001”，在弹出的“对齐当前选择”对话框中，将对齐位置设置为“Y 位置—最大—最小”，如图 3-18 所示。Y 轴最大指最上面的线，最小指最下面的线；X 轴最大指最右边的线，最小指最左边的线。

⑰ 选中“窗框 001”“玻璃窗内框 001”和“玻璃窗内框 002”，选择“组”菜单中的“成组”命令，在弹出的对话框中将其命名为“窗”，如图 3-19 所示。

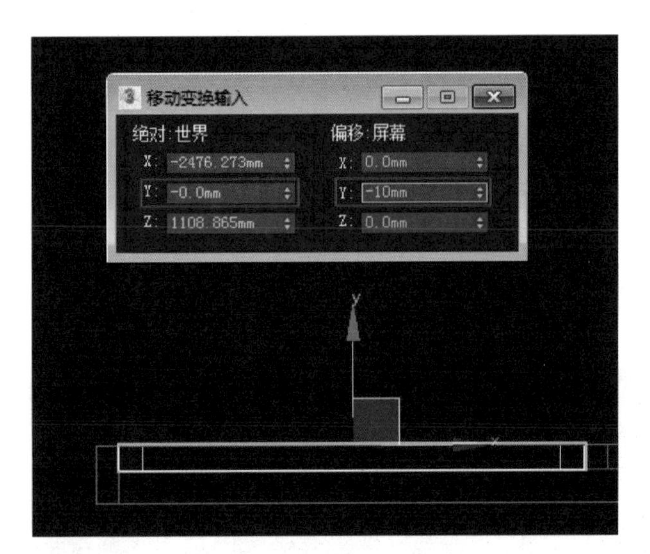

图 3–17 “移动变换输入”对话框

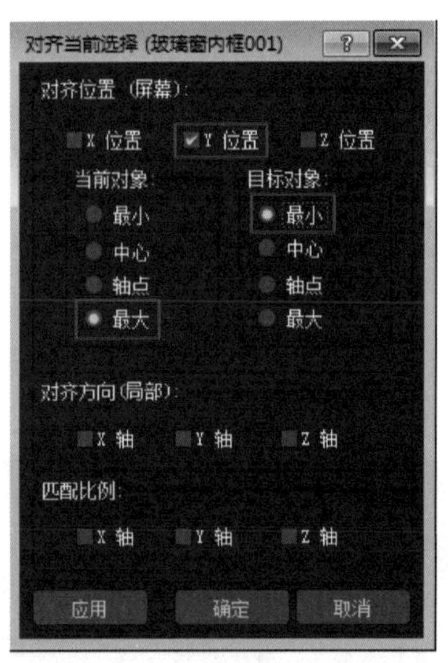

图 3–18 “对齐当前选择（玻璃窗内框 001）”对话框

⑱ 单击右键，在弹出的快捷菜单中选择“全部取消隐藏”命令，如图 3–20 所示，将刚才隐藏的地面顶面和墙全部显示出来，并用“对齐”工具将窗和墙体 Y 轴中心对齐。

图 3–19 “组”对话框

图 3–20 选择“全部取消隐藏”命令

⑲ 在前视图中，复制出两扇窗，如图 3–21 所示，并用“移动捕捉”工具移动至其他两个窗洞上。

4．教室靠门墙的创建

① 选中所有对象，单击右键，在弹出的快捷菜单中选择“隐藏选定对象”命令，将它们全部隐藏。

② 进入图形面板，单击“矩形”按钮，在前视图中创建一个长、宽分别为 3 300 mm、8 500 mm 的矩形，命名为“门墙”。

③ 在“门墙”中创建一个长、宽分别为 2 100 mm、900 mm 的矩形。

④ 移动该矩形，命名为“门洞 001”，用“捕捉”工具将“门洞 001”的左下角和“门墙”的左下角对齐。

图 3-21 复制出两扇窗

⑤ 右键单击“移动”按钮，在弹出的对话框中向 X 轴方向移动 120 mm，向 Y 轴方向移动 5 mm。

⑥ 同样，在与“门墙”对称的另一面创建一个相同的矩形，命名为“门洞 002”。

⑦ 再创建一个矩形，长、宽分别为 1 500 mm、2 100 mm，命名为“窗洞 001”。

⑧ 移动该矩形，用“捕捉”工具将“窗洞 001”左下角和“门洞 001”右下角对齐。

⑨ 右键单击“移动”按钮，在弹出的对话框中向 X 轴方向移动 500 mm，向 Y 轴方向移动 910 mm。

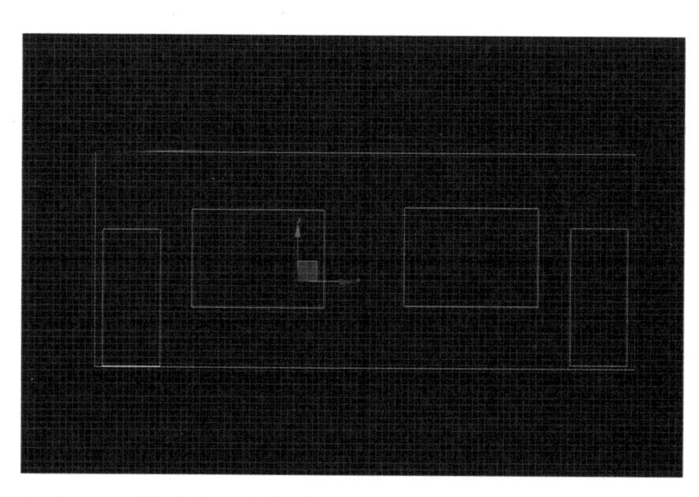

图 3-22 设置门、窗位置

⑩ 复制一个矩形，命名为“窗洞 002”，用“捕捉”工具将“窗洞 002”右下角和“门洞 002”左下角对齐。

⑪ 右键单击“移动”按钮，在弹出的对话框中向 X 轴方向移动 -500 mm，向 Y 轴方向移动 910 mm，如图 3-22 所示。

⑫ 选择门墙，单击右键，在弹出的快捷菜单中选择“转换为”→“转换为可编辑样条线”命令。

⑬ 进入“修改命令”面板，在“选择”

卷展栏中单击“样条线”按钮。

⑭ 在“几何体”卷展栏中单击“附加”按钮，如图 3–23 所示。

⑮ 依次选中“门洞 001”“门洞 002”“窗洞 001”“窗洞 002”，将它们和教室靠门墙组合成一体。

⑯ 进入“修改命令”面板，选择“修改器列表”中的“挤出”选项，将门墙挤出 240 mm。这样教室靠门墙就创建完成了，如图 3–24 所示。

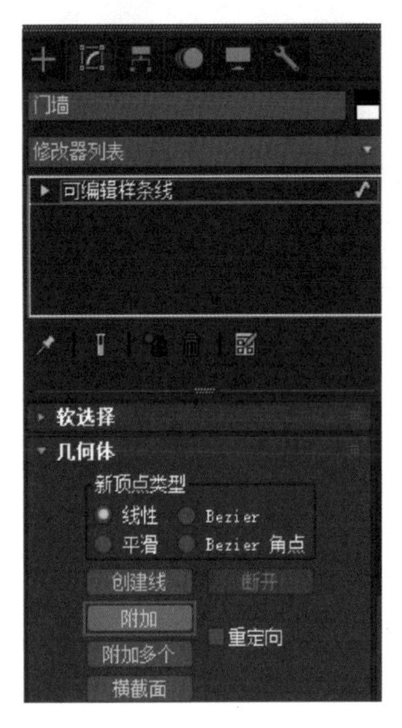

图 3–23 “几何体”卷展栏

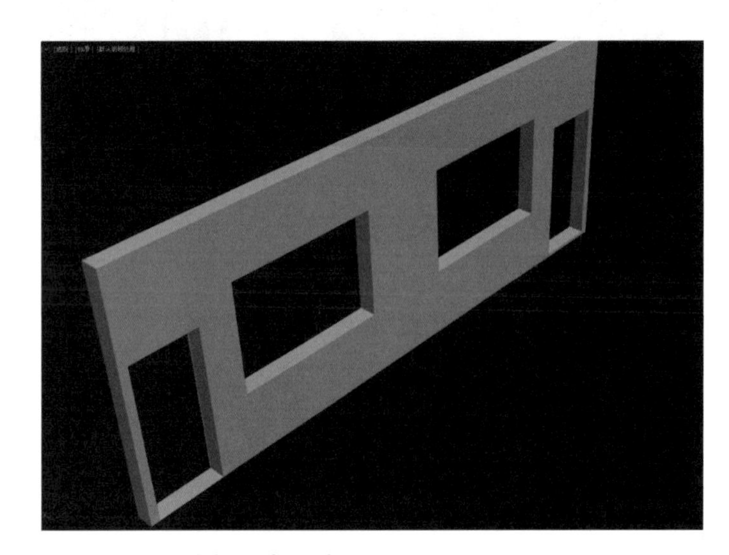

图 3–24 创建教室靠门墙

5. 门墙窗和门的创建

① 进入“显示命令”面板，在“隐藏”卷展栏中单击“按名称取消隐藏 ...”按钮，如图 3–25 所示。

② 在弹出的对话框中，选中“窗”（“窗 001”“窗 002”），单击“取消隐藏”按钮，如图 3–26 所示。

③ 这样“窗”就显示在画面中了，按住〈Shift〉键移动“窗”，在弹出的“克隆选项”对话框中选中“复制”单选钮，将复制出的窗命名为“门窗 001”。

④ 按〈T〉键切换到顶视图，在顶视图中隐藏“窗”，选中“门窗 001”，单击“对齐”按钮，将“门窗”和门墙的对齐位置设置为“Y 位置—中心—中心”。

⑤ 在前视图中，用“移动捕捉”工具将“门窗”的左下角和门墙上靠左的窗洞的左下角对齐。

⑥ 同样，复制出“门窗 002”，将“门窗 002”的左下角和门墙上靠右的窗洞的左下角对齐，如图 3–27 所示。

图 3-25 “隐藏”卷展栏

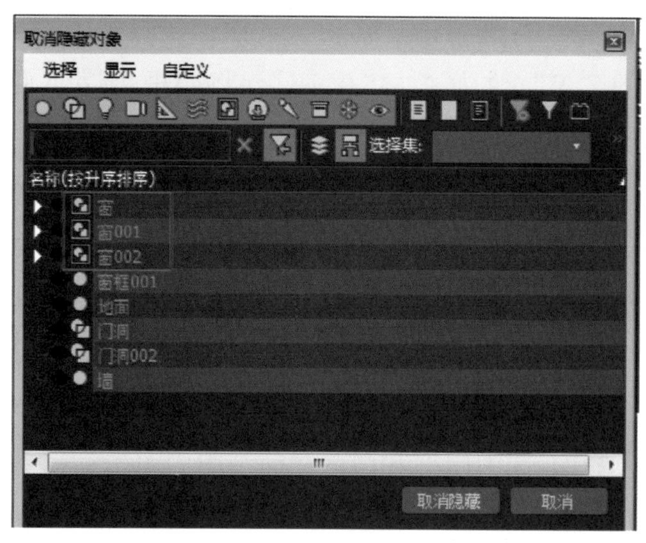

图 3-26 “取消隐藏对象”对话框

⑦ 在前视图中，在门墙的门洞上用“捕捉”工具绘制一个矩形，命名为“门框”。

⑧ 单击右键，在弹出的快捷菜单中选择“转换为”→“转换为可编辑样条线”命令。

⑨ 进入“修改命令”面板，在“选择”卷展栏中单击“样条线”按钮，在“几何体”卷展栏中找到“轮廓”按钮，将它右边的参数改为“50 mm”。现在就可以看见门框变成双框线条了。

⑩ 在“选择”卷展栏中单击“线段”按钮。线段是编辑样条线次对象列表中的第二级次对象，在线段编辑中可以对线段进行打断、加点、插入点、分离、删除等操作。选中门框内圈线的下端线段，如图 3-28 所示。

图 3-27　创建门窗

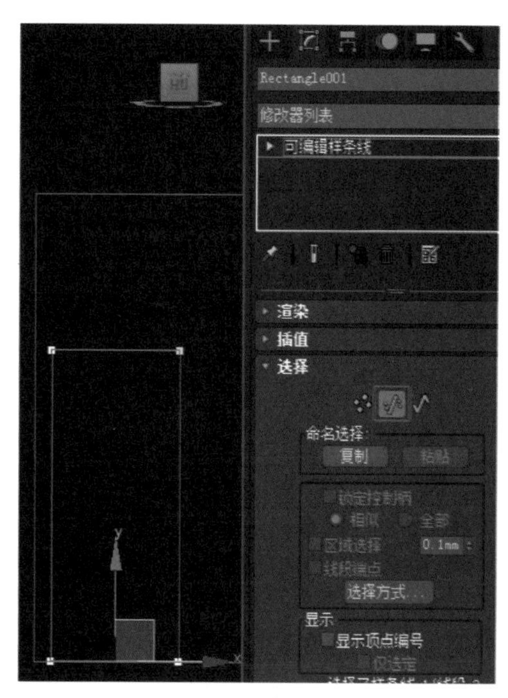

图 3-28　选中相应线段

⑪ 右键单击“移动”按钮，在弹出的对话框中将“偏移：屏幕”选项区中的“Y”改为“-45.0 mm”，将门框内圈下侧线段往下移动 45 mm，如图 3-29 所示。

⑫ 进入“修改命令”面板，选择“修改器列表”中的“挤出”选项，在“挤出”卷展栏中将参数改为“100 mm”，将门框挤出 100 mm。

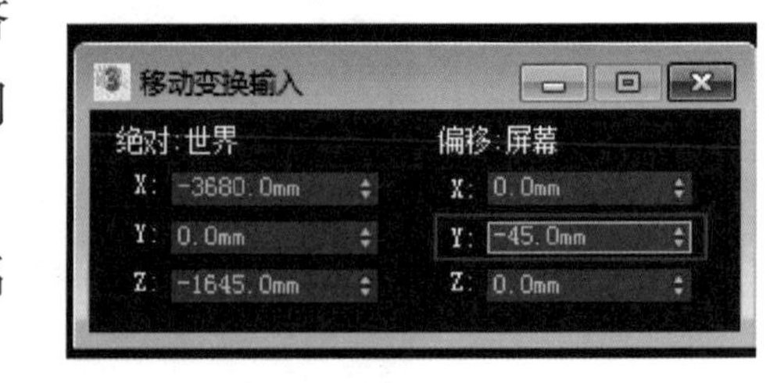

图 3-29 “移动变换输入”对话框

⑬ 在门框内拉出一个长方体，高度设为 90 mm，命名为“门”。

⑭ 选中门框和门，在前视图中单击“对齐”按钮，将门、门框和门墙的对齐位置设置为“Z 位置—中心—中心”。

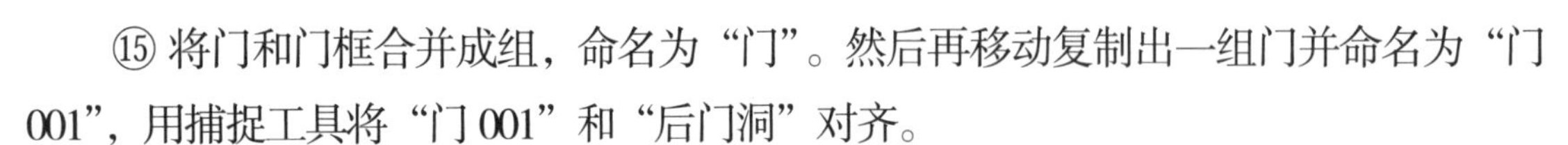

⑮ 将门和门框合并成组，命名为“门”。然后再移动复制出一组门并命名为“门 001”，用捕捉工具将“门 001”和“后门洞”对齐。

⑯ 选中门墙、门窗 001、门窗 002、门和门 001，将它们合并成组，命名为“靠门的墙”。

6. 教室模型组合完成

① 全部取消隐藏，选中“靠门的墙”，切换到左视图，单击“对齐”按钮，将“靠门的墙”和“房顶”的对齐位置设置为“X 位置—最小—最小”，单击“应用”按钮，然后将对齐位置设置为“Y 位置—最大—最小”。

② 按〈F〉键切换到前视图，将“靠门的墙”和“房顶”的对齐位置设置为“X 位置—中心—中心”。

③ 在左视图中，创建一个长、宽、高分别为 3 300 mm、6 000 mm、100 mm 的长方体，命名为“黑板墙”。

④ 然后单击“对齐”按钮，将“黑板墙”和“房顶”的对齐位置设置为“Z 位置—最大—最大”“X 位置—中心—中心”“Y 位置—最大—最小”。

⑤ 复制一个长方体，命名为“后墙”，然后单击“对齐”按钮，将“后墙”和“房顶”的对齐位置设置为“Z 位置—最小—最小”“X 位置—中心—中心”“Y 位置—最大—最小”。

⑥ 选中“黑板墙”，隐藏其他模型，切换到前视图，制作如图 3-30 所示的线框，然后挤出 4 000 mm。颜色选择为黑色，命名为“黑板”，将“黑板”和“黑板墙”的对齐位置设置为“Z 位置—中心—中心”“X 位置—最小—最大”。

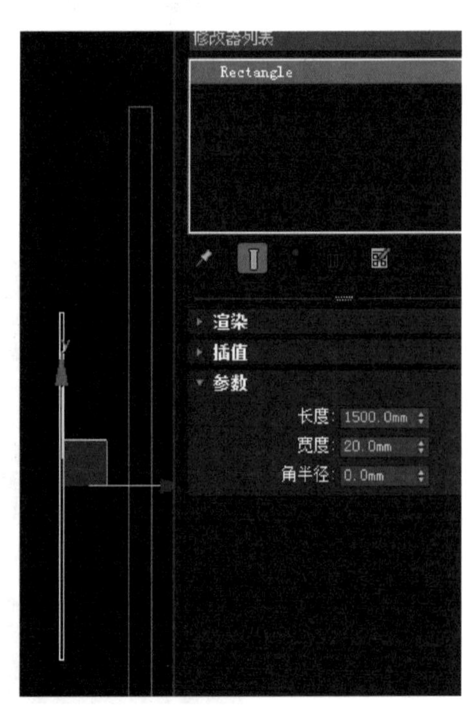

图 3-30 制作“黑板”

⑦ 取消所有隐藏，到此，房间模型创建完成。

任务 2　制作课桌

1. 课桌建模

① 进入显示命令面板，隐藏所有模型。

② 按〈 T 〉键切换到顶视图，在顶视图中创建一个长、宽、高分别为 700 mm、150 mm、15 mm 的长方体，命名为“小桌面”。

③ 按住〈 Shift 〉键，移动“小桌面”，在“克隆选项”对话框中选中“复制”单选钮，再复制出一个长方体，如图 3-31 所示。

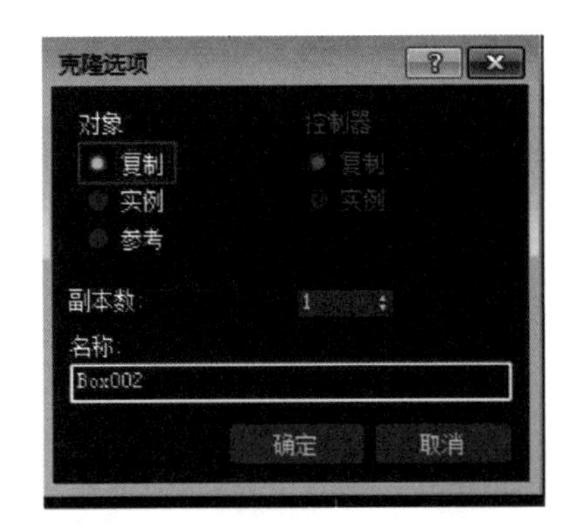

图 3-31　“克隆选项”对话框

④ 进入“修改命令”面板，将长、宽、高改为“750.0 mm”“450.0 mm”“15.0 mm”，名称改为“大桌面”，如图 3-32 所示。

⑤ 选中“大桌面”，单击“对齐”按钮，再单击“小桌面”，在弹出的对话框中设置对齐位置为“X 位置—最小—最大”后，单击“应用”按钮，如图 3-33 所示，在对话框中再次设置对齐位置为“ Y 位置—中心—中心”。单击“移动”按钮，移动 2 mm。

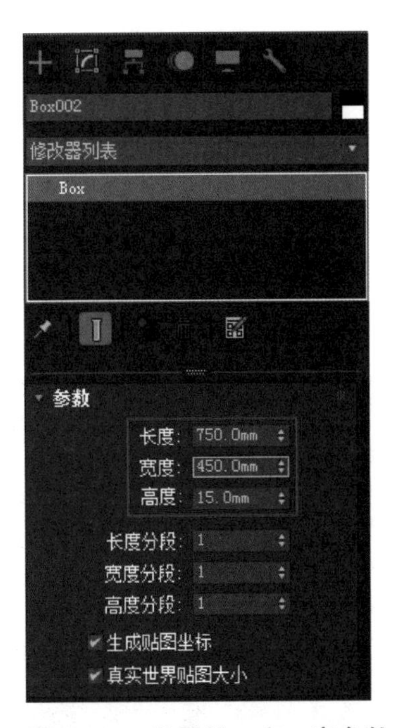

图 3-32　设置长、宽、高参数

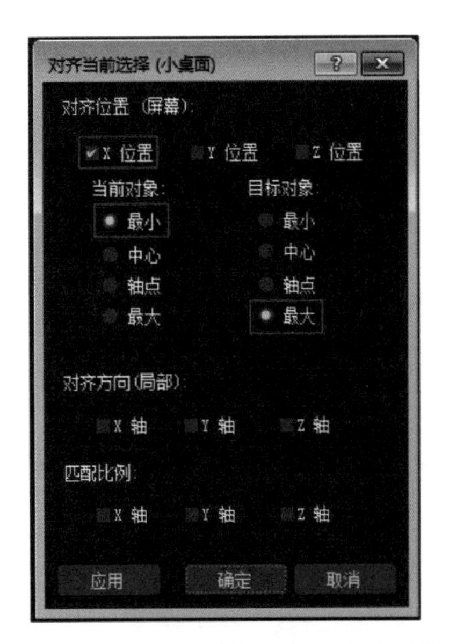

图 3-33　“对齐当前选择（小桌面）”对话框

⑥ 按〈 F 〉键切换到前视图，在前视图中制作一个矩形，长、宽分别为 700 mm、550 mm。

⑦ 单击右键，在弹出的快捷菜单中选择“转换为”→“转换为可编辑样条

线”命令。

⑧ 进入“修改命令”面板，在“选择”卷展栏中单击“顶点”按钮，如图 3-34 所示。

⑨ 在“几何体”卷展栏中单击“优化”按钮，如图 3-35 所示。

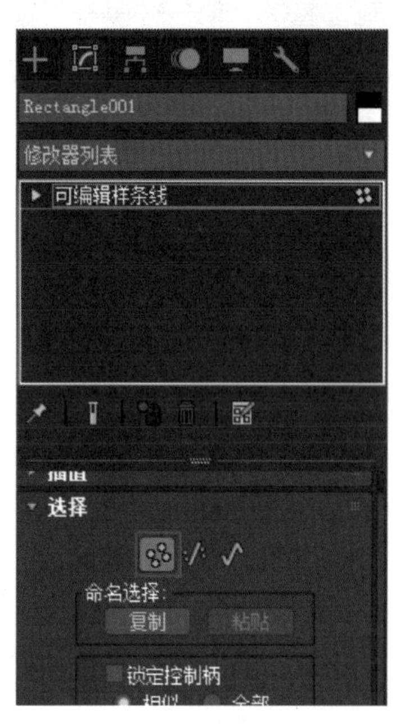

图 3-34 “选择”卷展栏

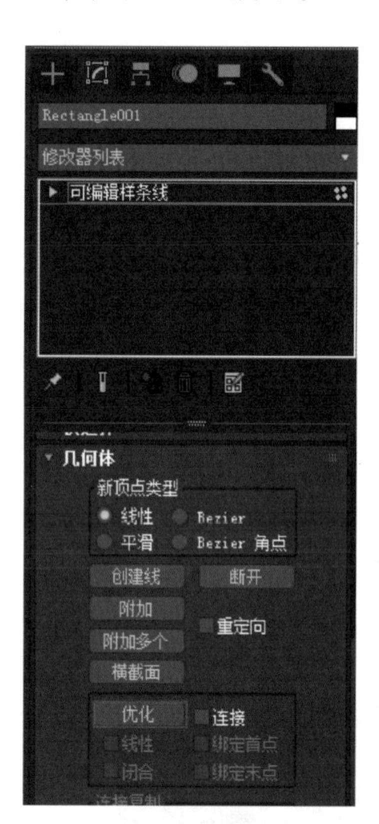

图 3-35 “几何体”卷展栏

⑩ 然后在矩形上增加 5 个点，如图 3-36 所示。

⑪ 选中中间的 3 个点，向左移动 300 mm，如图 3-37 所示。

图 3-36 增加 5 个点

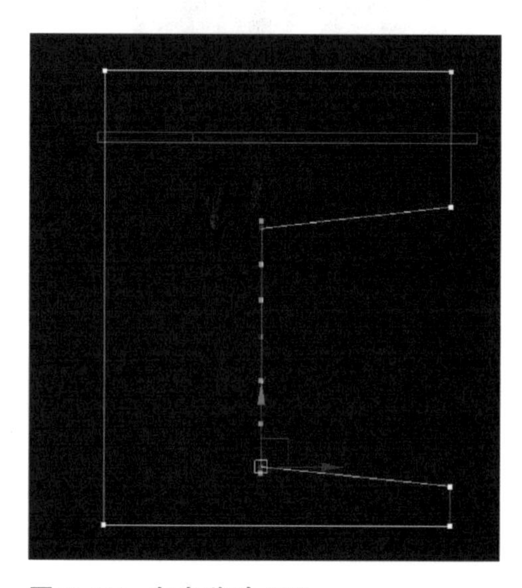
图 3-37 向左移动 300 mm

⑫ 选中移动的 3 个点中最下面的一个点，单击右键，在弹出的快捷菜单中选择“Bezier”命令，如图 3–38 所示。

⑬ 对这个点进行 Bezier 编辑，再将最下面的 2 个点向左移动 150 mm，如图 3–39 所示。

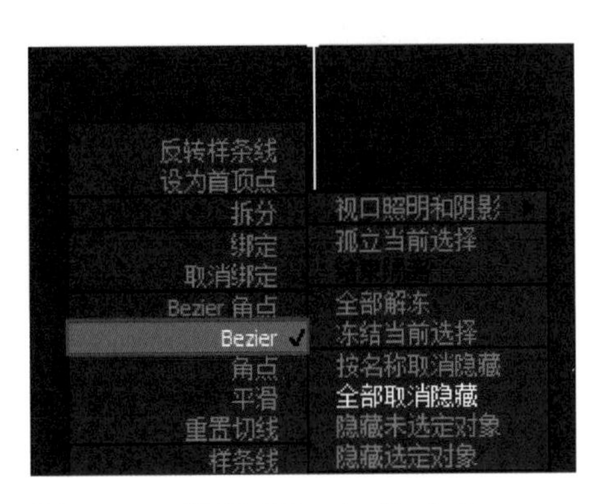

图 3–38　选择“Bezier”命令

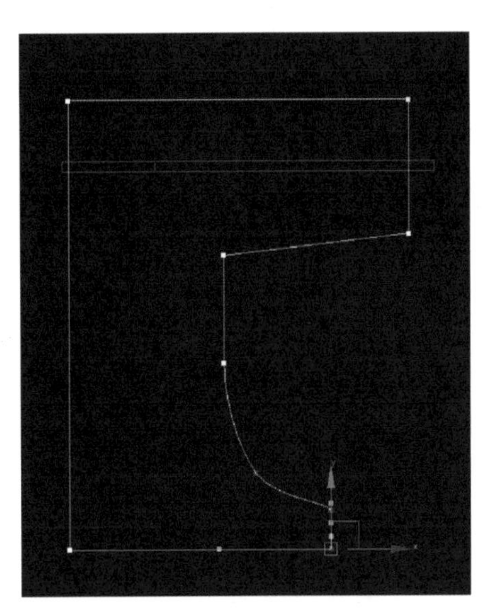

图 3–39　向左移动 150 mm

⑭ 进入修改命令面板，选择“修改器列表”中的“挤出”选项，将修改后的矩形挤出 50.0 mm，命名为“桌子侧面板”，如图 3–40 所示。

⑮ 按〈T〉键进入顶视图，将桌子侧面板移动到合适位置，用实例复制一个桌子侧面板，命名为“桌子侧面板 001”，也将它移动到合适位置，如图 3–41 所示。

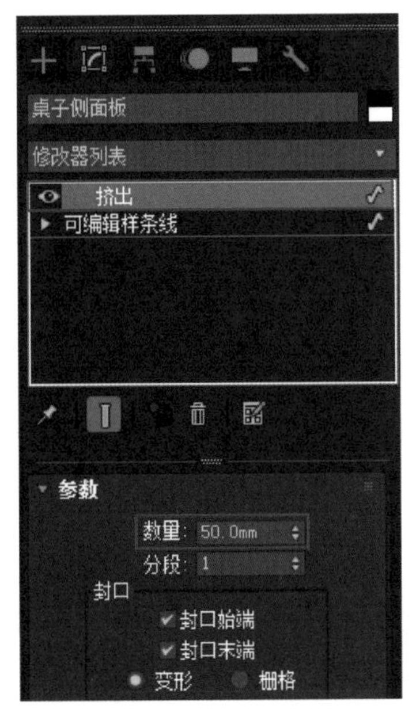

图 3–40　挤出 50.0 mm

图 3–41　移动“桌子侧面板 001”

⑯ 按〈 F 〉键切换到前视图，选中“大桌面”“小桌面”，将大小桌面与桌子侧面板的对齐位置设置为“ Y 位置最小—最大”。在前视图中创建一个长方体，长、宽、高分别为 190 mm、520 mm、650 mm，命名为“桌子抽屉”。单击“对齐”按钮，将“桌子抽屉”和“大桌面”的对齐位置设置为“Y 位置—最大—最小”。

⑰ 按〈T〉键切换到顶视图，单击“对齐”按钮，将“桌子抽屉”和“大桌面”的对齐位置设置为“Y 位置—中心—中心”，然后在 X 方向将其移动到合适位置。

⑱ 按〈 F 〉键切换到前视图，在前视图中创建一个长方体，长、宽、高分别为 150 mm、15 mm、650 mm，命名为“桌子档”。

⑲ 在前视图中，单击“对齐”按钮，将“桌子档”和“大桌面”的对齐位置设置为“Z 位置—中心—中心”。

⑳ 按〈 P 〉键切换到透视视图，按〈 F 〉键就可以看见如图 3–42 所示的实体模型。

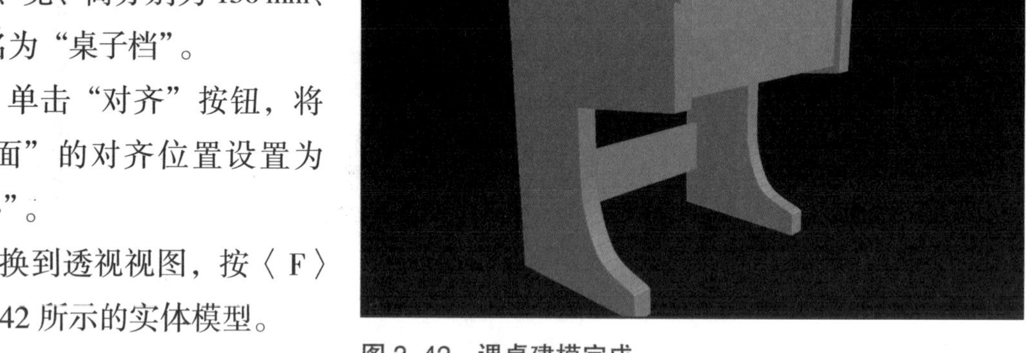

图 3–42　课桌建模完成

2. 为课桌赋材质

① 选中桌子的所有部分，然后合并成组，命名为“桌子”。

② 在自定义菜单→首选项对话框中，将最右下角“使用真实世界坐标”的钩去掉，按〈M〉键或单击“材质编辑器”按钮，打开“材质编辑器”对话框。材质编辑器是设置和编辑材质的工具。通过其强大的编辑功能，设计者可以根据需要进行材质编辑。在 3ds Max 中，材质的编辑都是从示例窗口中的一个基本材质开始的，通过修改该示例窗口材质的类型、相应参数，建立该基本材质的下一级材质分支和子材质。

③ 在“材质编辑器”对话框中，将物理材质改为“扫描线的标准材质”，单击“材质编辑器”对话框中第 1 个灰色材质球，在“ Blinn 基本参数”卷展栏→“反射高光”选项框中将“高光级别”设置为“111”，“光泽度”设置为“70”，如图 3–43 所示。

④ 单击“贴图”选项框→“漫反射颜色”复选框后面的“无贴图”按钮，如图 3–44 所示。在弹出的“材质 / 贴图浏览器”对话框中选择“位图”选项。

⑤ 在“选择位图图像文件”对话框中选择需要的木头材质所在的位置，找到 Abook 资源中的“项目 3\ 材质 \ 榉木 .jpg”文件，单击“打开”按钮，如图 3–45 所示。

⑥ 选中“桌子”，在“材质编辑器”对话框中单击“赋予材质”按钮，将材质指定给“桌子”，进入“修改命令”面板，在下拉菜单中，选择“ UVW 贴图”，单击“显示图”按钮，如图 3–46 所示。

⑦ 课桌最终效果如图 3–47 所示。

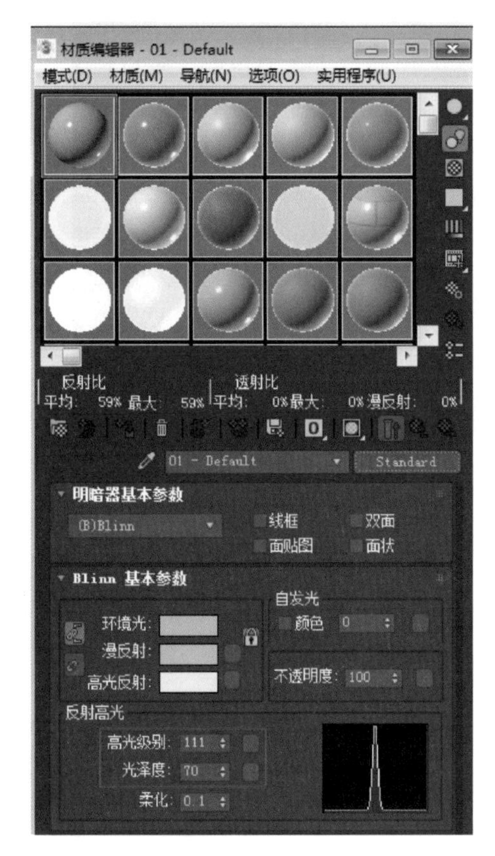

图 3-43　“材质编辑器”对话框

图 3-44　“贴图”选项框

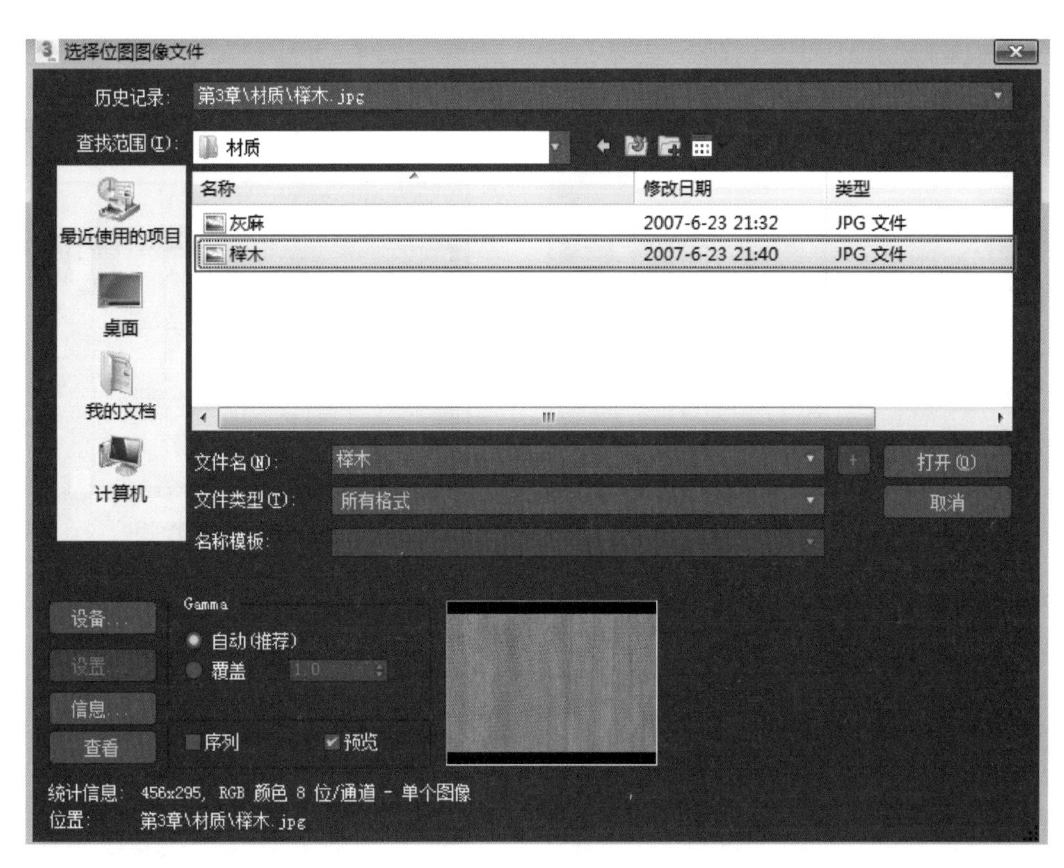

图 3-45　“选择位图图像文件”对话框

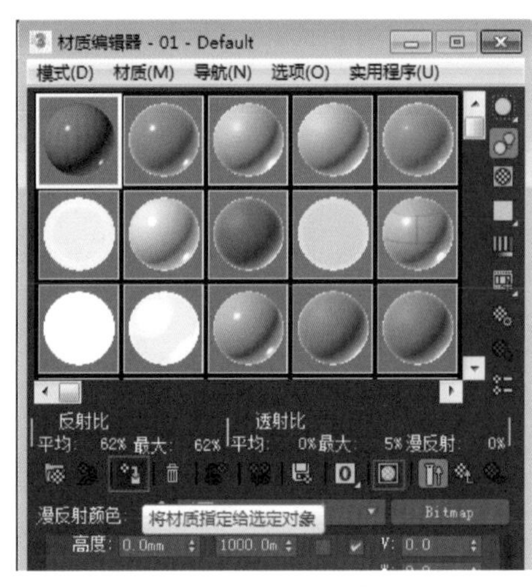

图 3–46 “材质编辑器”对话框

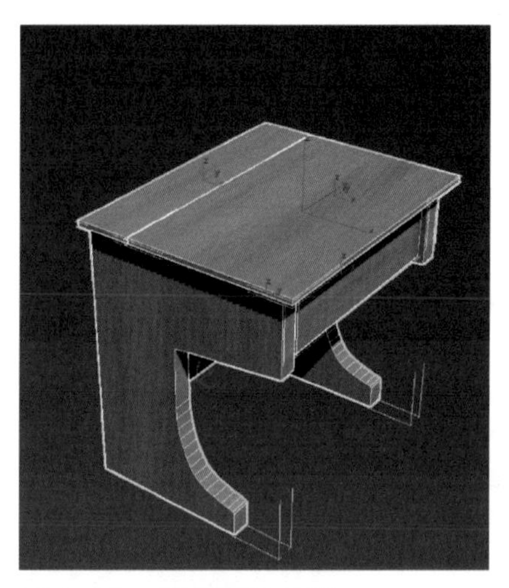

图 3–47 课桌最终效果

任务 3 编辑教室材质

① 隐藏“桌子”，打开其他隐藏的模型。

② 在工具栏上单击“按名称选择”按钮，在“从场景选择”对话框中，选中除地面、黑板以外的所有模型，如图 3–48 所示。

③ 按〈 M 〉键打开“材质编辑器”对话框，选择第 2 个材质球，将物理材质改为“扫描线的标准材质”，在“ Blinn 基本参数”卷展栏中将“漫反射”改成白色，然后将材质指定给刚才选中的对象，如图 3–49 所示。

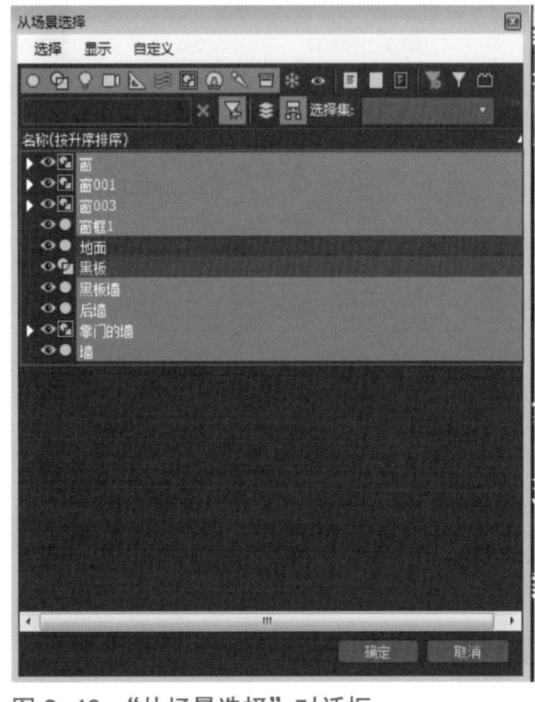

图 3–48 “从场景选择”对话框

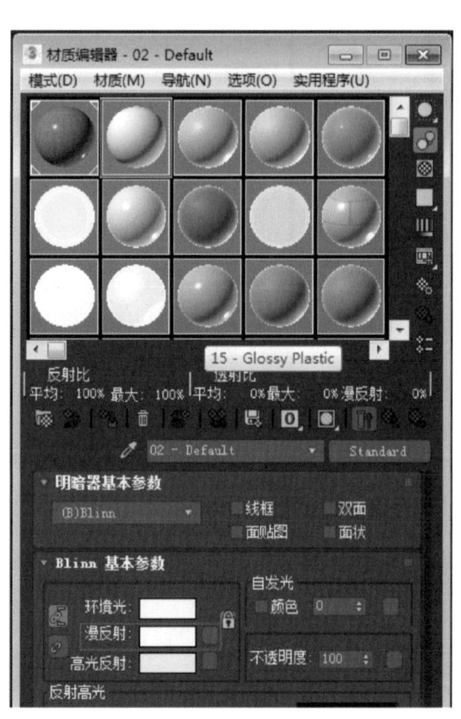

图 3–49 “材质编辑器”对话框

④ 选中“地面”，按〈 M 〉键打开“材质编辑器”对话框，选择第 3 个材质球，在“ Blinn 基本参数”卷展栏→“反射高光”选项框中将“高光级别”设置为“110”，“光泽度”设置为“70”。

⑤ 单击“漫反射颜色”复选框后面的“无贴图”按钮，在弹出的“材质 / 贴图浏览器”对话框中选择“位图”选项。

⑥ 在“选择位图图像文件”对话框中，选择需要的地面材质所在的位置，找到“灰麻石材”。

⑦ 单击“转到父对象”按钮，如图 3–50 所示。

⑧ 单击“反射”复选框后面的“无贴图”按钮，在弹出的对话框中选择“光线跟踪”，并将“反射”复选框后面的数值改为“25”。单击“赋予材质”按钮，将材质指定给“地面”，如图 3–51 所示。

⑨ 隐藏其他对象，进入修改命令面板，单击“修改器列表”下拉箭头，从下拉列表中选择“ UVW 贴图”选项，在“参数”卷展栏中选中“长方体”单选钮，长、宽、高均设置为“1 000.0 mm”，如图 3–52 所示。

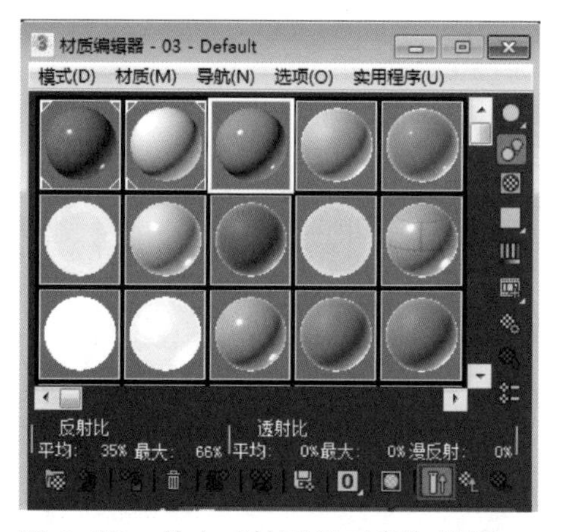

图 3–50　单击“转到父对象”按钮

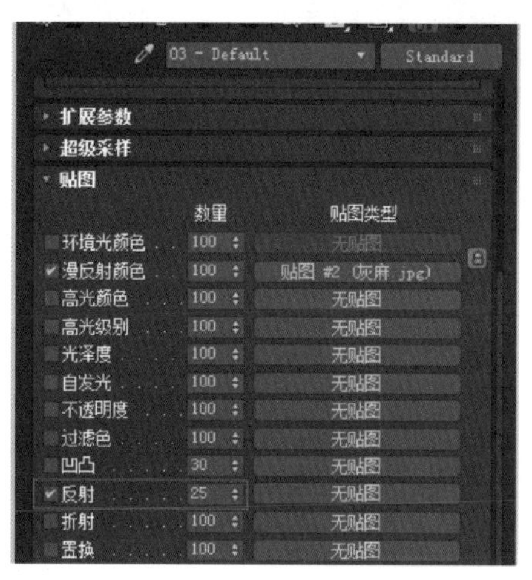

图 3–51　设置“反射”参数值

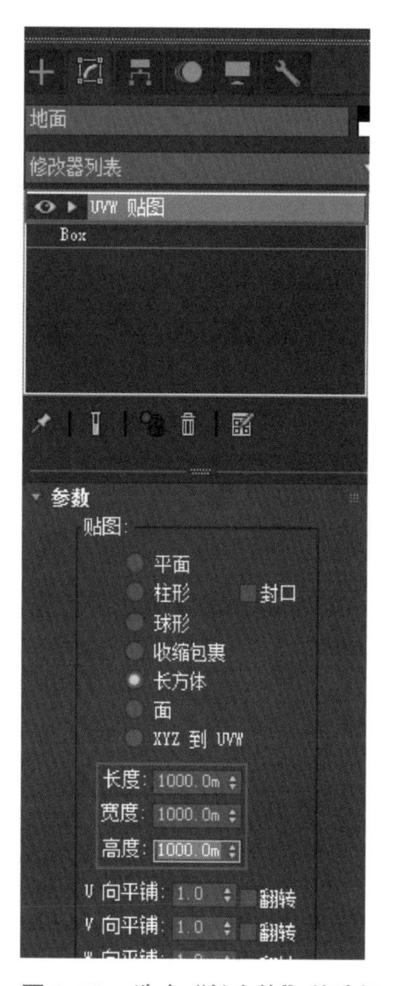

图 3–52　选中“长方体”单选钮

任务 4　组合教室各模型

① 取消所有对象的隐藏。

② 选中“桌子”，移动到如图 3–53 所示的位置。

图 3–53　桌子放置位置

③ 单击“阵列”按钮，在弹出的“阵列”对话框中设置 X 增量为“ –1 200.0 mm”，将“阵列维度”选项区中的 1D 数量设为“5”，如图 3–54 所示。

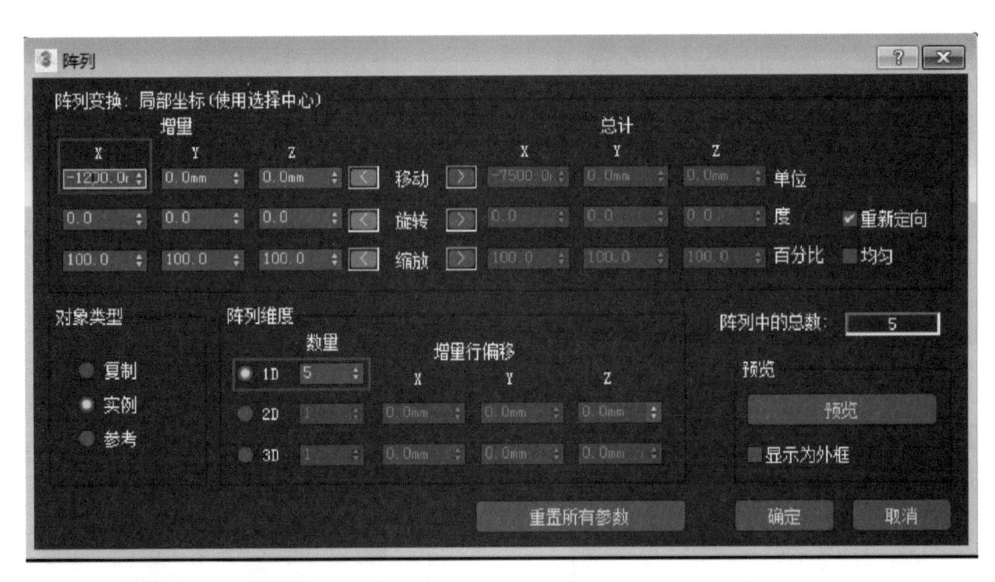

图 3–54　“阵列”对话框

④ 选中与“桌子”相关的所有对象，单击“阵列”按钮，在弹出的“阵列”对话框中设置 X 增量为“0”，Y 增量为“ –1 200.0 mm”，将“阵列维度”选项区中的 1D 数量设为“4”。阵列中共有 20 张课桌，如图 3–55 所示。

⑤ 切换到前视图，将“桌子”与“地面”的对齐位置设置为“ Y 位置—最小—最大”，至此，简单的教室模型基本制作完成。

图 3–55　课桌排列

任务 5　建立相机

① 进入“相机”面板，在“类型”框中选择“目标摄影机”。

② 在如图 3–56 所示的位置上放置一个相机，将“镜头”设为“20.0 mm”，如图 3–56 所示。

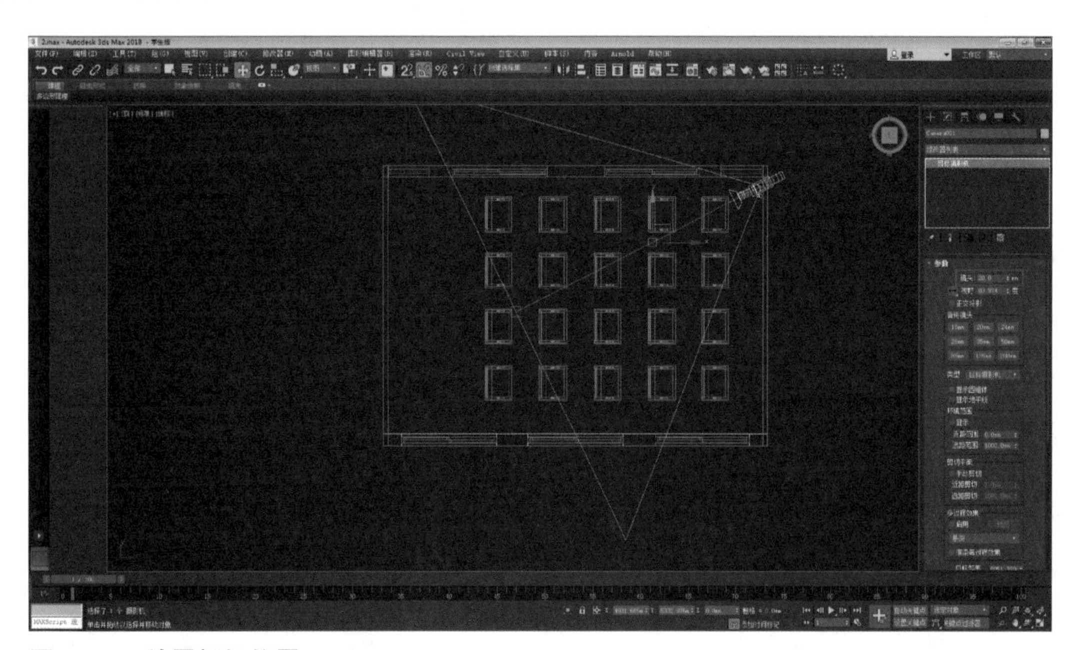

图 3–56　放置相机位置

③ 切换到前视图，将相机往上移动到如图 3–57 所示的位置。

④ 按〈 C 〉键切换到相机视图，可以根据画面对相机角度和高低做相应的调整。完成的图像如图 3–58 所示。调整完成后一般透视会变形，右键单击相机镜头，在弹出的快捷菜单中选择“应用摄影机校正修改器”选项进行修正。

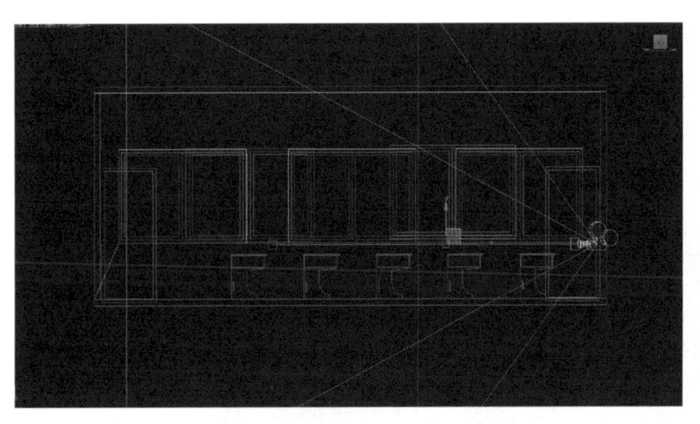

图 3–57　移动相机

图 3–58　效果图

任务 6　布置灯光与渲染

① 切换到顶视图，进入“灯光”面板，将光学度改为“标准”，选择泛光灯，在窗口中放置模拟室外天光的泛光灯。

② 放置一盏泛光灯后，在“常规参数”卷展栏→“阴影”选项区中，选中“启用”复选框，并选择“阴影贴图”。将“倍增”设为“0.01”，“远距衰减”设为“0.0 ~ 10 000.0 mm”。将“阴影贴图参数”卷展栏中的“偏移”设为“0.0”，“大小”设为“512”，“采样范围”设为“36.0”，如图 3–59 所示。将“红”“绿”“蓝”分别设置为“140”“200”“220”，如图 3–60 所示。

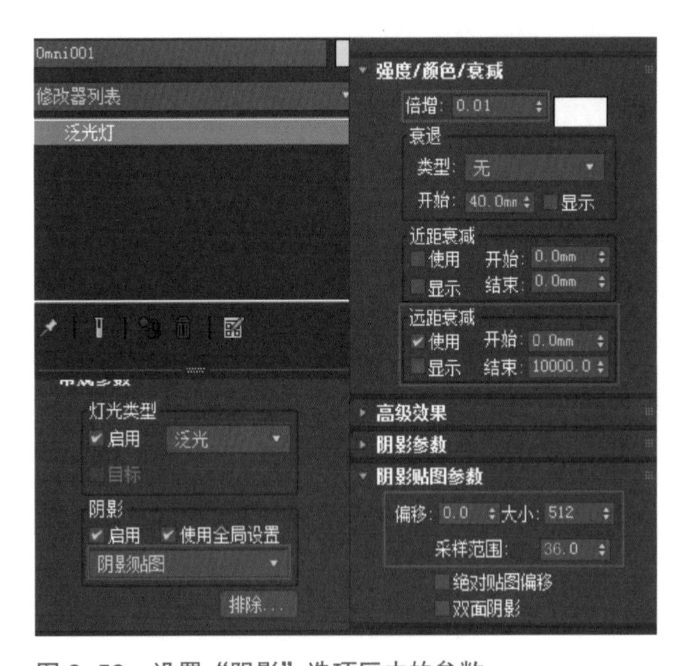

图 3–59　设置“阴影”选项区中的参数

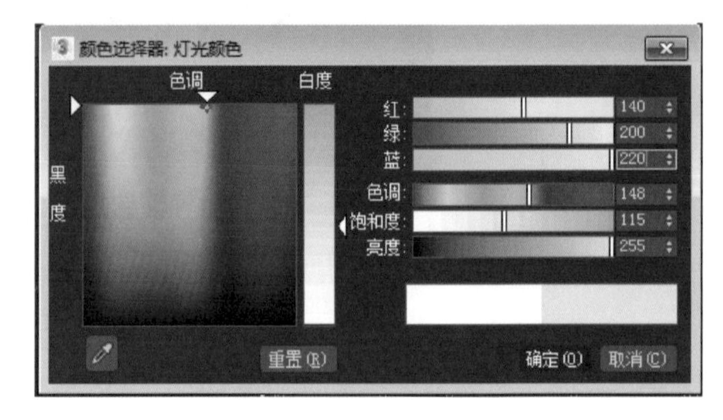

图 3–60　设置灯光颜色

③ 按住〈Shift〉键，移动实例复制泛光灯，如图 3-61 所示。

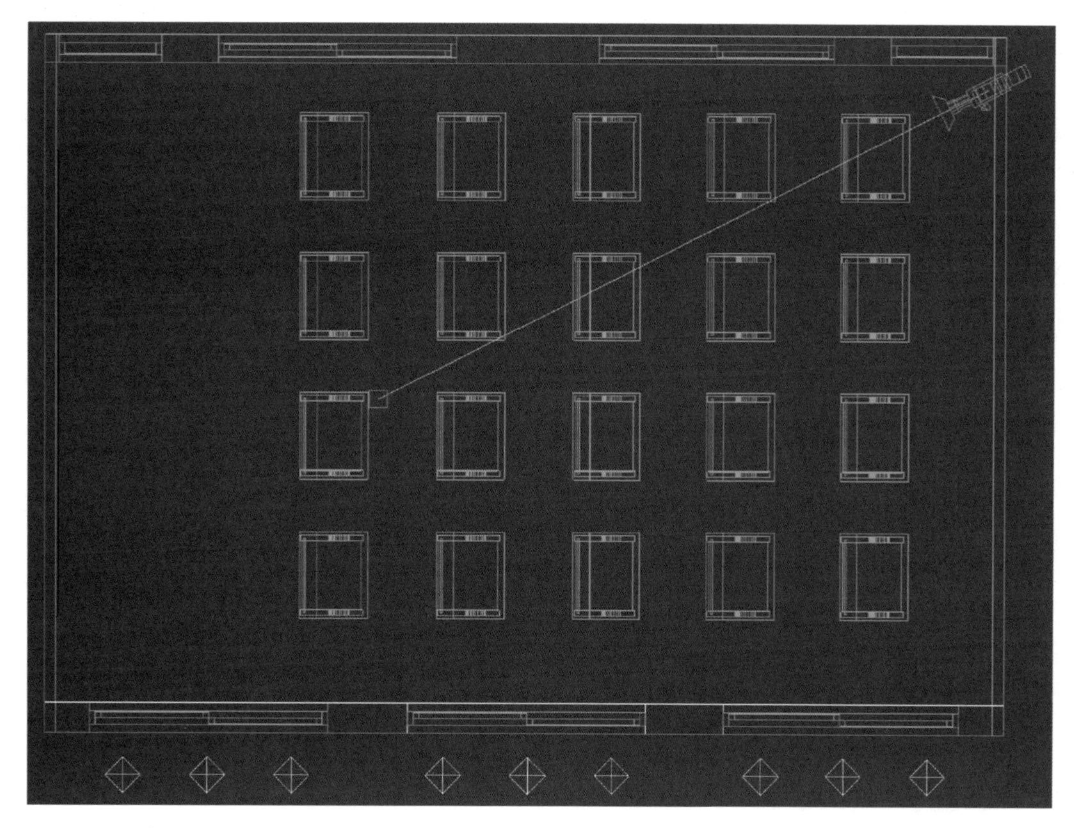

图 3-61　复制泛光灯

④ 选中所有灯光，切换到前视图，将灯光移动到窗口的下部，再复制出两排实例，如图 3-62 所示。

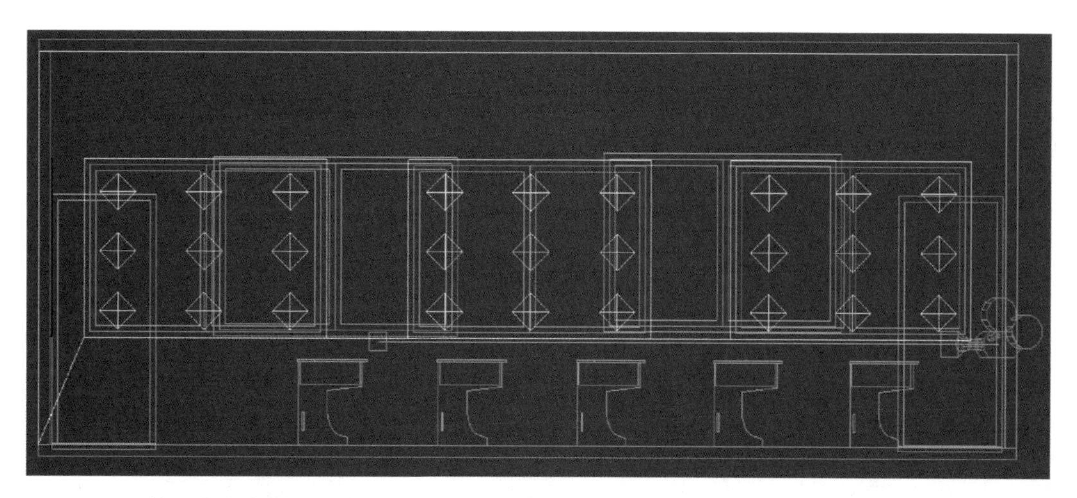

图 3-62　复制出两排实例

⑤ 切换到相机视图，按〈F9〉键做第一次灯光渲染。这时室外的光进入室内了，但窗外和室内整体比较暗，如图 3-63 所示。

⑥ 按〈8〉键打开“环境和效果”对话框，将“背景”→“颜色”设为淡蓝色，如图 3-64 所示。

图 3-63　第一次灯光渲染

图 3-64　设置“背景”→“颜色”

⑦ 接着布置窗口的漫反射光线。切换到顶视图，在如图 3-65 所示的地方放置一盏泛光灯。

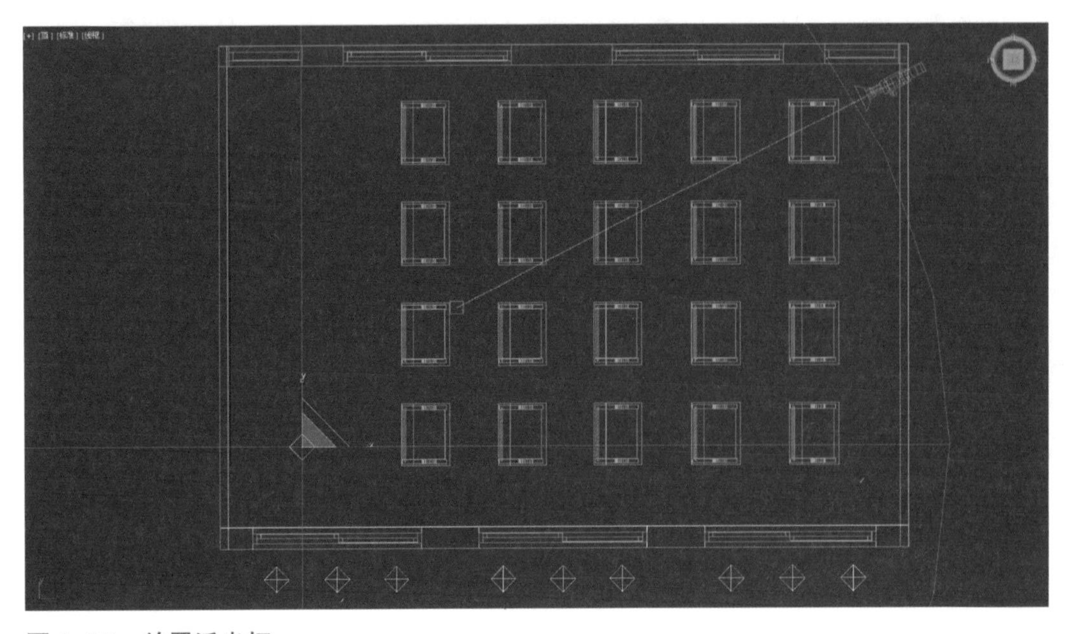

图 3-65　放置泛光灯

⑧ 修改泛光灯参数。选中“阴影”选项区中的“启用”复选框，将“倍增”设为“0.02”，颜色设为淡蓝色，“远距衰减”设为“0.0 ~ 8 000.0 mm”。在“阴影贴图参数”卷展栏中将“偏移”设为“0.0”，“大小”设为“256”，“采样范围”设为“24.0”，如图 3–66 所示。

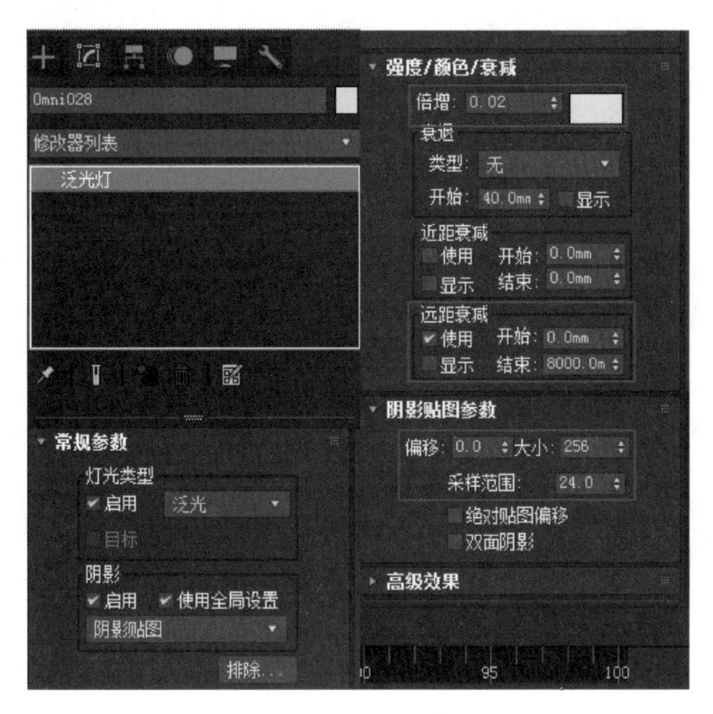

图 3–66　设置“阴影”选项区中的参数

⑨ 切换到前视图，将泛光灯移动到教室中间偏上的位置，然后等距离移动复制出 3 盏泛光灯，采用实例克隆，如图 3–67 所示。

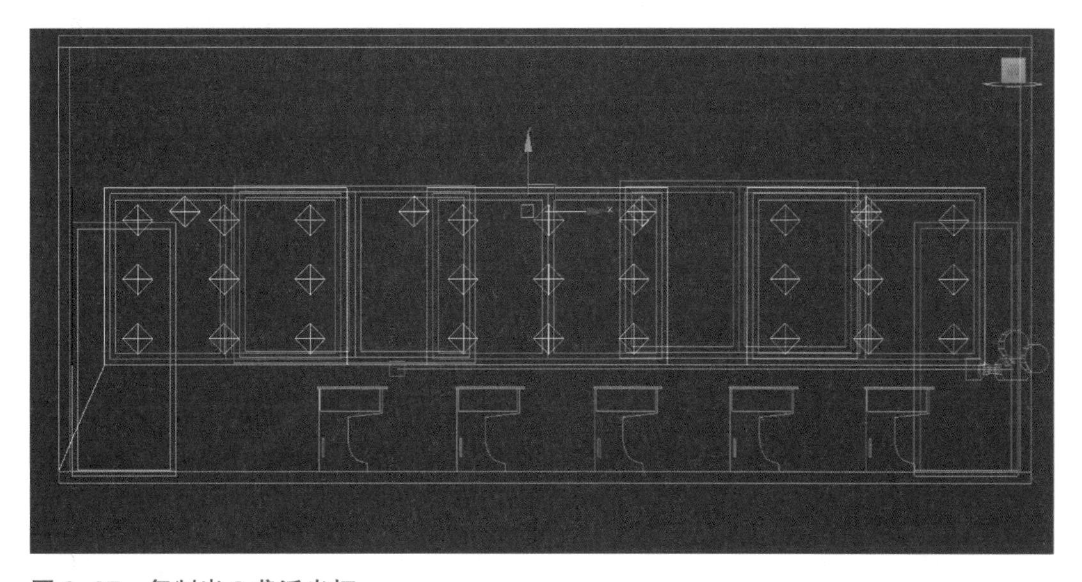

图 3–67　复制出 3 盏泛光灯

⑩ 选中 4 盏泛光灯，移动复制，采用复制克隆，如图 3-68 所示。颜色改为白色，其他参数保持不变。

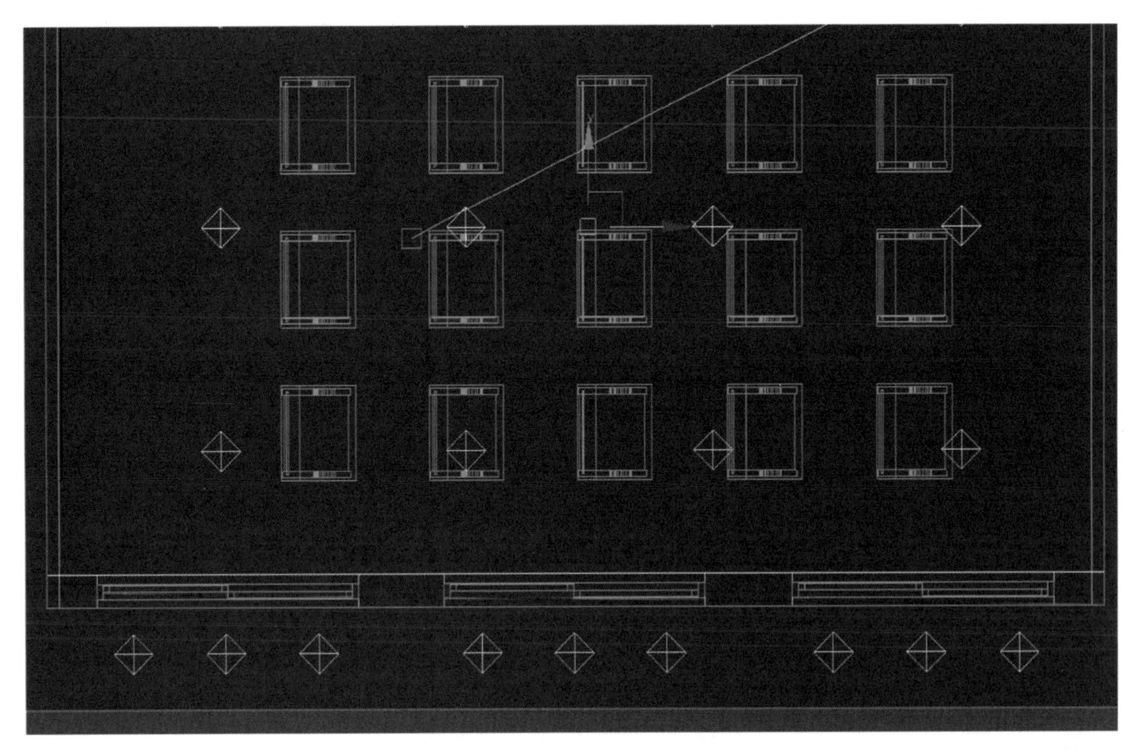

图 3-68　再次复制泛光灯

⑪ 再往内复制出 4 盏泛光灯，将颜色设为淡黄色。一共放置 3 排泛光灯是用来模拟室内灯光漫反射的，窗口因天光影响而偏蓝，越往里面光越暖，所以将后面两排灯光的颜色设为白色和淡黄色。

⑫ 按〈F9〉键进行渲染，此时教室效果图就基本成形了，如图 3-69 所示。

⑬ 接下去进行正式渲染。单击“渲染”按钮，或按〈F10〉键，打开“渲染设置：扫描线渲染器”对话框。

⑭ 先设置渲染图的大小。在“公用”选项卡中将渲染“输出大小”改为“1 600 × 1 000”，如图 3-70 所示。

⑮ 然后设置图像保存的位置和格式。单击“文件”按钮，在弹出的对话框中选择需要保存文件的文件夹，将文件命名为“教室”，采用 JPEG 格式，单击“保存”按钮，如图 3-71 所示。并在弹出的 JPEG 图像控制对话框中单击“确定”按钮，渲染完成的图将自动保存到指定的文件夹中。

⑯ 选择“渲染器”选项卡，将“过滤器”改为“Catmull-Rom”，使图更清晰，如图 3-72 所示。

⑰ 单击“渲染”按钮，等待片刻，教室效果图制作完成，如图 3-73 所示。

图 3-69　教室效果图

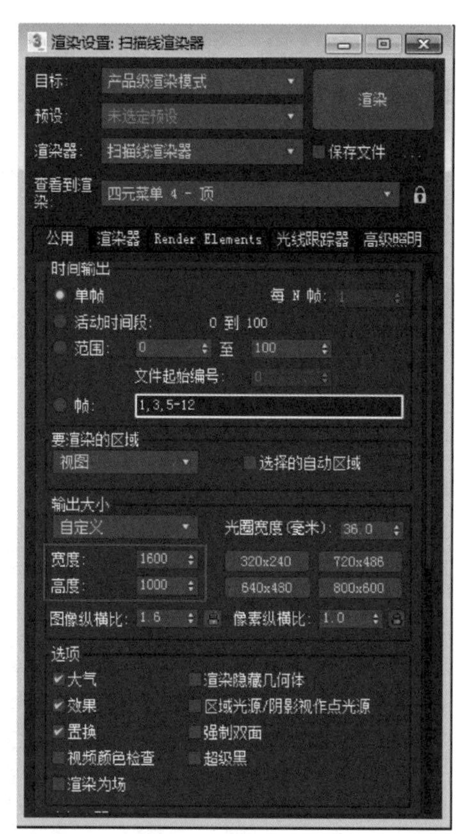

图 3-70　“渲染设置：扫描线渲染器”对话框

图 3-71　保存文件

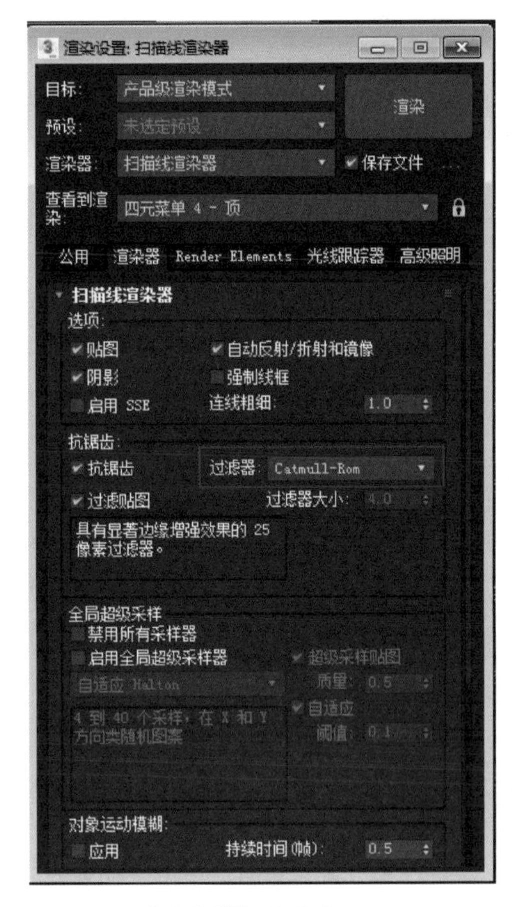

图 3-72 “渲染器”选项卡

图 3-73 教室最终效果图

教室效果图的制作中包含不少的知识点，希望读者通过反复练习掌握它。接下去将介绍更复杂的模型、材质和灯光设置。

课后练习

1. 参考书中实例完成教室建模，学习布尔运算、阵列、线编辑（轮廓、挤出）、隐藏的基本运用方法。
2. 参考书中实例完成课桌建模。
3. 参考书中实例完成教室布置、灯光布置及相机设置、渲染出图。
4. 以自己学校的教室数据为基础，运用 3ds Max 软件完成一幅教室效果图制作。

项目 4　制作卧室效果图

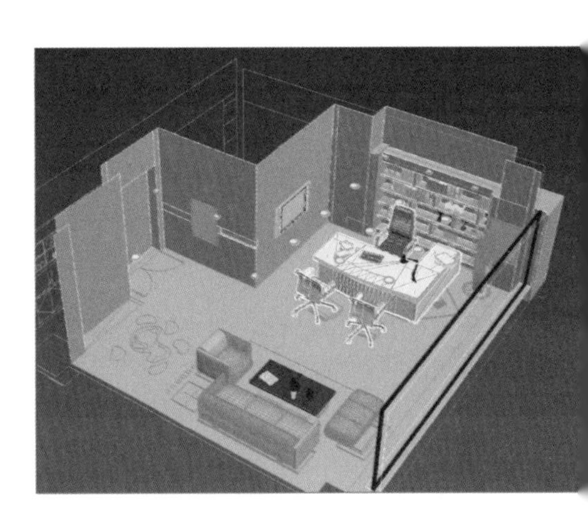

本项目正式进入家装效果图制作环节，首先来制作相对简单的卧室效果图。

任务 1　导入卧室 CAD

① 首先设置单位为“毫米”，选择“文件”菜单中的“导入（I）”命令，如图 4-1 所示。

② 在弹出的“选择要导入的文件”对话框中，将文件类型设为“ AutoCAD 图形（*.DWG，*.DXF）”，如图 4-2 所示，在 Abook 资源中找到需要的文件“房间平面图”，选中并打开它。

③ 在弹出的“ AutoCAD DWG/DXF 导入选项”对话框中，选中“自动平滑相邻面（A）”复选框，单击“确定”按钮，如图 4-3 所示。

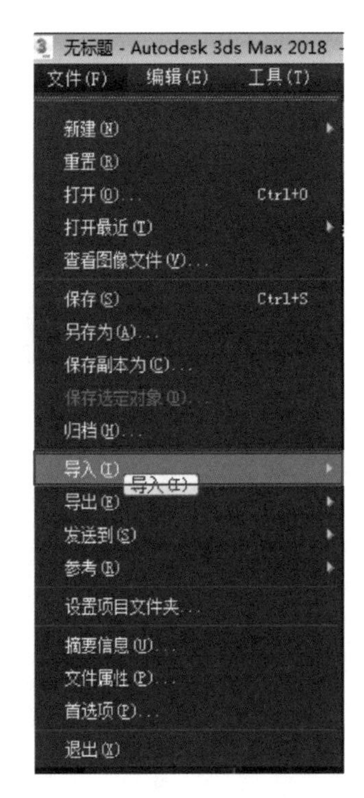

图 4-1　选择“导入（I）”命令

图 4-2　查找文件

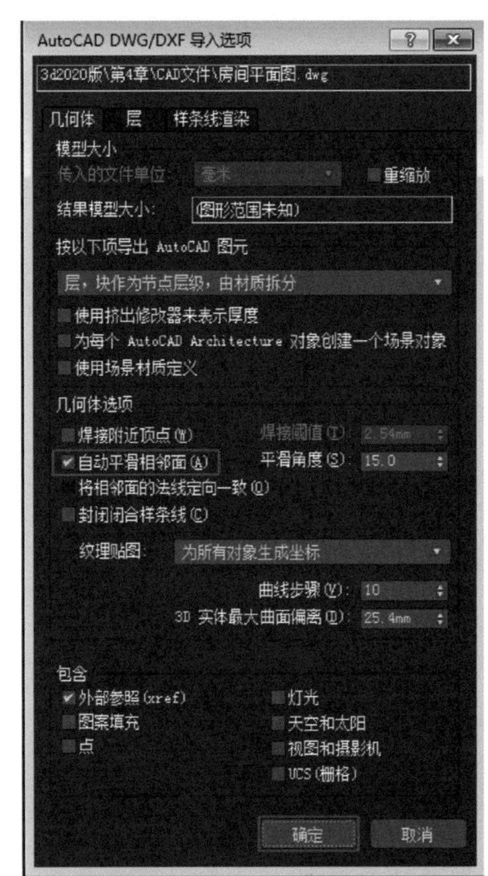

图 4-3　“AutoCAD DWG/DXF 导入选项”对话框

④ 在 3ds Max 窗口中，导入的“房间平面图”如图 4–4 所示。

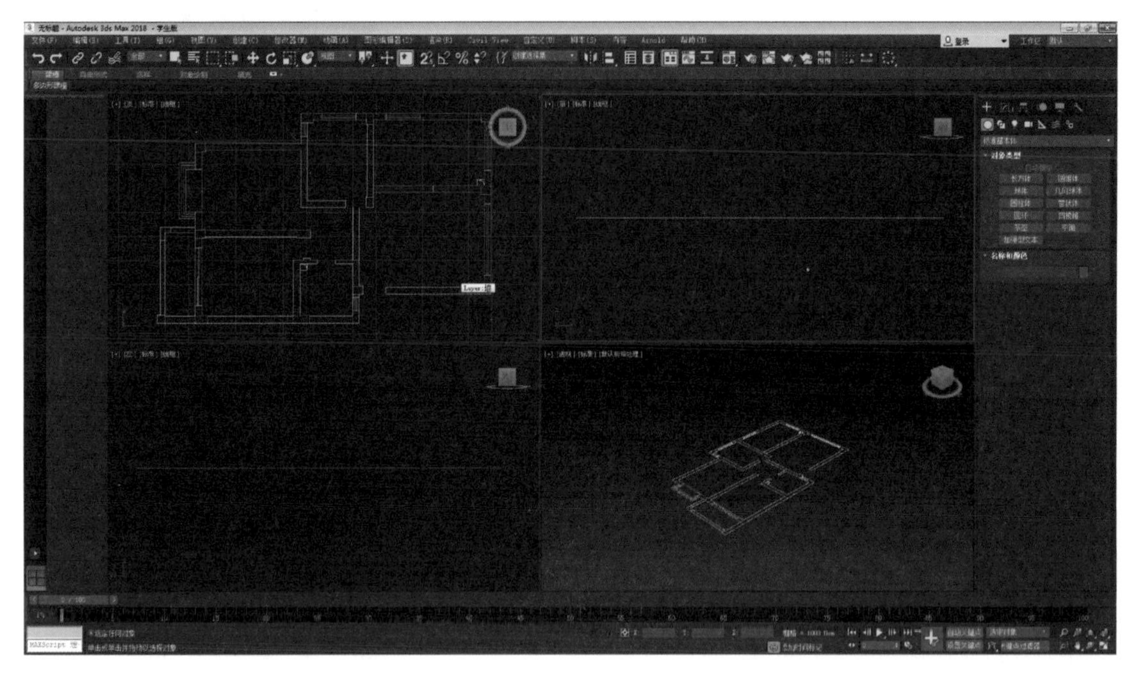

图 4–4　导入的“房间平面图”

⑤ 选中“房间平面图”中的所有对象，将它们合成组，命名为“CAD”。

⑥ 进入显示命令面板，打开“冻结”卷展栏，单击“冻结选定对象”按钮，如图 4–5 所示。由于“ CAD”在这里只是起到辅助作用，且在“房间平面图”里模型比较多，所以为了防止在建模时误选“ CAD”，造成不必要的麻烦，将它冻结。

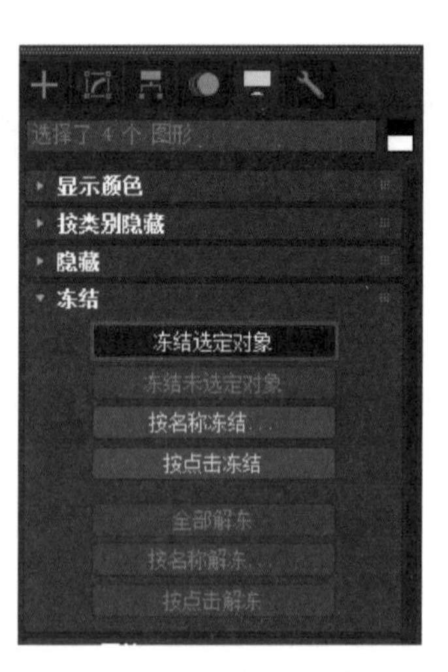

图 4–5　“冻结”卷展栏

任务 2　单面建模

① 选择顶视图，单击“最大化视口切换”按钮，如图 4–6 所示，或者按〈 Alt+W 〉键将 4 视图切换为单一顶视图。

② 右键单击工具栏上的“捕捉工具”按钮，在弹出的“栅格和捕捉设置”对话框→“捕捉”选项卡中选中“顶点”复选框。

③ 切换到“选项”选项卡，选中“捕捉到冻结对象”复选框，将捕捉切换到“2.5 维模式”，如图 4–7 所示。

图 4–6　单击“最大化视口切换”按钮

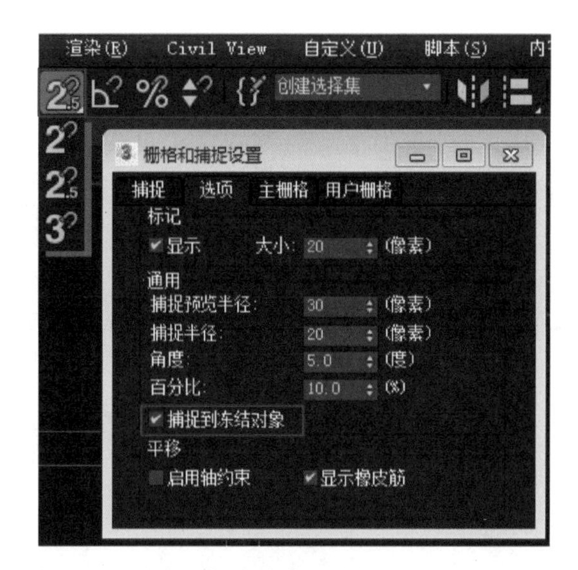

图 4–7　“选项”选项卡

④ 首先创建卧室模型。单击“缩放”按钮，框选卧室 CAD 图，将该部分放大，以便勾勒卧室的轮廓，如图 4–8 所示。

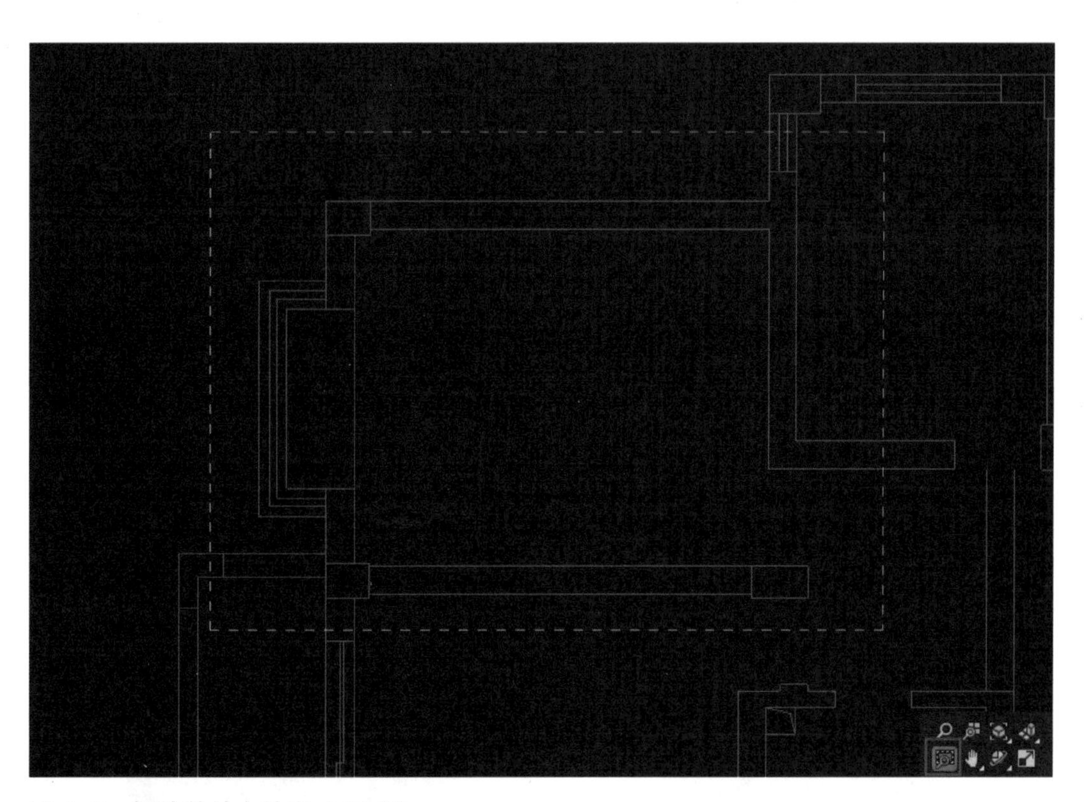

图 4–8　框选并放大卧室 CAD 图

⑤ 进入“图形命令”面板，单击“线”按钮，勾勒卧室内部轮廓，注意选择窗、门的结点，如图 4–9 所示。

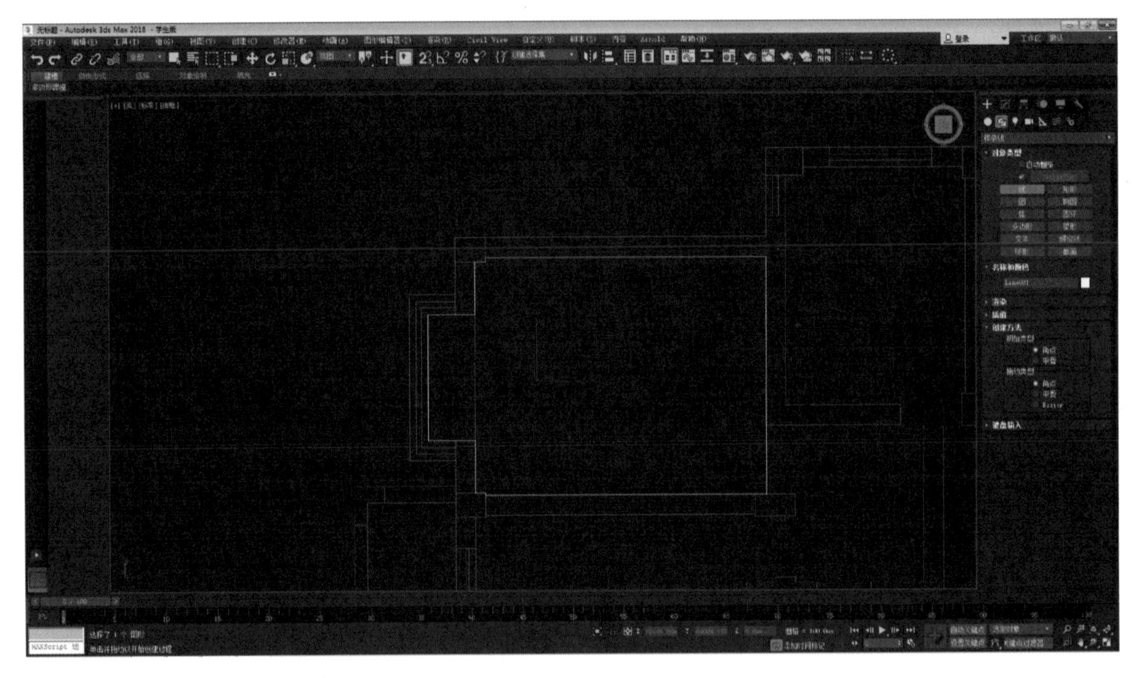

图 4–9　勾勒卧室内部轮廓

⑥ 选中勾勒出来的线，打开“修改命令”面板，单击“修改器列表”的下拉箭头，在下拉列表中选择“挤出”选项，如图 4–10 所示。

⑦ 在“参数”卷展栏中将“数量”改为“2 700.0 mm”，如图 4–11 所示，并命名为“房间墙体”。

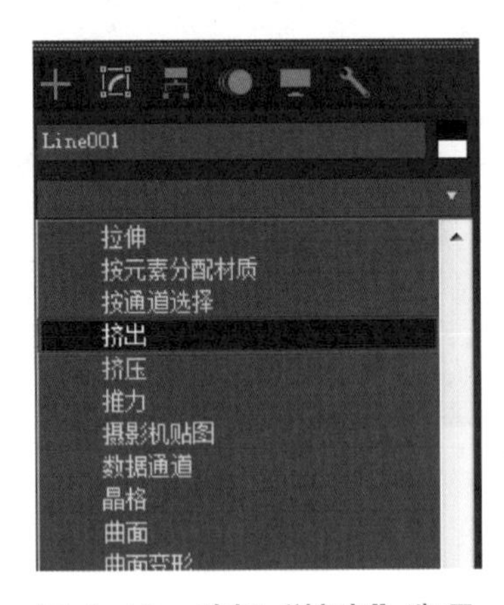

图 4–10　选择“挤出”选项

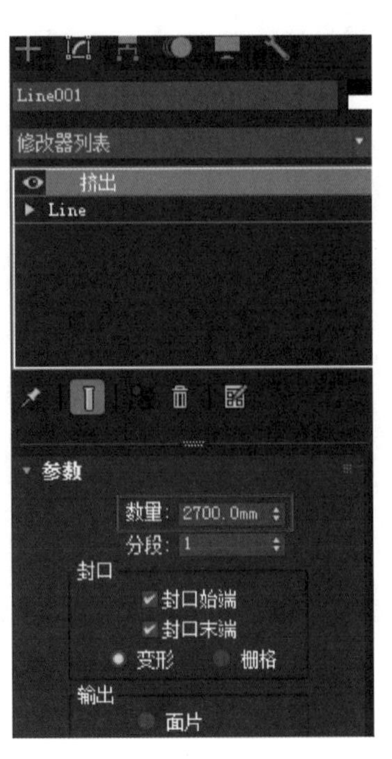

图 4–11　“参数”卷展栏

⑧ 按〈P〉键切换到透视视图，出现一个卧室的实体模型，如图 4–12 所示。

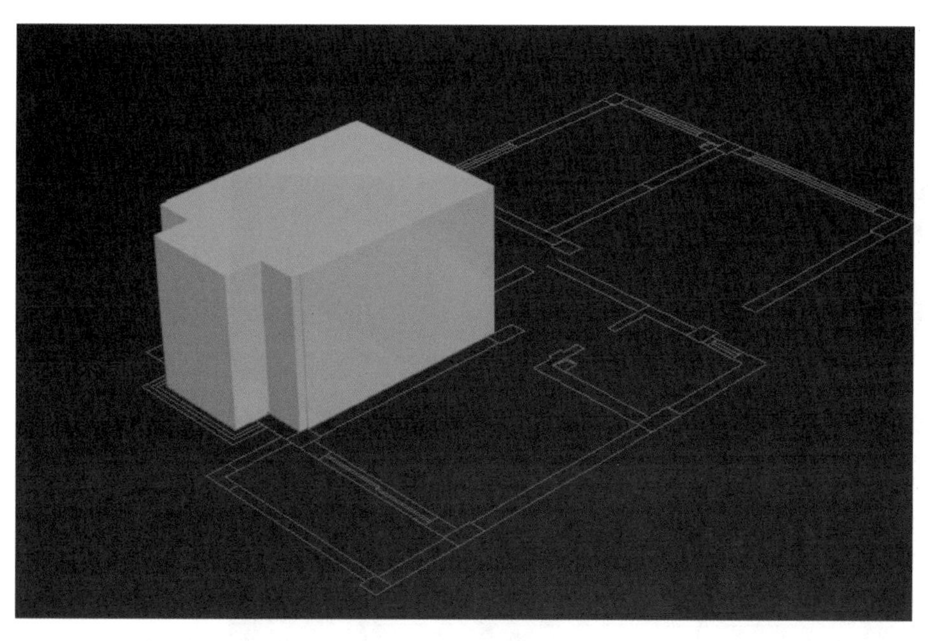

图 4-12　卧室的实体模型

⑨ 选中该模型，单击右键，在弹出的快捷菜单中选择“转换为：”→“转换为可编辑多边形”命令，如图 4-13 所示。

⑩ 在弹出的对话框中，可使用“选择”卷展栏编辑点、边、边界、多边形和元素，如图 4-14 所示。

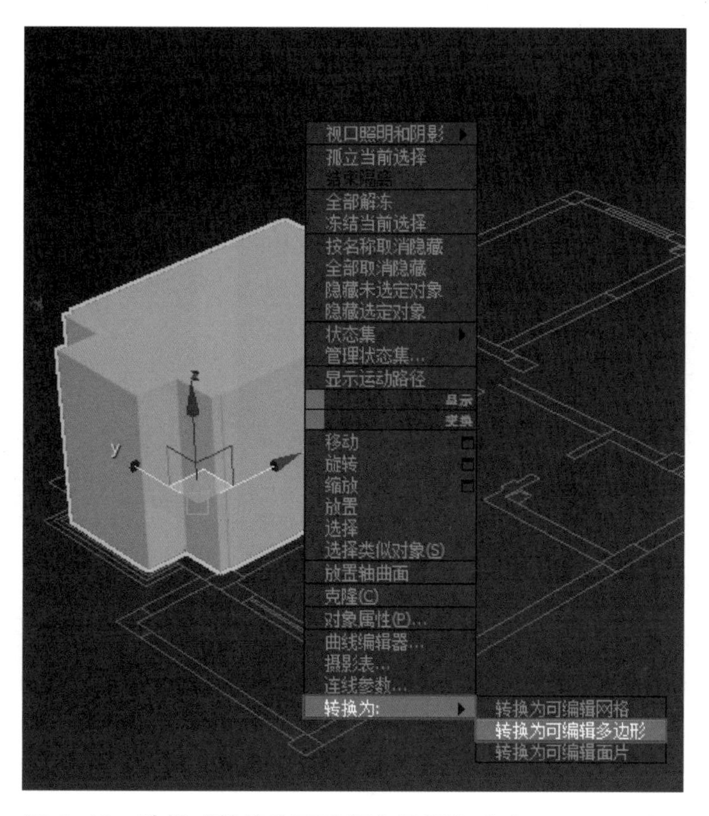

图 4-13　选择“转换为可编辑多边形”命令

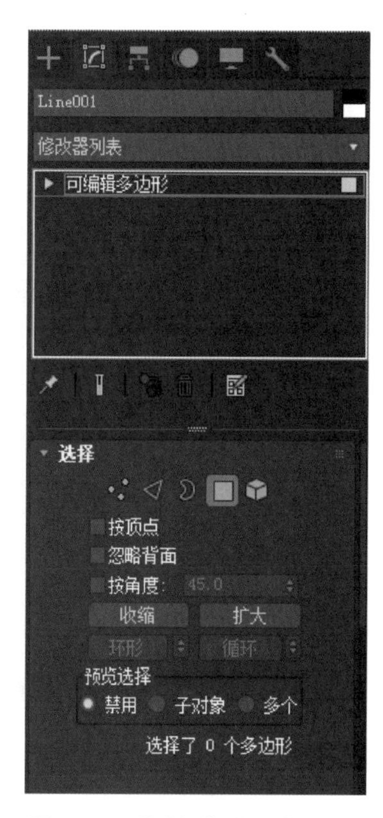

图 4-14　“选择”卷展栏

⑪ 按〈F3〉键，将房间模型切换成线框模式，如图 4-15 所示。按〈F3〉键可以将所在视图的模型在实体模式和线框模式之间切换。

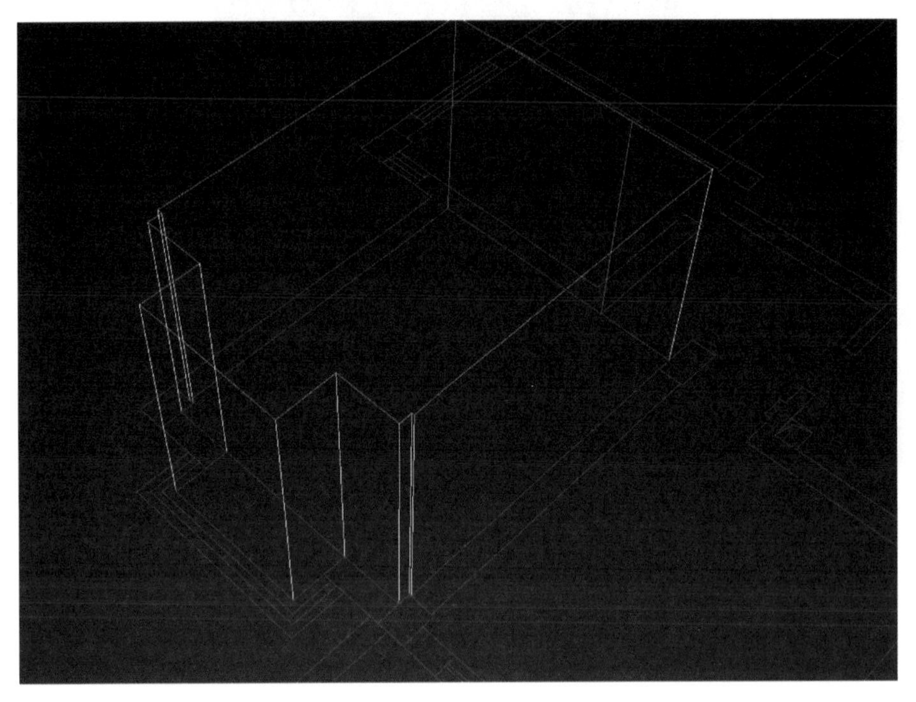

图 4-15　切换成线框模式

⑫ 按〈P〉键，切换到透视视图，用 3ds Max 界面右下角的缩放、环绕子对象、平移视图按钮将房间透视图切换到如图 4-16 所示的角度。

⑬ 进入修改命令面板，单击“边”按钮，如图 4-17 所示。

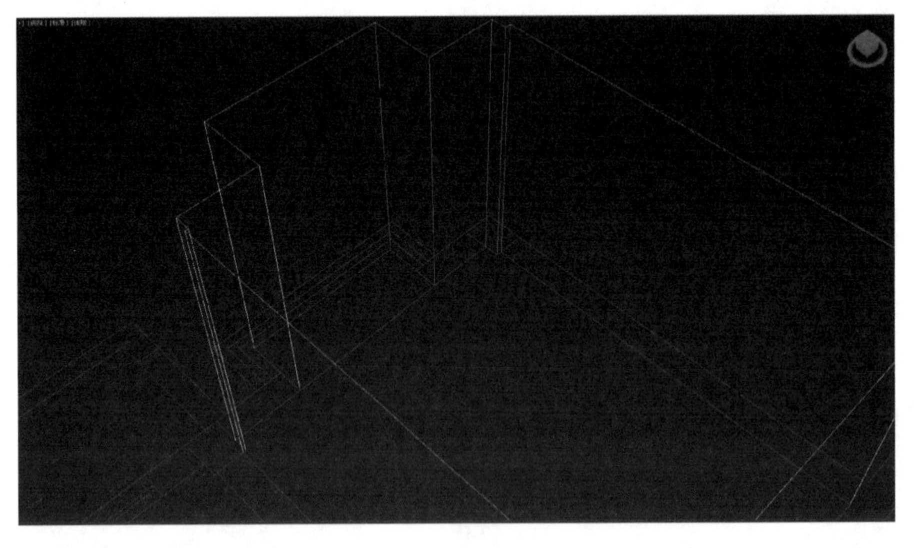

图 4-16　切换角度

图 4-17　“边”按钮

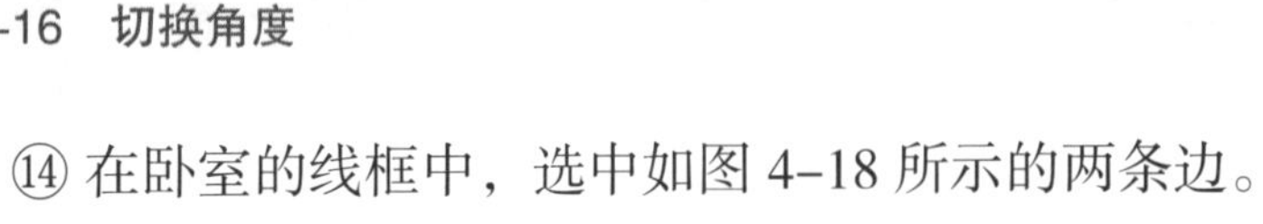

⑭ 在卧室的线框中，选中如图 4-18 所示的两条边。

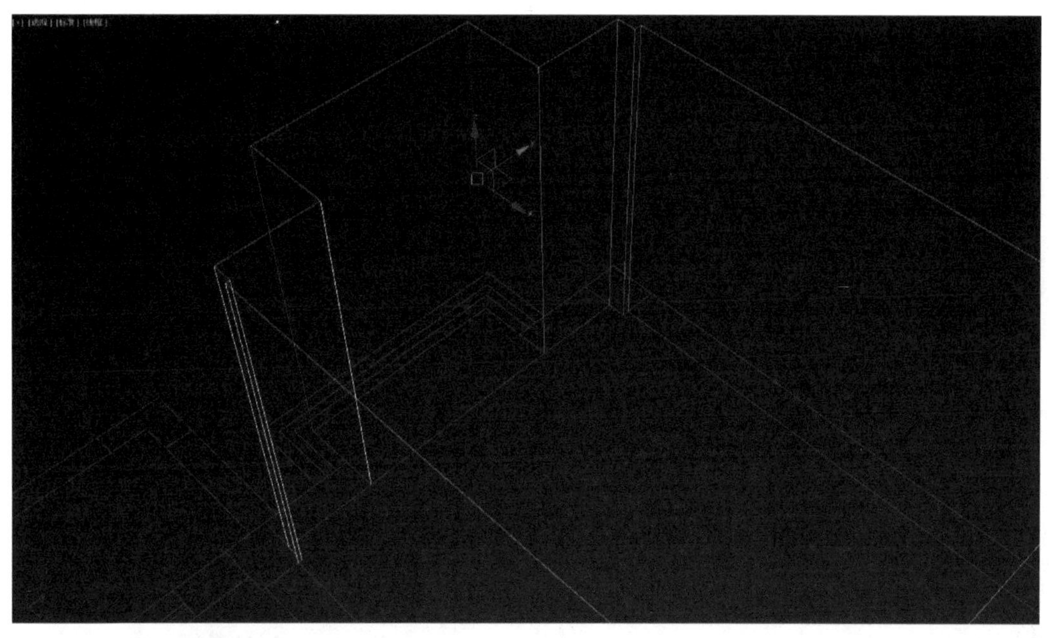

图 4-18　选中两条边

⑮ 进入“修改命令”面板，在“编辑边”卷展栏中单击“连接”按钮边上的“设置”，在弹出的对话框中将“连接边—分段”设为“2”，如图 4-19 所示。

⑯ 在选择的两条边中间出现两条横线，如图 4-20 所示。

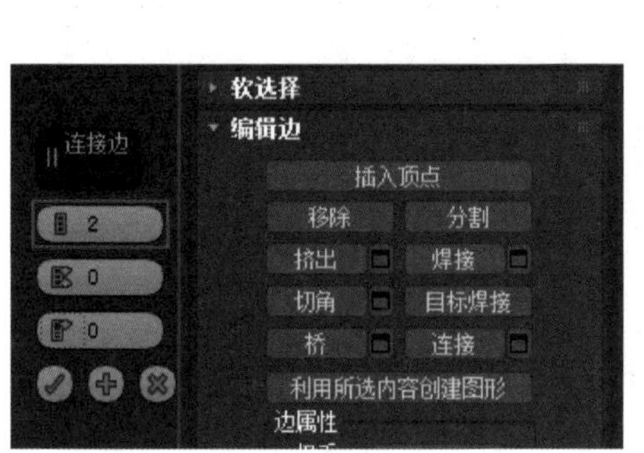

图 4-19　设置分段

图 4-20　出现两条横线

⑰ 选中下面的红线，单击工具栏上的“对齐”按钮，将下面的红线与卧室墙体的对齐位置设置为“Z 位置—轴点—最小”。

⑱ 然后单击“移动”按钮，单击右键，在弹出的对话框中将 Z 轴移动 900 mm。

⑲ 选中上面的红线，将上面的红线与卧室墙体的对齐位置设置为“Z 位置—轴点—最小”。

⑳ 然后单击“移动”按钮，单击右键，在弹出的对话框中将 Z 轴移动 2 400 mm。

㉑ 将可编辑多边形切换为多边形，选中如图 4–21 所示的面。

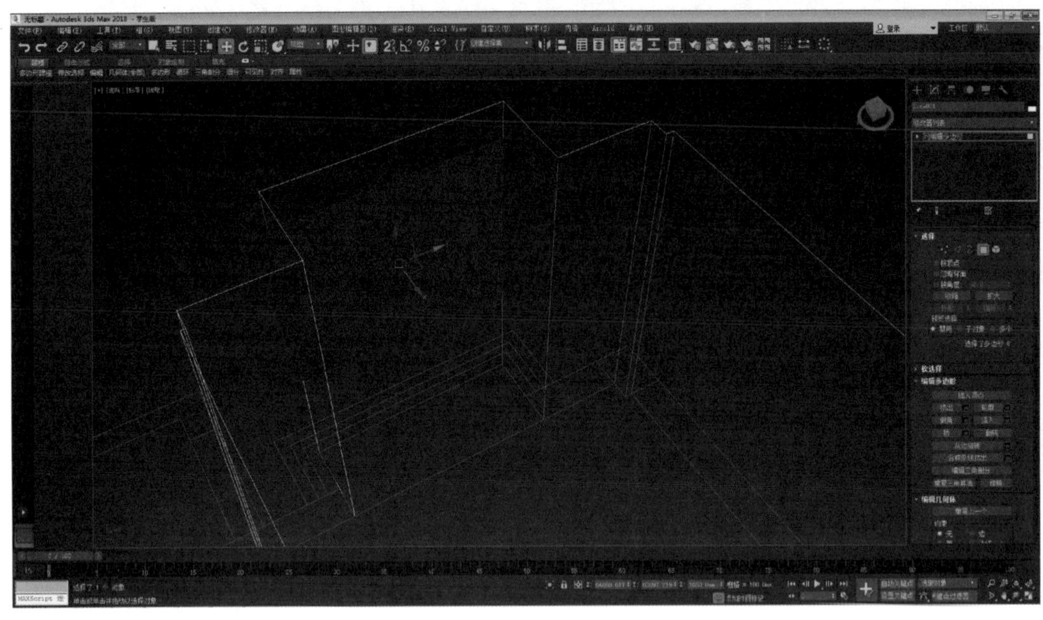

图 4–21　选中的面

㉒ 在“编辑多边形”卷展栏中单击“挤出”按钮边上的“设置”，在弹出的对话框中，将“挤出多边形”→“高度”设为“240.0 mm”。然后按〈 Delete 〉键，删除面，留出窗洞，如图 4–22 所示。

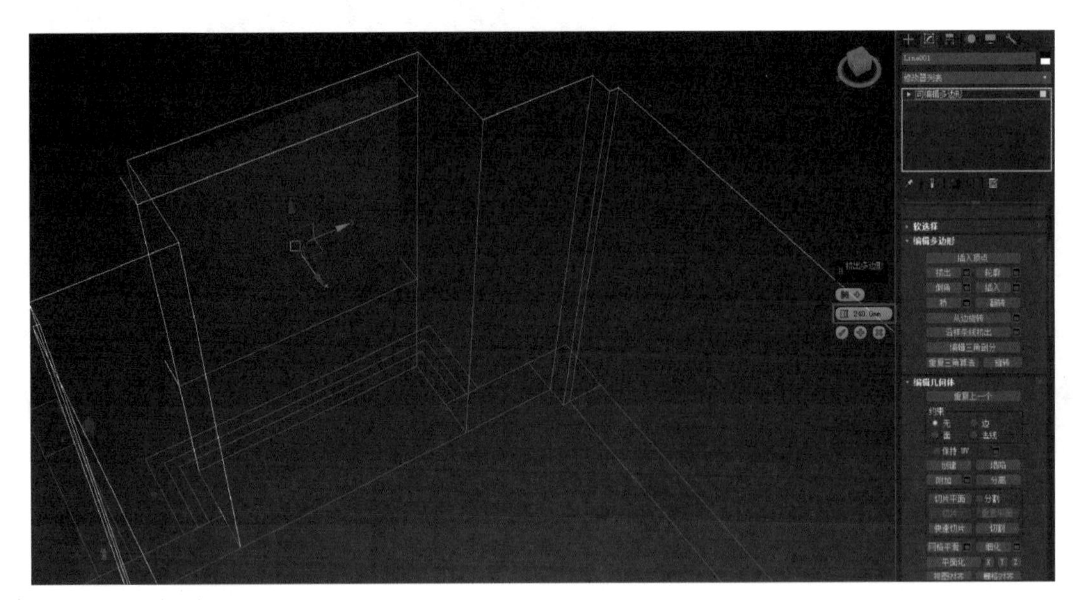

图 4–22　留出窗洞

㉓ 同样在门的位置将门挤出 –100 mm，门高设为“2 100.0 mm”。

㉔ 在透视视图的“透视”字样上单击右键，在弹出的快捷菜单中选择“视图”→“右”命令，如图 4–23 所示。

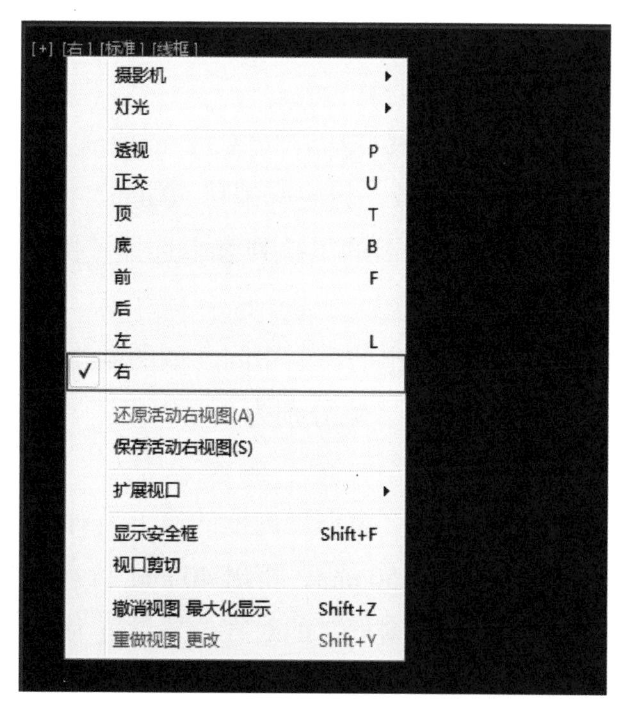

图 4–23　选择“右”命令

任务 3　制作窗框、踢角、窗帘

① 在右视图中，在窗口位置用捕捉工具画一个矩形，长、宽分别为 1 500 mm、1 760 mm，如图 4–24 所示，并命名为“窗框”。

图 4–24　画出“窗框”

② 在窗框上单击右键，在弹出的快捷菜单中选择“转换为”→“转换为可编辑样条线”命令。

③ 在可编辑样条曲线下的“选择”卷展栏中，按〈3〉键或者单击“样条线”，然后在“几何体”卷展栏下设置参数，将轮廓偏移 50 mm。

④ 在“修改命令”面板→“修改器列表”的下拉列表中选择“挤出”选项，挤出“100 mm”。

⑤ 切换到顶视图，将“窗框”移动到挤出的窗洞中间，如图 4–25 所示。

⑥ 切换到右视图，在“窗框”内制作长、宽分别为 1 400 mm、830 mm 的矩形，命名为“小窗”。

⑦ 用移动捕捉工具将“小窗”左下角与“窗框”内框的左下角对齐。

⑧ 同样将它转换为样条线，将轮廓偏移 50 mm，挤出 40 mm。

⑨ 单击“对齐”按钮，将“小窗”和“窗框”的对齐位置设置为“Z 位置—最大—最大”。

⑩ 切换到顶视图，复制出一个小窗，并用移动捕捉工具移动到如图 4–26 所示的位置。选中两个小窗，单击“移动”按钮，在弹出的对话框中向 X 轴方向移动 –10 mm。

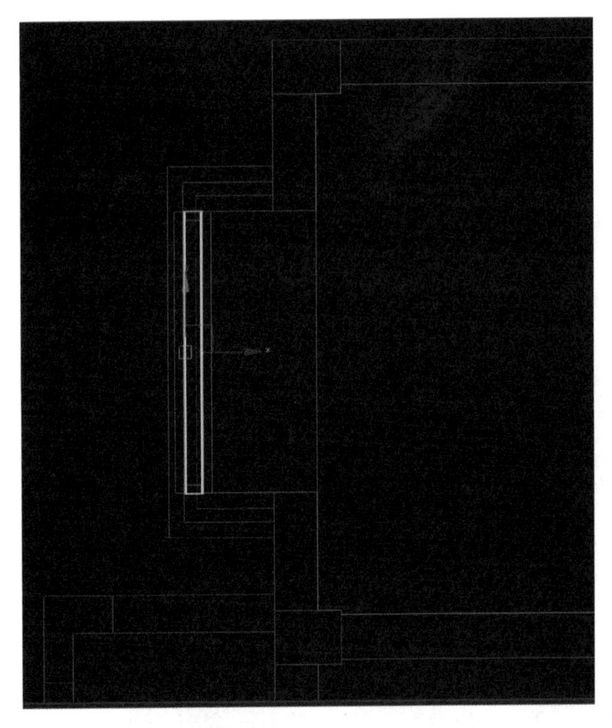

图 4–25　移动“窗框”

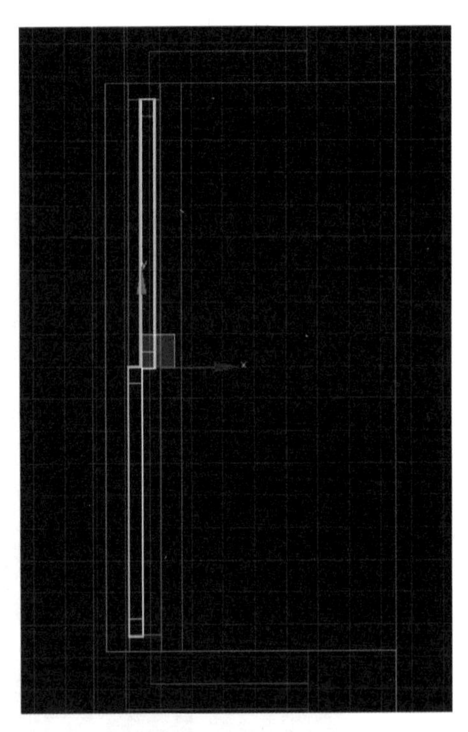

图 4–26　移动“小窗”

⑪ 沿着墙的内侧，逆时针（顺时针偏移向外）画一圈线，并闭合样条线，如图 4–27 所示。

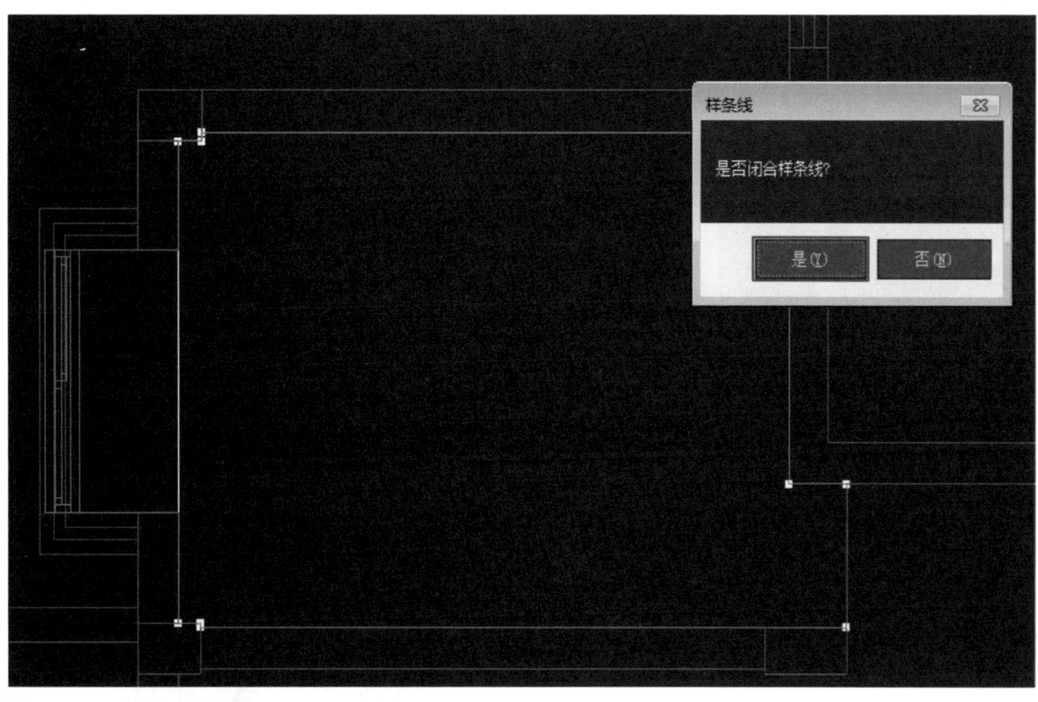

图 4–27　闭合样条线

⑫ 将轮廓偏移 10 mm，并挤出 100 mm，命名为“踢角”。

⑬ 在窗口由上到下中制作长短不等的两条曲线，“初始类型”和“拖动类型”的参数设置如图 4–28 所示。

⑭ 切换到前视图，在前视图中画一条直线，命名为“窗帘线”，如图 4–29 所示。

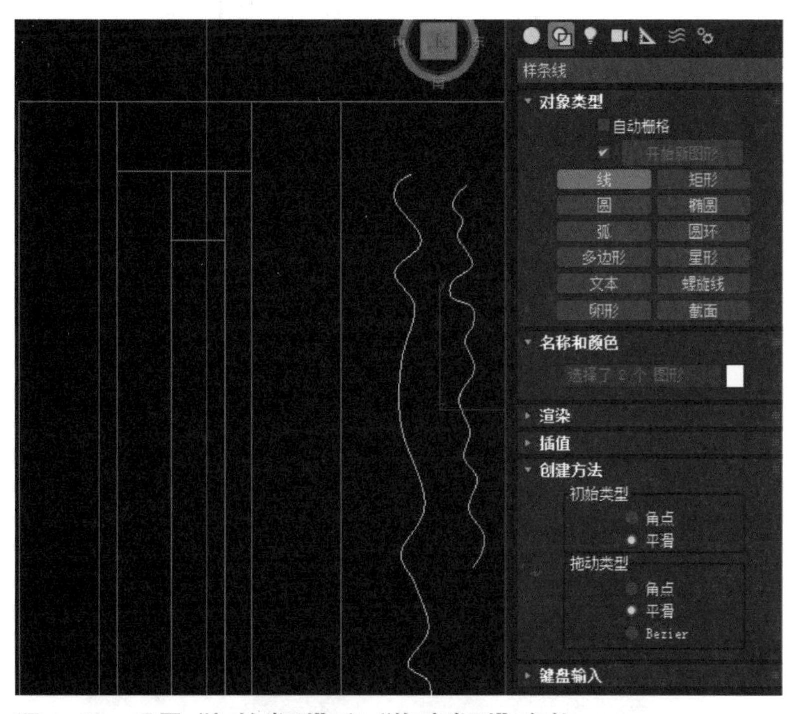

图 4–28　设置“初始类型”和“拖动类型”参数

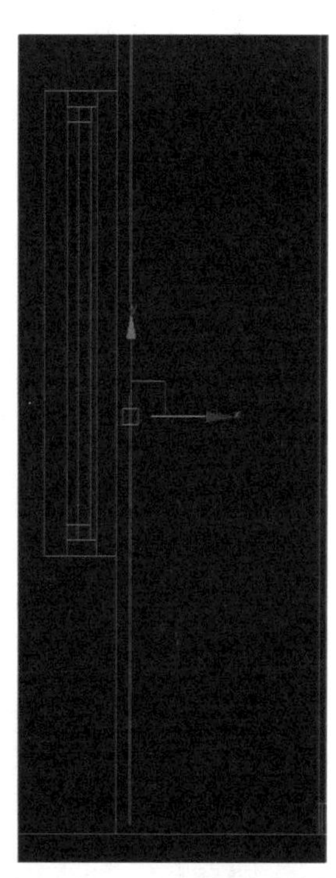

图 4–29　画“窗帘线”

⑮ 进入创建命令面板，单击“几何体”按钮，将标准基本体改为“复合对

象”，如图 4–30 所示。

⑯ 选中“窗帘线”，切换到顶视图，在“对象类型”卷展栏中单击“放样”按钮，在“创建方法”卷展栏中单击“获取图形”按钮，如图 4–31 所示。

图 4–30　将标准基本体改为“复合对象”

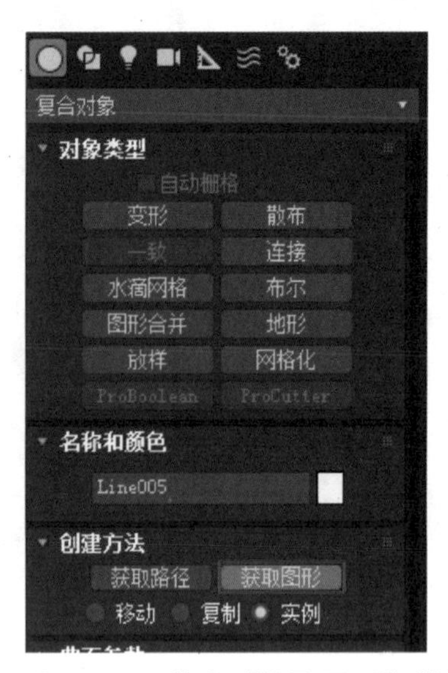

图 4–31　单击“获取图形”按钮

⑰ 在顶视图中，单击第 ⑬ 步画的短一点的曲线，在“路径参数”卷展栏中将“路径”设为“100”，如图 4–32 所示。再次单击“获取图形”按钮，然后单击长一点的曲线，命名为“窗帘”。

⑱ 现在窗帘已经建模完成，将窗帘移动到窗边，如图 4–33 所示。

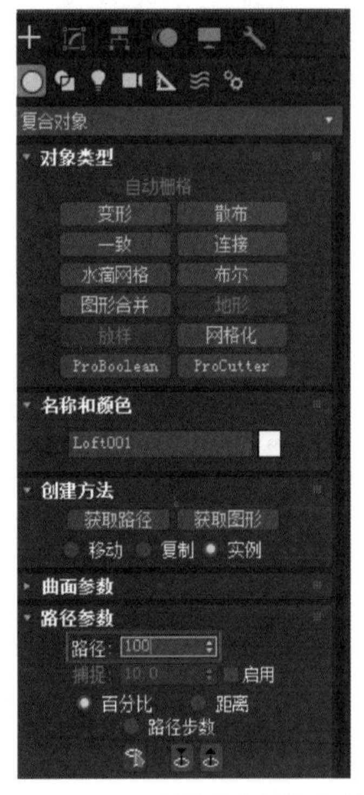

图 4–32　设置“路径”参数

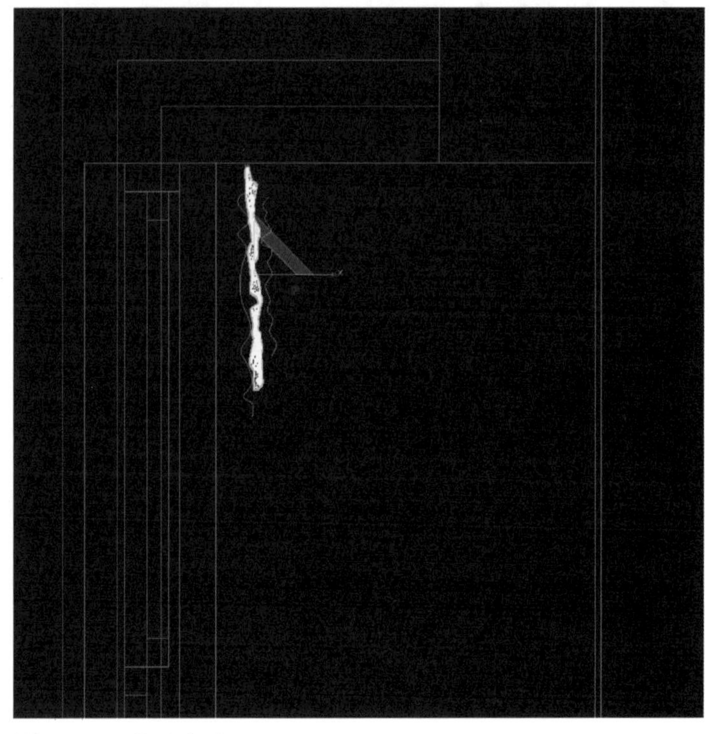
图 4–33　移动窗帘

⑲ 复制出一个窗帘，并将该窗帘以 Y 轴为镜像移动到合适位置，如图 4–34 所示，这样窗口中的 2 个窗帘都制作完成了。

⑳ 隐藏所有其他模型，切换到透视视图，单击界面右下角的“最大化显示选定对象”按钮，最大化显示窗帘。

㉑ 将渲染器改为扫描线。按〈F9〉键进行渲染，可见如图 4–35 所示的效果。

㉒ 取消所有隐藏。

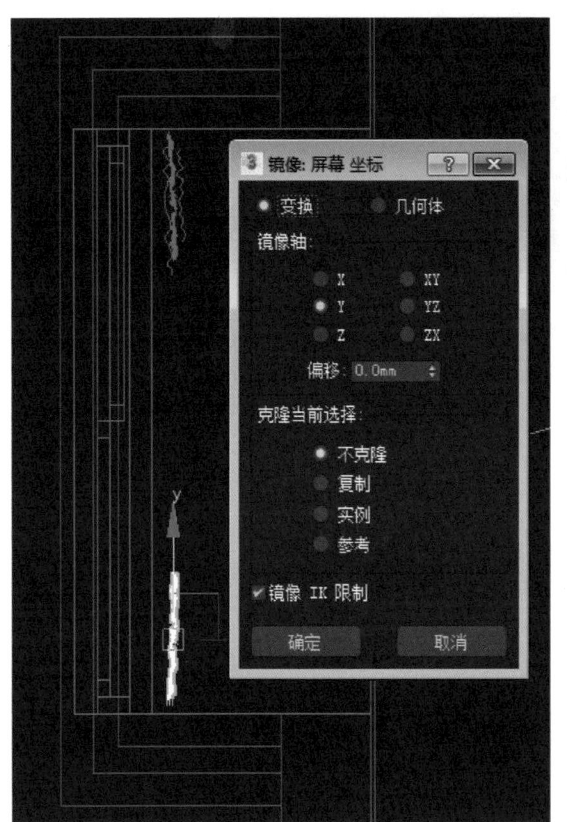

图 4–34　镜像移动

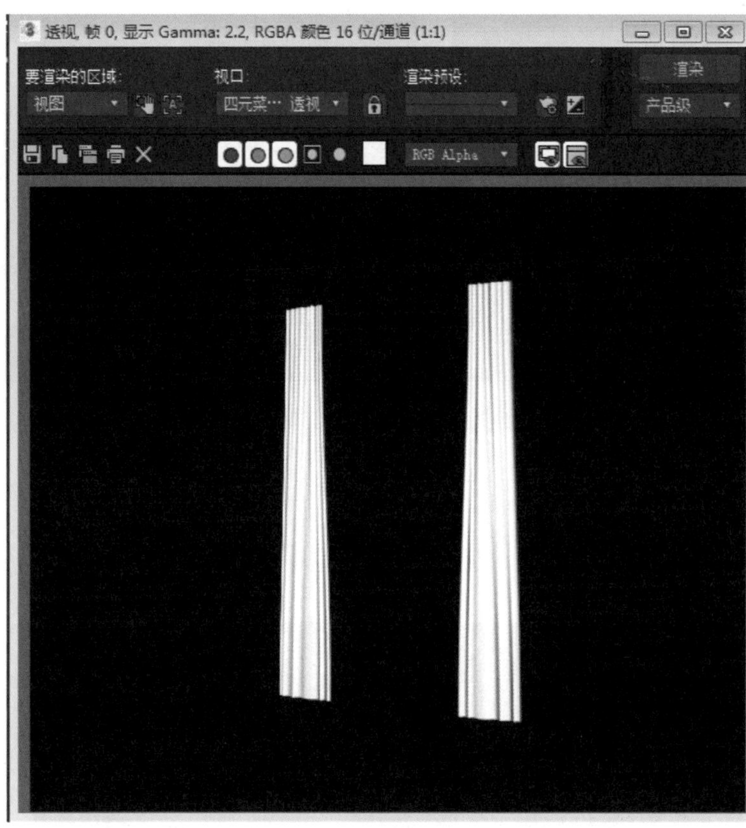

图 4–35　窗帘效果

任务 4　制作地面和顶

① 选中房间墙体，隐藏其他模型，按〈P〉键切换到透视视图，并切换到线框模式。单击界面右下角的“最大化显示选定对象”按钮，最大化显示房间墙体。

② 进入修改命令面板，按〈4〉键，在可编辑多边形的“选择”卷展栏中单击“多边形”按钮，如图 4–36 所示。

③ 在房间墙体中，选中地面部分，这时地面部分会显示为红色，如图 4–37 所示。

图 4–36 “选择”卷展栏

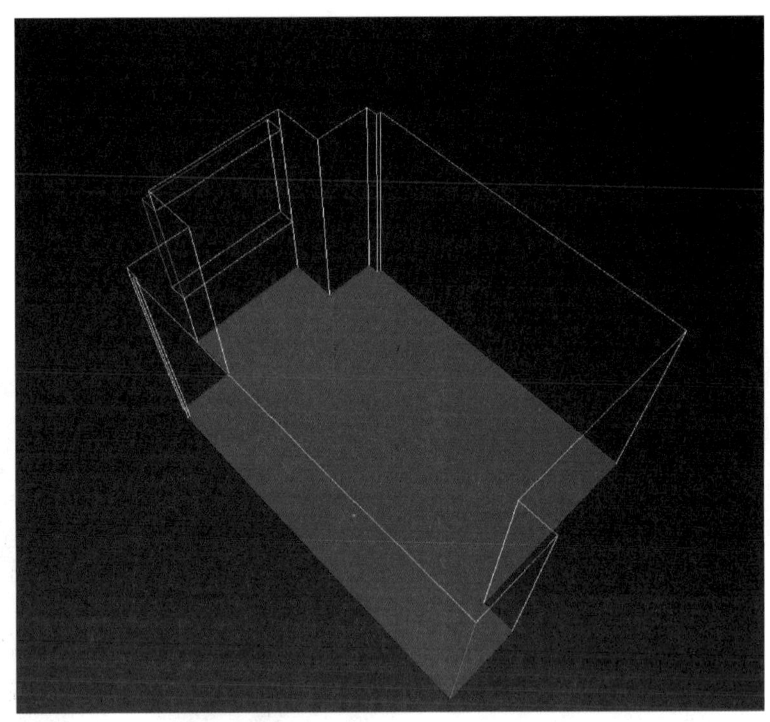

图 4–37 选中地面部分

④ 进入“修改命令”面板，在“编辑几何体”卷展栏中单击“分离”按钮。在弹出的“分离”对话框中将“分离为”设为“地面”，如图 4–38 所示。

图 4–38 “分离”对话框

⑤ 单击界面右下角的“弧形旋转”按钮，将透视视图旋转到如图 4-39 所示的位置，选择顶部的面。

图 4-39　旋转透视视图

⑥ 进入“修改命令”面板，在“编辑几何体”卷展栏中单击“分离”按钮。在弹出的“分离”对话框中将“分离为”设为“顶面”。

⑦ 选中“顶面”，隐藏其他模型。切换到顶视图，用线勾勒出顶面的线框，取名为“顶线框”。

⑧ 在顶面线框内画一个矩形，如图 4-40 所示。

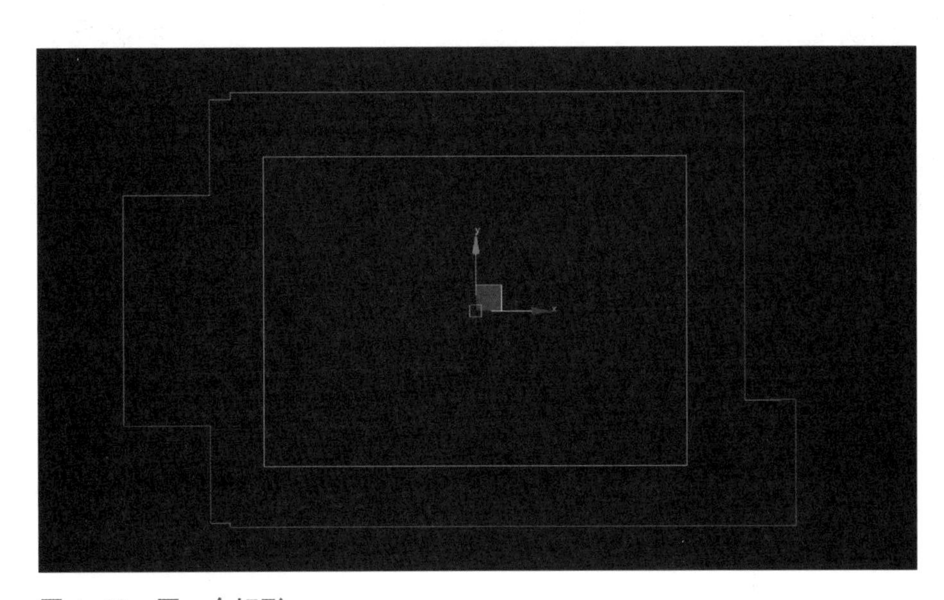

图 4-40　画一个矩形

⑨ 选择顶线框，在“几何体”卷展栏中单击“附加”按钮，然后在顶视图中单击刚才画的矩形。

⑩ 进入“修改命令”面板，在“修改器列表”的下拉列表中选择“挤出”选项，挤出 80 mm，修改名称为“吊顶”。

⑪ 切换到前视图，单击“对齐”按钮，将“吊顶”和“顶面”的对齐位置设置为“Y 位置—最大—最大”。

⑫ 然后沿 Y 轴方向向下移动 50 mm，如图 4–41 所示。

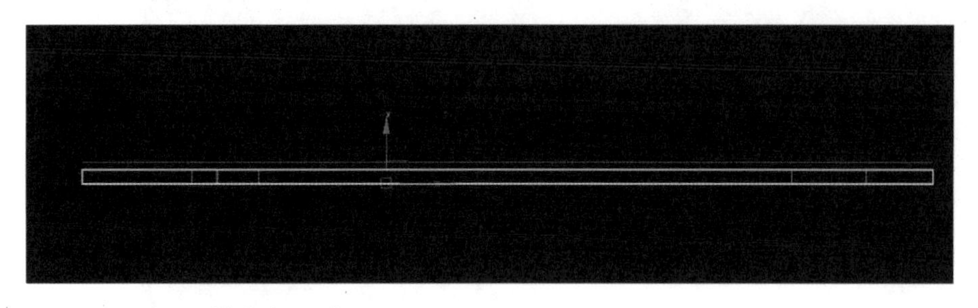

图 4–41　沿 Y 轴方向下移

⑬ 切换到顶视图，在顶视图中创建一个圆环，“半径 1”为“30.0 mm”，“半径 2”为“5.0 mm”，在圆环内创建一个圆柱体，将“半径”设为“25.0 mm”，“高度”设为“10.0 mm”，“高度分段”设为“1”，如图 4–42 至图 4–44 所示。

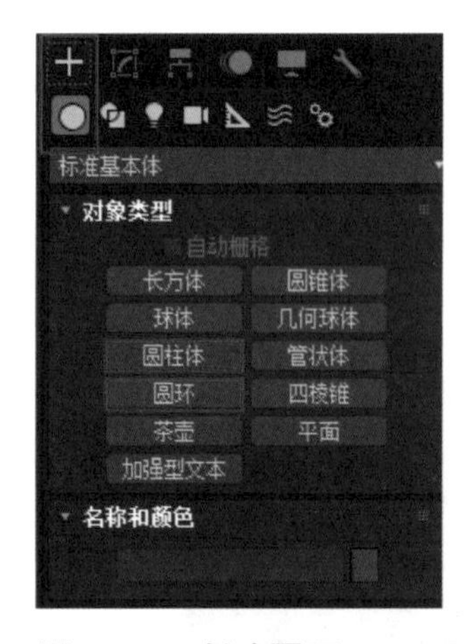

图 4–42　创建圆环

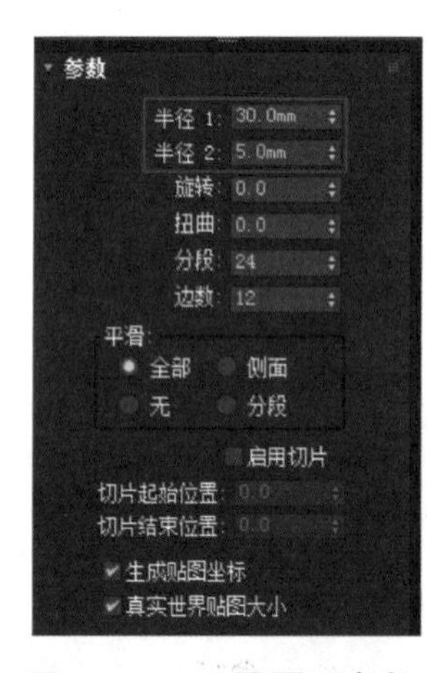

图 4–43　设置圆环参数

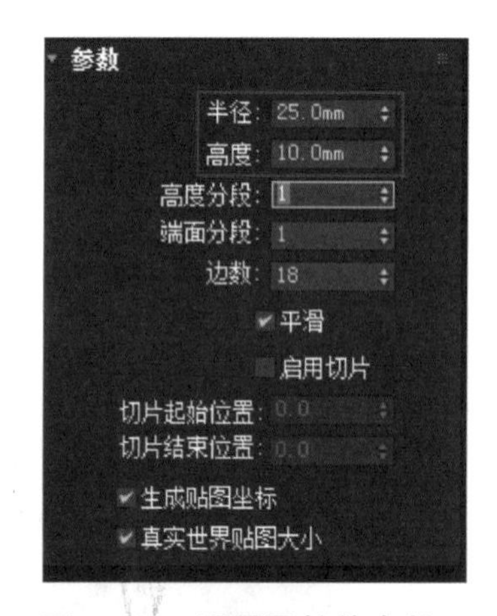

图 4–44　设置圆柱体参数

⑭ 切换到前视图，单击“对齐”按钮，将“圆柱体”和“圆环”的对齐位置设置为“X 位置—中心—中心”“Z 位置—中心—中心”“Y 位置—最小—中心”。

⑮ 选圆柱体，按快捷键“M”，打开“材质编辑器”窗口，选择第 1 个材质球，改为“标准材质”，“自发光”颜色改为“白色”，将“不透明度”改为“100”，将材质赋给圆柱体，如图 4–45 所示。

⑯ 选择圆环，同时选择第 2 个材质球，将材质球的类型改为“金属”，同时

将“漫反射”颜色改成“灰色”，将“反射高光”选项区中的“高光级别”改为“140”，“光泽度”改为“30”。同时单击“反射”复选框后面的“无贴图”按钮，加入光线跟踪贴图（Raytrace），然后把材质赋给圆环，如图 4-46 所示。

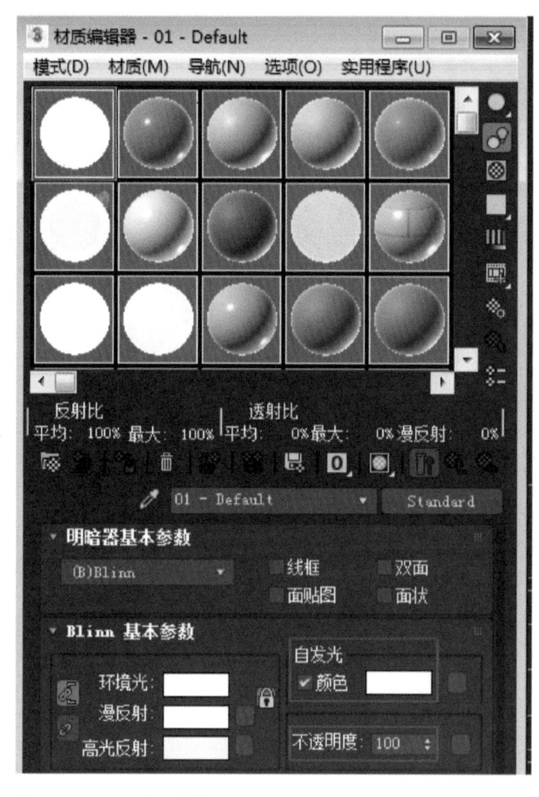

图 4-45　设置圆柱体材质

图 4-46　设置圆环材质

⑰ 选中圆柱和圆环，将它们合并成组，命名为“筒灯”。

⑱ 复制出 8 个筒灯，并放置到如图 4-47 所示的位置。

图 4-47　复制出 8 个筒灯并放置

⑲ 选中所有筒灯，切换到前视图。将筒灯移动到吊顶下如图 4–48 所示的位置。

⑳ 取消全部隐藏。

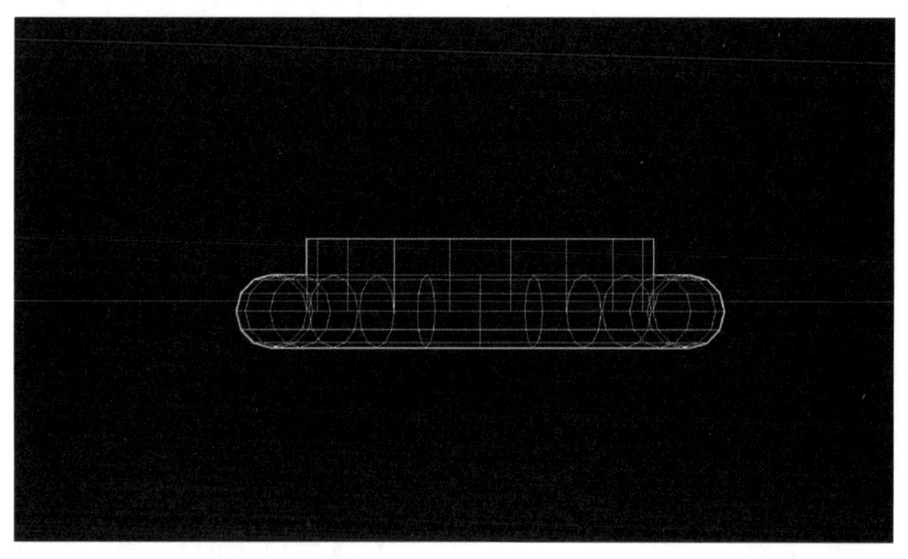

图 4–48　将筒灯移动至吊顶下

任务 5　制作床和家具摆设

① 切换到顶视图，在顶视图中确定床的位置并创建一个长方体，长、宽、高分别设为“2 000.0 mm”“1 800.0 mm”“100.0 mm”，命名为“床底板”。

② 切换到前视图，将“床底板”向上移动 100 mm。

③ 切换到顶视图，在“床底板”四角各建一个半径 30 mm、高度 100 mm 的圆柱体作为床的脚，命名为“床脚”，如图 4–49 所示，并将第 2 个材质球赋给它。

④ 切换到左视图，在床头画一个弧线，高度约等于窗台的高度，命名为“床靠背”，如图 4–50 所示。

⑤ 进入“修改命令”面板，将“床靠背”轮廓偏移 20 mm，挤出 1 800 mm，单击“对齐”按钮，将它和“床底板”的对齐位置设置为“Z 位置—中心—中心”。

⑥ 切换到顶视图，在顶视图中创建一个切角长方体，如图 4–51 所示。

⑦ 设置长、宽、高、圆角分别设为“2 000.0 mm”“1 800.0 mm”“100.0 mm”“25.0 mm”，“圆角分段”为“10”，如图 4–52 所示，命名为“床垫”。

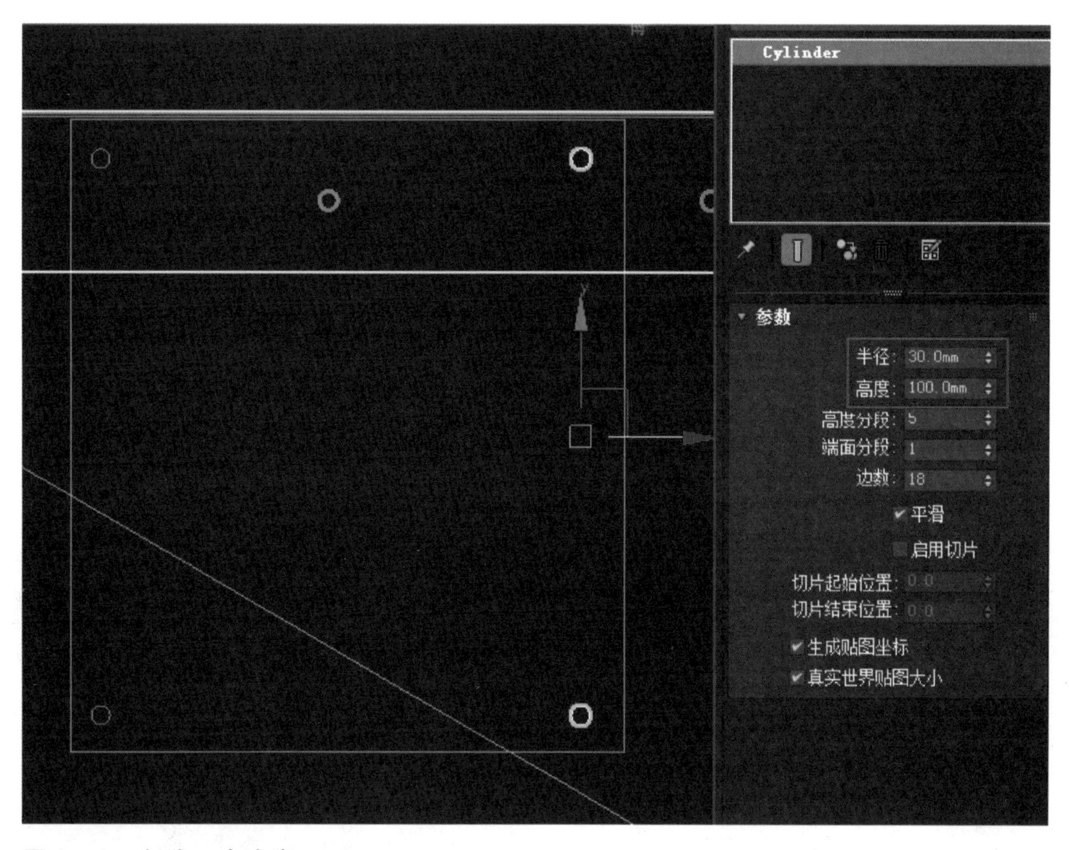

图 4–49 创建 4 个床脚

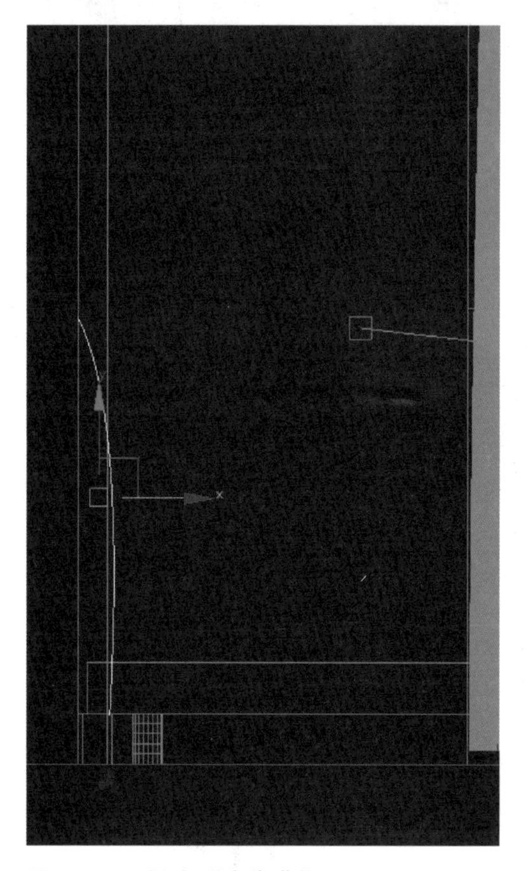

图 4–50 创建“床靠背”

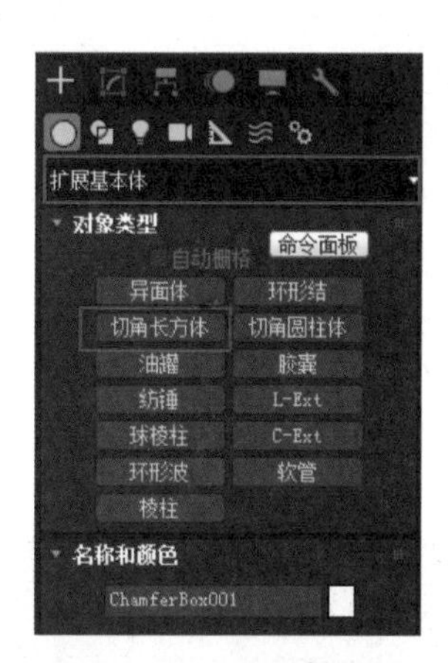

图 4–51 创建切角长方体

图 4–52 “床垫”参数

⑧ 切换到前视图，将“床垫”放到“床底板”的上面。

⑨ 在床边创建 3 个矩形，单击“对齐”按钮，3 个矩形的长度分别设为“500.0 mm、450.0 mm”“150.0 mm、400.0 mm”“300.0 mm、400.0 mm”，并如图 4–53 所示放置。

⑩ 选中最外层的矩形，单击右键，将其转换为可编辑样条线，在“几何体”卷展栏中单击“附加”按钮，将它中间的两个矩形附加在一起。

⑪ 进入“修改命令”面板，选择“修改器列表”中的“挤出”选项，将 3 个矩形塑造的形体挤出 400 mm，命名为“床头柜体”。

⑫ 在“床头柜体”中添加两个长方体，作为“面板”，并在顶视图中将“床头柜体”移动到如图 4–54 所示的位置。

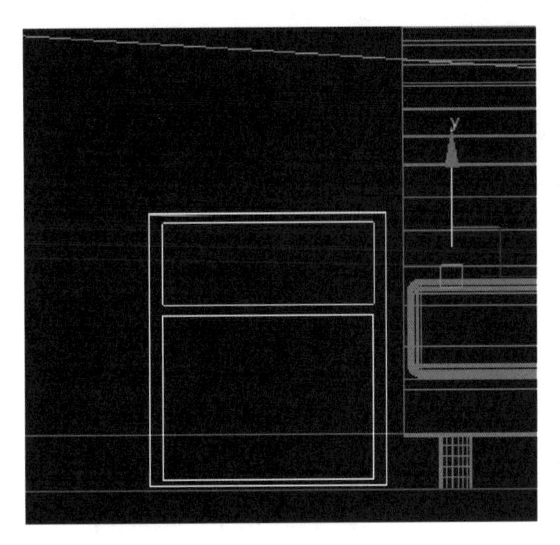

图 4–53　创建 3 个矩形

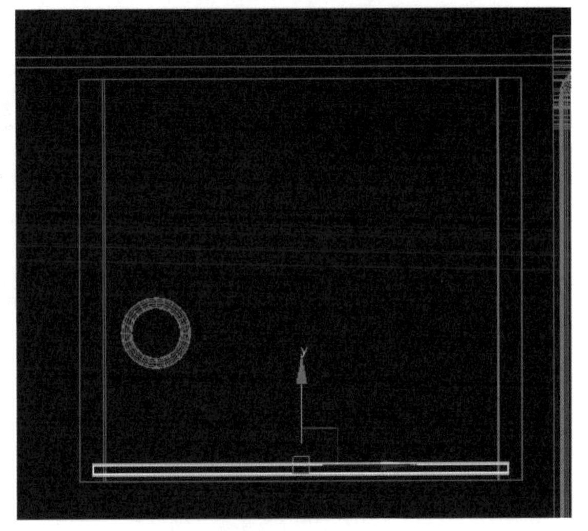

图 4–54　移动“床头柜体”

⑬ 切换到左视图，将“床头柜体”放大，在“床头柜体”的“面板”处用线创建如图 4–55 所示的图形，改为“线段”。

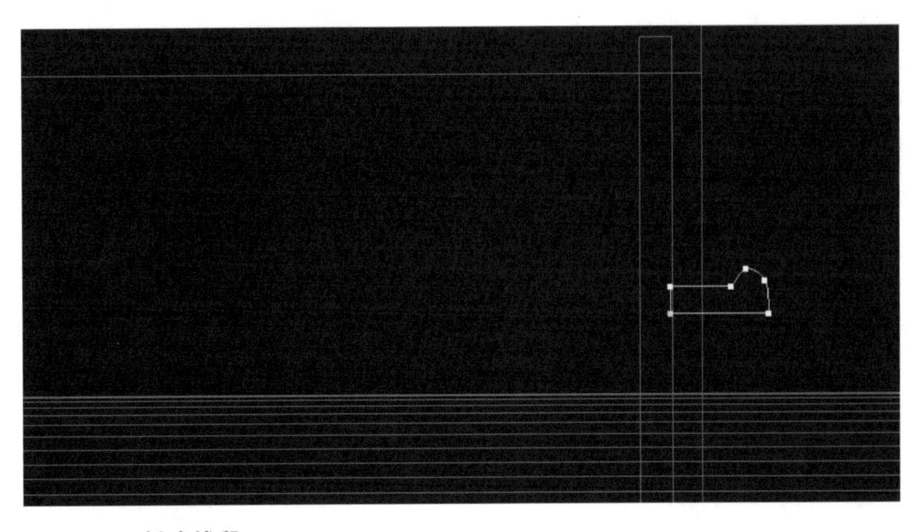

图 4–55　创建线段

⑭ 进入“修改命令”面板，选择“修改器列表”中的“车削”选项，方向为 X 轴方向，并移动轴，如图 4–56 所示，命名为“拉手”。用车削做拉手，应注意拉手和床头柜体的比例。

⑮ 单击“对齐”按钮，将“拉手”和“面板”的对齐位置设置为“Z 位置—中心—中心”。

⑯ 切换到前视图，移动复制出另一个拉手，如图 4–57 所示。

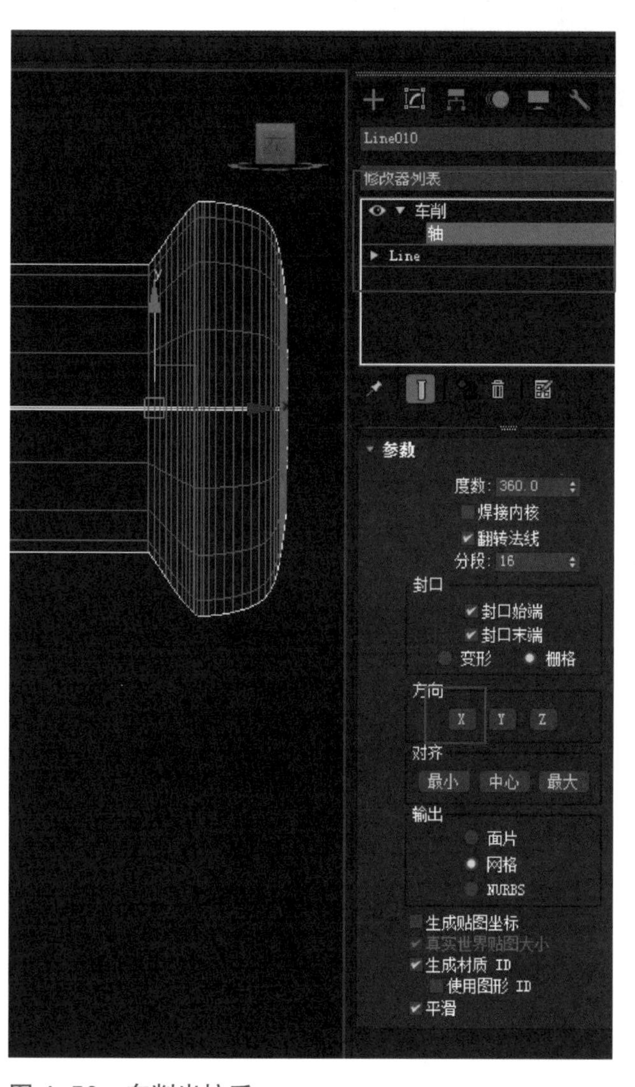

图 4–56　车削出拉手

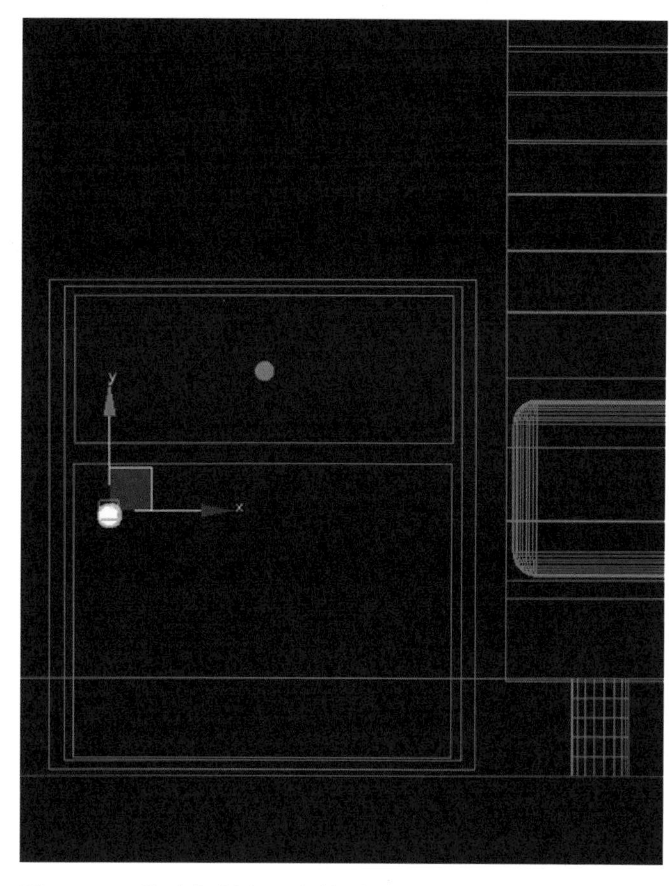

图 4–57　移动复制出一个拉手

⑰ 切换到顶视图，在“床头柜体”四角各创建一个圆柱体，作为“床头柜体”的脚，将第 2 个材质球赋给它们。

⑱ 选中“床头柜体”“面板”“拉手”，微向上移动，露出“床头柜体的脚”，选中它，将它们合并成组，命名为“床头柜”。在选中一些模型后，当需要增加其他模型时，只要按住〈Ctrl〉键，就可以加选，按住〈Alt〉键可以减去不需要

的模型。

⑲ 在顶视图中将“床头柜”放置到床的边上，再复制出另一个，放在床的另外一边，如图 4–58 所示。

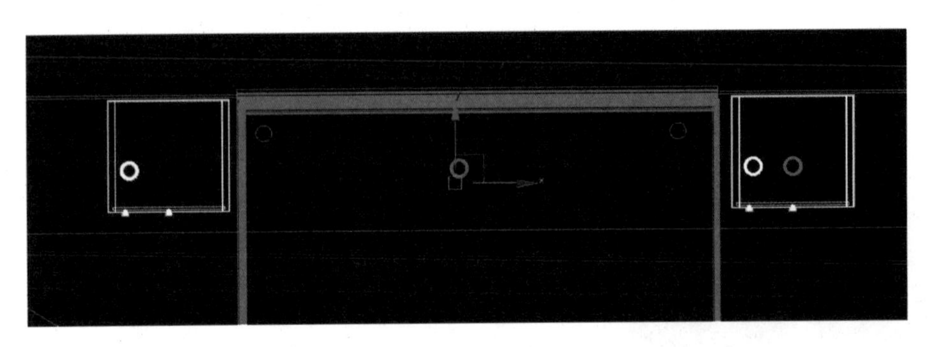

图 4–58 放置“床头柜”

⑳ 在顶视图中，在“床头柜”合适的位置创建一个圆柱体，半径为 100.0 mm，高度为 10.0 mm，将第 2 个材质球赋给它，命名为“台灯底”。

㉑ 再创建一个圆柱体，半径为 10.0 mm，高度为 250.0 mm，将第 2 个材质球赋给它，命名为“台灯杆”，并与底座 X/Y 轴中心对齐。

㉒ 再创建一个圆柱体，半径为 70.0 mm，高度为 200.0 mm，将第 1 个材质球赋给它，命名为“台灯罩”，并与底座 X/Y 轴中心对齐。

㉓ 切换到前视图，将“台灯底”“台灯杆”“台灯罩”移动到如图 4–59 所示的位置。将它们全部选中，然后合并成组，命名为“台灯”。

㉔ 将“台灯”移动到“床头柜”上，复制出另一个台灯，并放置于另一个床头柜上。

㉕ 切换到前视图，在前视图中正对床的位置创建一个矩形，长、宽分别为 250.0 mm、1 800.0 mm，命名为“电视机柜体”。

㉖ 单击右键，将该矩形转换为可编辑样条线，按快捷键〈3〉编辑样条线，将轮廓偏移 20 mm，挤出 400 mm。

㉗ 切换到顶视图，将“电视机柜体”放到如图 4–60 所示的位置，并距离地面 100 mm。

㉘ 在“电视机柜体”四角各创建 1 个圆柱体，半径为 35 mm，高度为 100 mm，将第 2 个材质球赋给它。

㉙ 切换到前视图，创建一个矩形，长、宽分别为 800 mm、1 200 mm，命名为“液晶电视”。隐藏其他模型。

㉚ 挤出 50 mm，单击右键，将它转换为可编辑多边形，按〈4〉键，选择“编辑多边形”。

㉛ 单击“液晶电视”背面的面，单击“选择挤压”按钮，将X/Z轴缩小到90%，如图4–61所示。

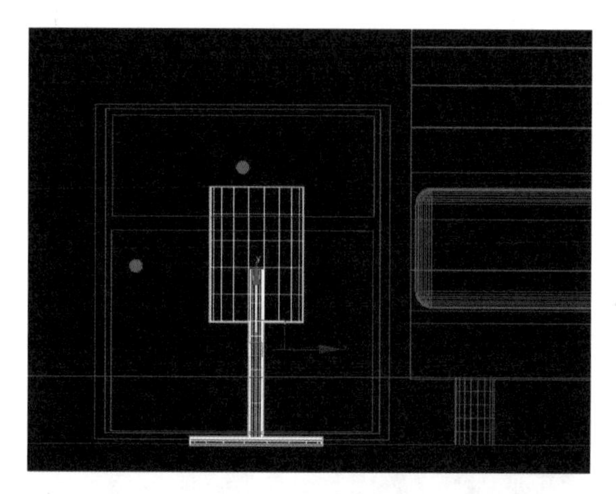

图4–59　移动“台灯底”“台灯杆”“台灯罩”

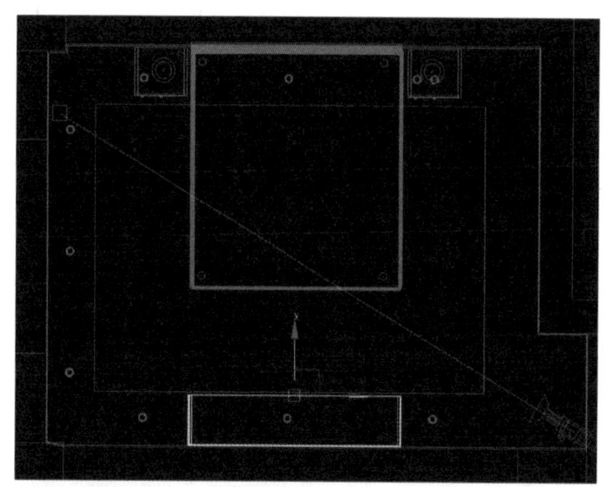

图4–60　放置“电视机柜体”

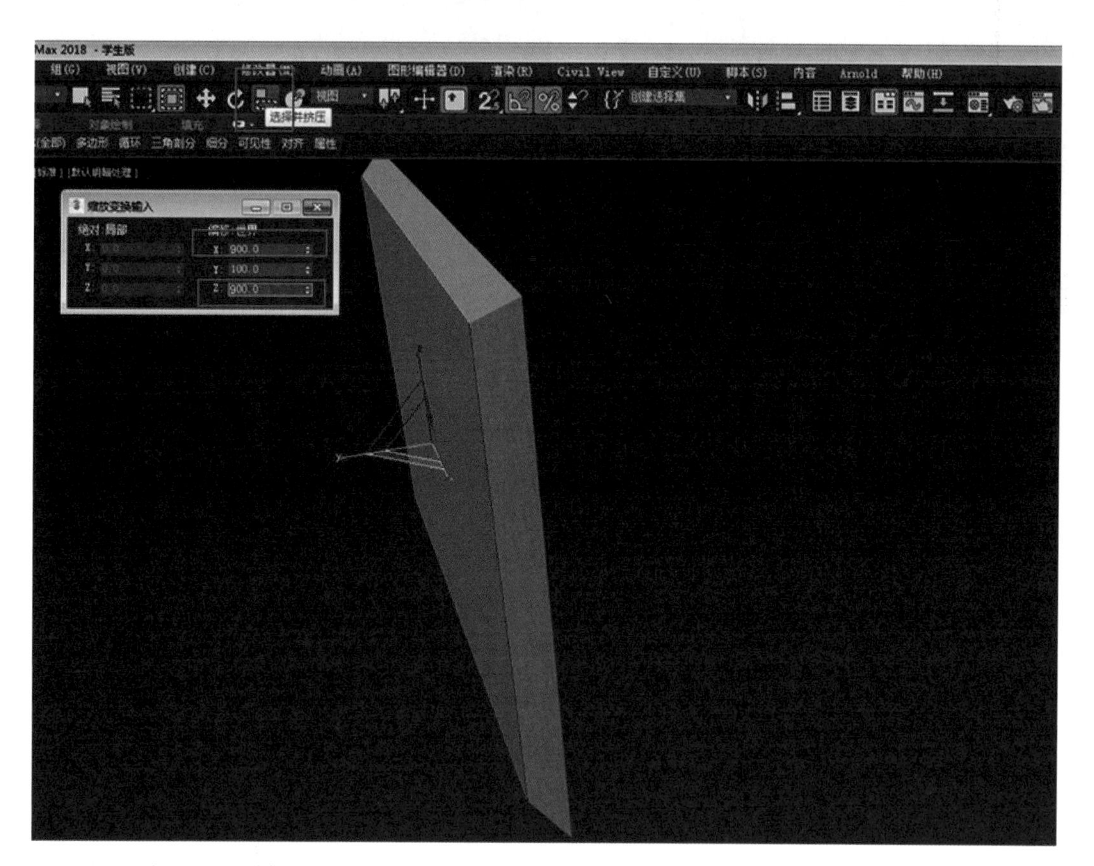

图4–61　缩小X/Z轴

㉜ 按〈2〉键将“编辑多边形”切换到“编辑边”，同时单击界面右下角的“弧形旋转”按钮，将透视视图旋转到如图4–62所示的位置。

㉝ 选中前面左右两条线，在“编辑边”卷展栏中单击“连接”按钮，在弹出的对话框中将“连接边—分段”设为“2”，单击“确定”按钮，如图4–63所示。

㉞ 将两条红线中上面的一条线选中，单击“对齐”按钮，将它和“液晶电视”的对齐位置设置为“Z 位置—最大”，然后向 Z 轴方向移动 -40 mm。

㉟ 选中下面一条红线，单击“对齐”按钮，将它和“液晶电视”的对齐位置设置为“Z 位置—最小”，然后往 Z 轴方向移动 40 mm。

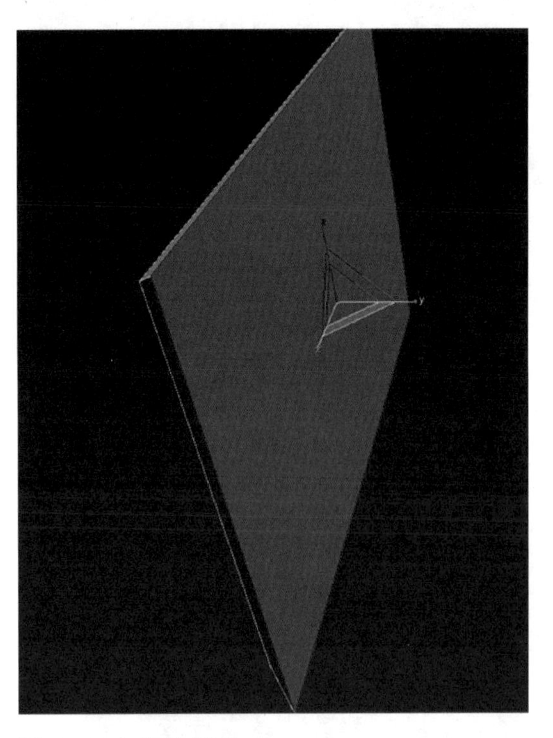

图 4-62　旋转视图

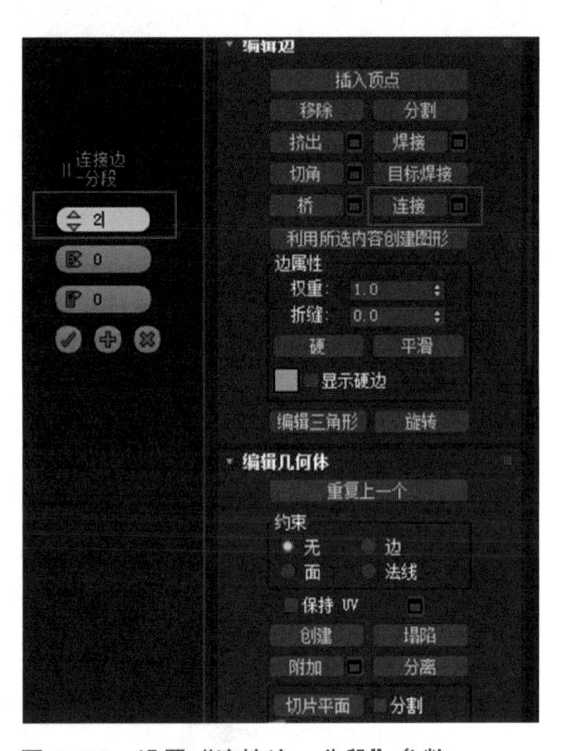

图 4-63　设置“连接边—分段”参数

㊱ 选中这两条线，在“编辑边”卷展栏中单击“连接”边上的“设置”按钮，在弹出的对话框中将“连接边—分段”设为“2”，单击“确定”按钮。

㊲ 这时在两条横线中间出现了 2 条竖线，如图 4-64 所示。

㊳ 选中左边的一条线，单击“对齐”按钮，将它和“液晶电视”的对齐位置设置为“X 位置—最大”，然后向 X 轴方向移动 -40 mm。

㊴ 选中右边一条线，单击“对齐”按钮，将它和“液晶电视”的对齐位置设置为“X 位置—最小”，然后向 X 轴方向移动 40 mm。

㊵ 按〈4〉键切换回“编辑多边形”，选中如图 4-65 所示的面。单击“挤出”边上的“设置”按钮，在“挤出多边形”对话框中，将“挤出多边形—高度”设为 -15.0 mm，如图 4-66 所示。

㊶ 然后分离选中的面，命名为“屏幕”。单击“移动”按钮，Y 轴移动 5 mm。

㊷ 切换到前视图，在“液晶电视”下部，创建黑体、30 mm 大小的文字“logo”，如图 4-67 所示。

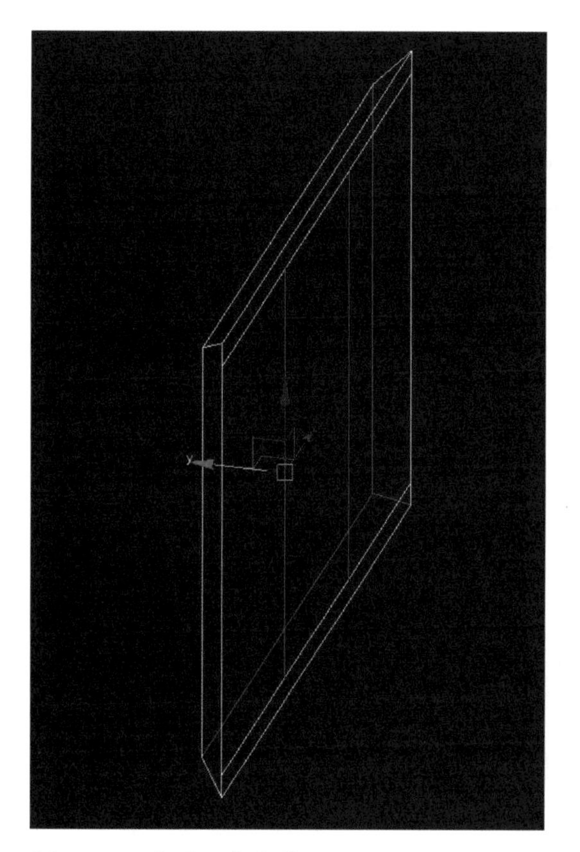

图 4–64　出现 2 条竖线

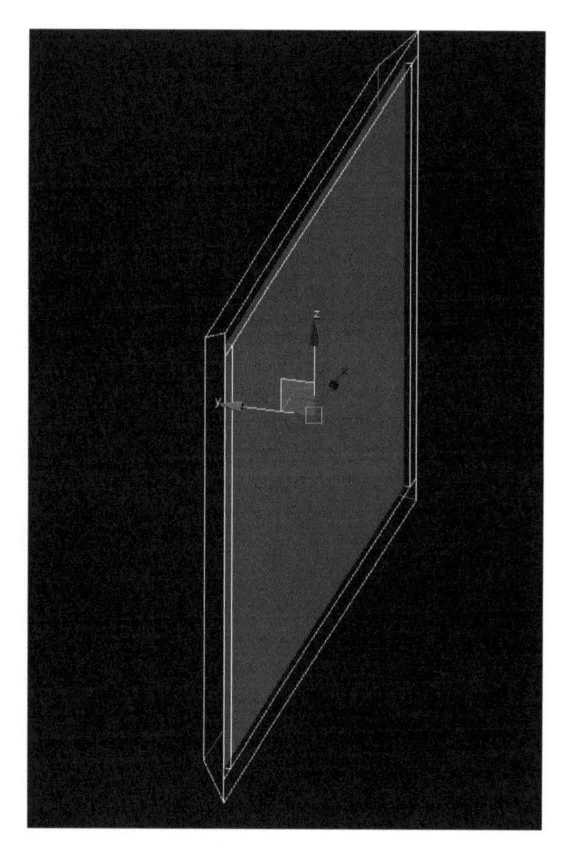

图 4–65　选中的面

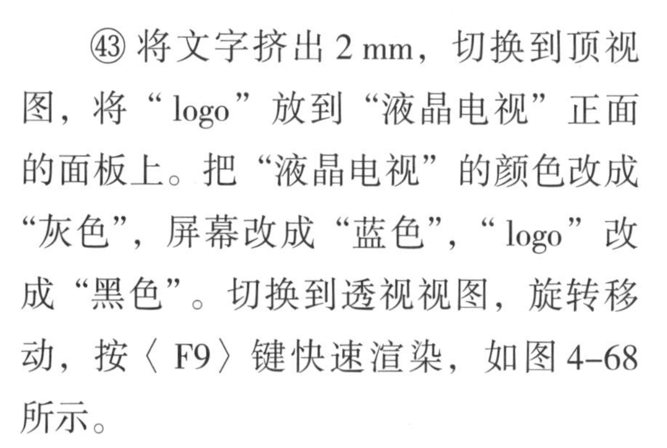

㊸ 将文字挤出 2 mm，切换到顶视图，将“logo”放到“液晶电视”正面的面板上。把“液晶电视”的颜色改成“灰色”，屏幕改成“蓝色”，“logo”改成“黑色”。切换到透视视图，旋转移动，按〈F9〉键快速渲染，如图 4–68 所示。

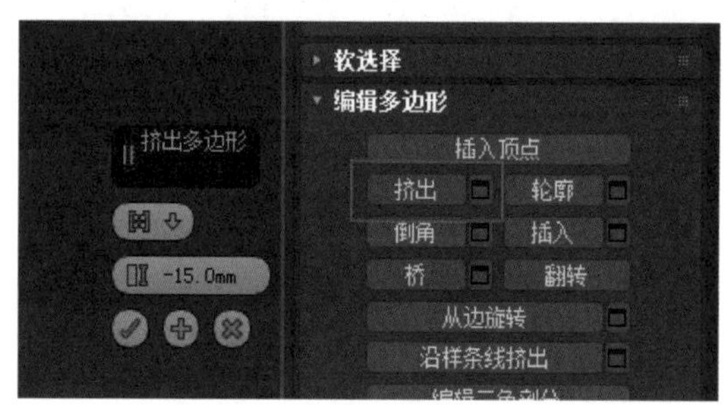

图 4–66　设置“挤出多边形—高度”参数

㊹ 将“液晶电视”“屏幕”“logo”全部选中，合并成组，命名为“液晶电视机”。

㊺ 用“放样”工具制作一个相框。切换到前视图，在前视图中创建一个长、宽分别为 650 mm、450 mm 的矩形。

㊻ 在矩形边上创建如图 4–69 所示的图形。

㊼ 选中矩形，在“复合对象命令”面板→“对象类型”卷展栏中单击“放样”按钮，单击“创建方法”卷展栏中的“获取图形”按钮，然后单击刚才创建的图形，完成相框的放样。将它命名为“相框”，将颜色改为“咖啡色”。

㊽ 切换到透视视图，显示实体相框，如图 4–70 所示。

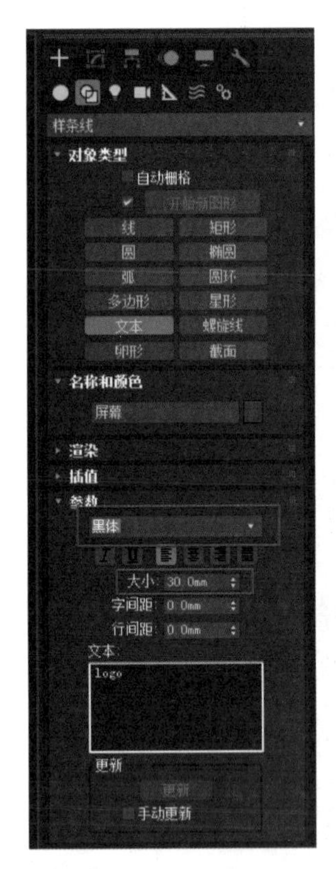

图 4-67　创建“logo”

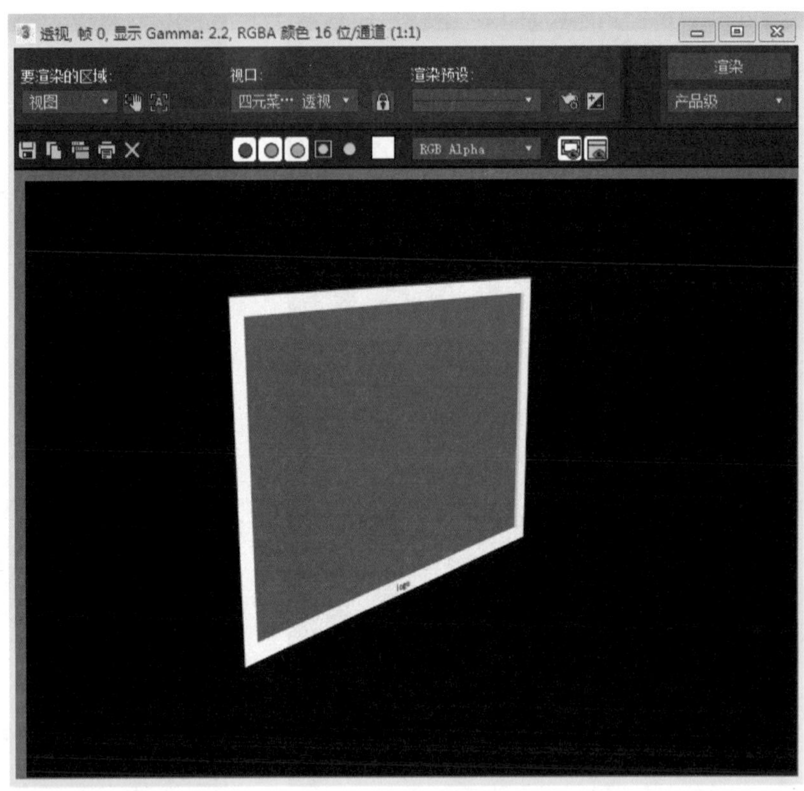

图 4-68　渲染“液晶电视”

图 4-69　创建图形

图 4-70　显示实体相框

㊾ 切换到前视图，打开“捕捉”，在相框沿内边创建一个长方体，厚度为 5 mm，命名为“画面”。

㊿ 单击“对齐”按钮，将“画面”和“相框”的对齐位置设置为“Z 位置—

最大—最大”。

㉛ 打开“材质编辑器”选标准材质，将第 3 个材质球赋给它，同时给第 3 个材质球赋一个名为“画”的材质（位于 Abook 资源中的“项目 4\ 材质 \ 画 .jpg”文件）。

㉜ 选中“画面”和“相框”，将它们合并成组，命名为“画”。

㉝ 切换到顶视图，单击右下角“最大化显示”，选择将“画”和“液晶电视机”通过移动、旋转放到房间电视背景墙上的合适位置，如图 4-71 所示。

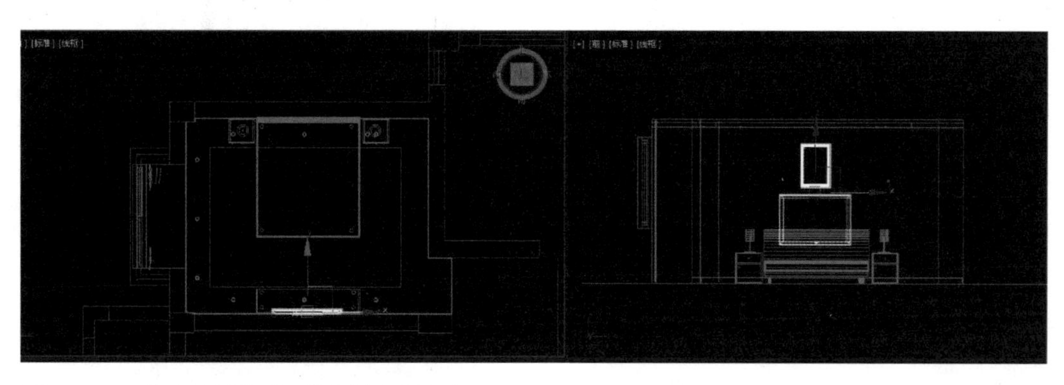

图 4-71　移动“画”和“液晶电视机”

任务 6　设置材质

① 选中地面，隐藏其他模型。

② 打开“材质编辑器”选标准材质，选择第 4 个材质球，将它命名为“地板”。将“高光级别”设置为“100”，“光泽度”设置为“60”，如图 4-72 所示。

③ 单击“漫反射颜色”复选框后面的“无贴图”按钮，如图 4-73 所示。

④ 在弹出的对话框中选择“位图”，单击“确定”按钮。

⑤ 找到 Abook 资源中的“项目 4\ 材质 \ 地板 .jpg”文件，单击“打开”按钮。

⑥ 单击回到“材质编辑器”窗口，单击“反射”复选框后面的“无贴图”按钮，在反射贴图中加入光线跟踪“Raytrace”，设置“反射”→“数量”为“20”。

⑦ 关闭“材质编辑器”窗口，进入“修改命令”面板，选择“编辑器列表”中的“UVW 贴图”选项，如图 4-74 所示。

⑧ 在 UVW 贴图“参数”卷展栏中，选中“贴图”→“平面”单选钮，设置“长度”为“900.0 mm”，“宽度”为“1 200.0 mm”，如图 4-75 所示（注意不选中“真实世界贴图大小”复选框）。

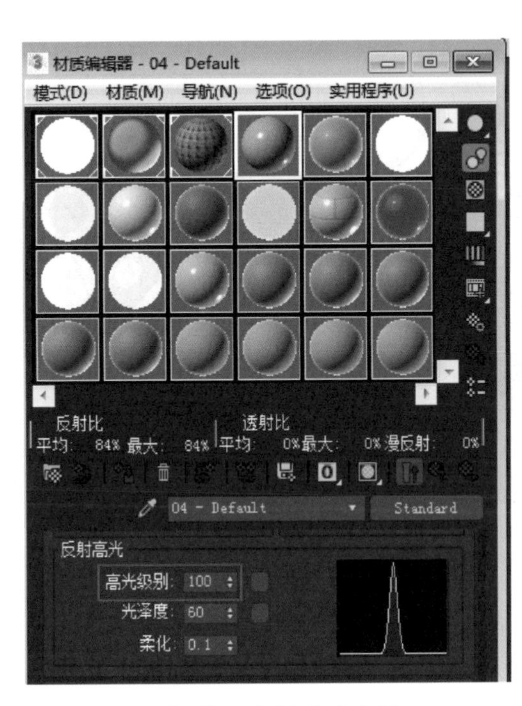

图 4–72 设置第 4 个材质球参数

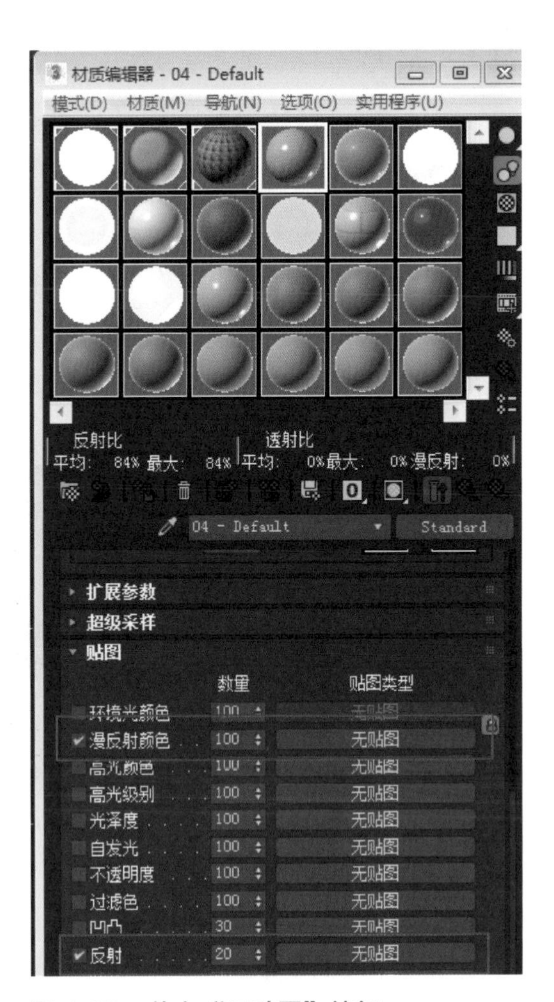

图 4–73 单击“无贴图”按钮

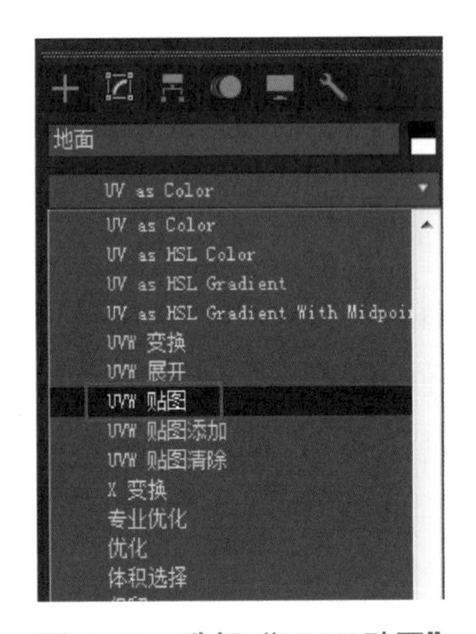

图 4–74 选择“UVW 贴图”

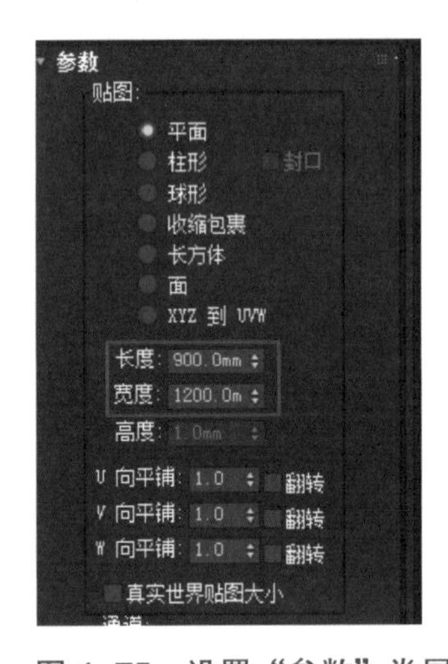

图 4–75 设置“参数”卷展栏

⑨ 隐藏地面，打开房间墙体，给墙赋墙纸的材质。打开“材质编辑器”选标准材质，选择第 5 个材质球，命名为“墙纸”，将“反射高光”→“高光级别”设置为“20”，“反射高光”→“光泽度”设置为“10”，如图 4–76 所示。

⑩ 单击“漫反射颜色”复选框后面的“无贴图”按钮，在漫反射贴图中给

它赋一个墙纸的贴图（Abook 资源中的“项目 4\ 材质 \ 墙纸 .jpg”文件）。

⑪ 进入“修改命令”面板，进行 UVW 贴图修改，选中“贴图”→“长方体”单选钮，“长度”“宽度”“高度”都设为“2 000.0 mm”，如图 4–77 所示。

⑫ 隐藏房间墙体，打开顶及吊顶，将颜色改为“白色”。

⑬ 选中踢角、电视机柜、床头柜、床靠背、床底板，打开“材质编辑器”选标准材质，选择第 6 个材质球赋给它们，命名为“木饰面”。将“反射高光”→“高光级别”设置为“100”，“反射高光”→“光泽度”设置为“50”，如图 4–78 所示。

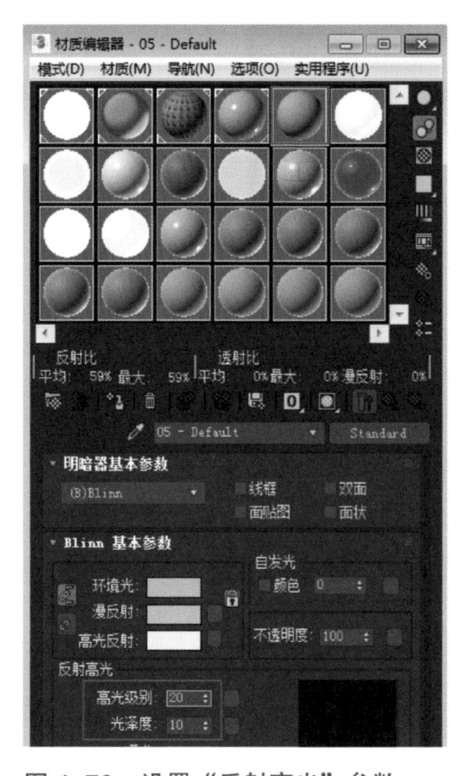

图 4–76　设置“反射高光”参数

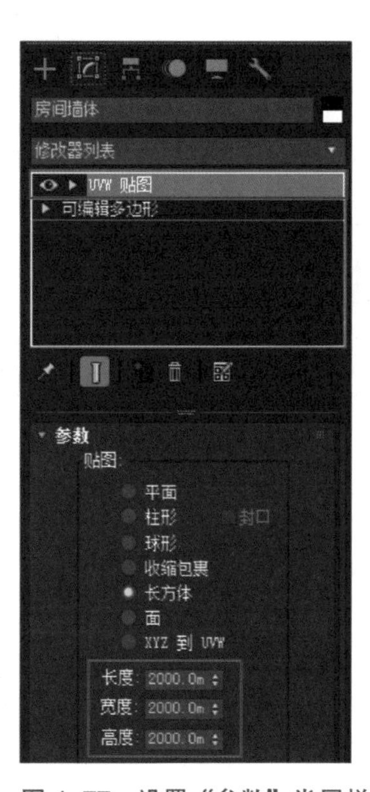

图 4–77　设置“参数”卷展栏

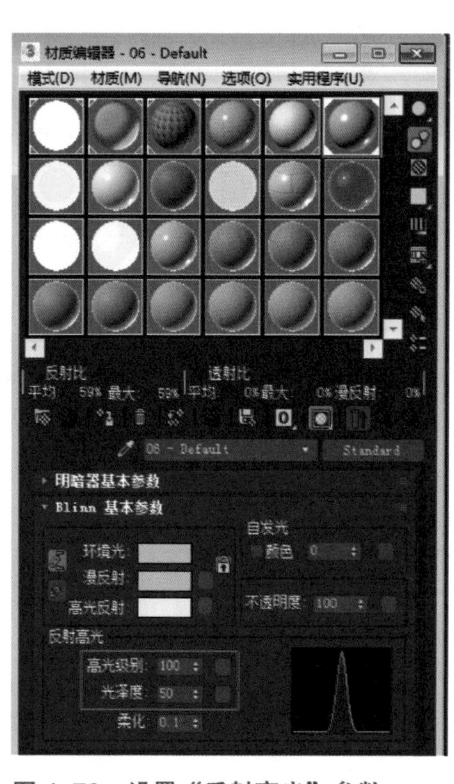

图 4–78　设置“反射高光”参数

⑭ 单击“漫反射颜色”复选框后面的“无贴图”按钮，在漫反射贴图中给它赋一个木质的材质（Abook 资源中的“项目 4\ 材质 \ 木 .jpg”文件）。

⑮ 进入修改命令面板，对上面的模型进行 UVW 贴图的修改，选中“贴图”→“长方体”单按钮，“长度”“宽度”“高度”分别设为“1 200.0 mm”“2 200.0 mm”“1 200.0 mm”。

⑯ 选中两个窗帘，将第 7 个材质球赋给它们，命名为“窗帘布”。将“反射高光”→“高光级别”设置为“20”，“反射高光”→“光泽度”设置为“10”。

⑰ 单击“漫反射颜色”复选框后面的“无贴图”按钮，在漫反射贴图中给它赋布质的材质（Abook 资源中的“项目 4\ 材质 \ 窗帘布 .jpg”文件）。

⑱ 进入“修改命令”面板，对上面的模型进行 UVW 贴图的修改，选中“贴

图”→“长方体”单选钮，“长度”“宽度”“高度”都设为“2 000.0 mm”。

⑲ 选中床垫，将第 8 个材质球赋给它，命名为“床垫”，将“漫反射”颜色改为“白色”，如图 4–79 所示。

⑳ 单击“贴图”卷展栏中的“凹凸”复选框后的“无贴图”按钮，赋上一个名为凹凸的贴图材质（Abook 资源中的“项目 4\ 材质 \ 凹凸 .jpg”文件），将“凹凸”→“数量”改为“200”，如图 4–80 所示。

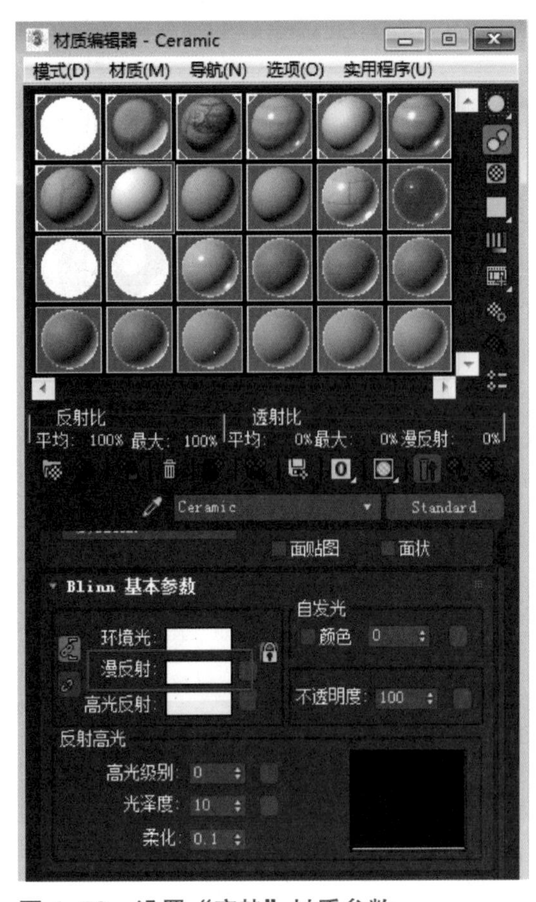

图 4–79　设置“床垫”材质参数

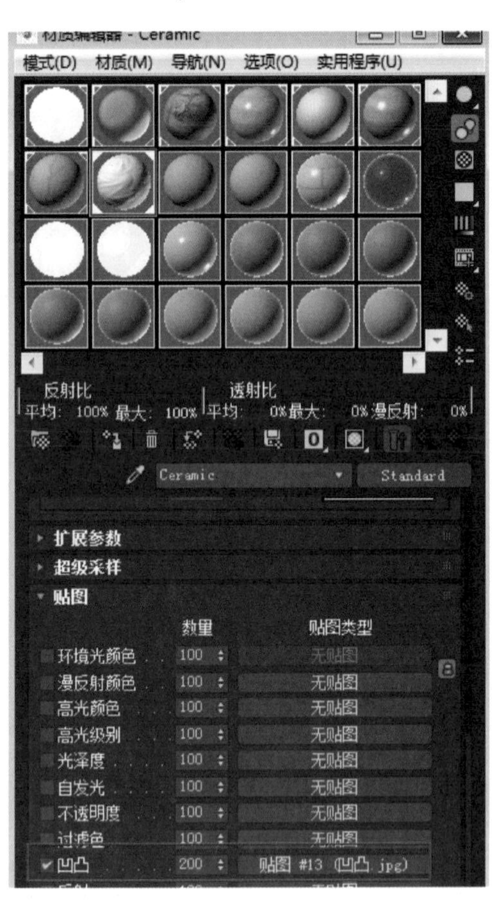

图 4–80　设置“凹凸”参数

㉑ 进入修改命令面板，对上面的模型进行 UVW 贴图的修改，选中“贴图”→“长方体”单选钮、“长度”“宽度”“高度”分别设为“1 900.0 mm”“1 800.0 mm”“150.0 mm”。

至此，材质基本设置完成。

任务 7　设置灯光和照相机

① 首先设置相机。切换到顶视图，在顶面拉出一个目标相机，如图 4–81 所示。

② 进入“修改命令”面板，将相机镜头修改为“20 mm”，以便有更大的视角。

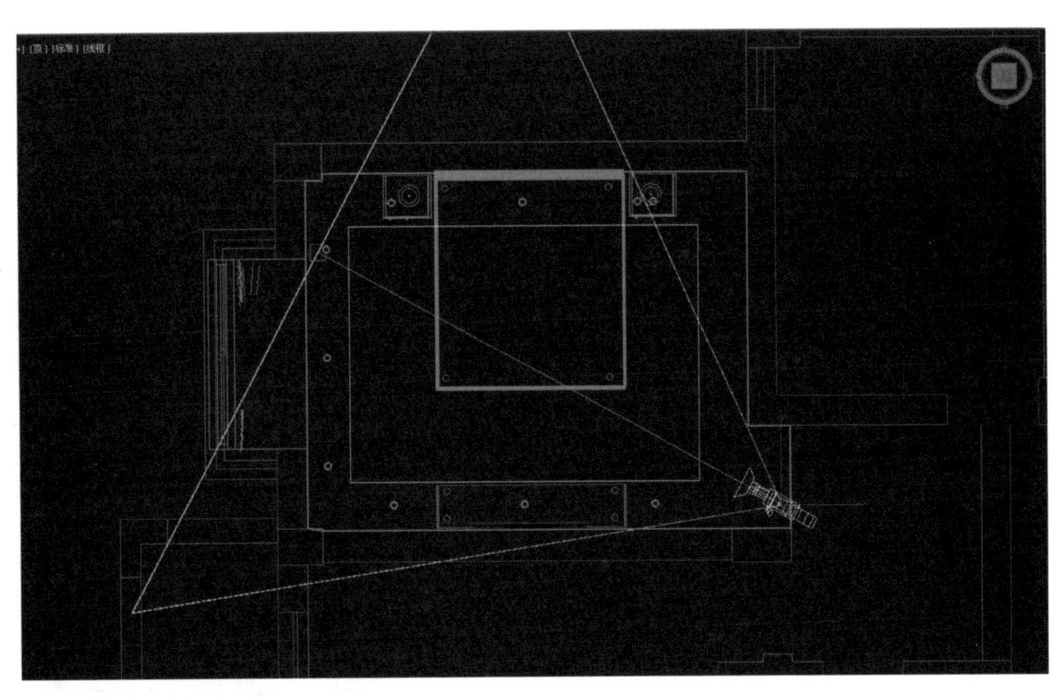

图 4-81　拉出目标相机

③ 选中目标相机的镜头和目标点（Camera01 和 Camera.target），将它们向 Z 轴移动 900 mm。

④ 按〈Alt+W〉键，切换回 4 视口，将透视视图改为相机视图，在不同视图中移动相机镜头，最终效果如图 4-82 所示。

图 4-82　移动相机镜头

⑤ 接下来布置灯光。房间里面的光包括台灯、射灯和反射与折射的光，还有电视机发出的光线。

⑥ 首先布置房子周围的灯光。为了防止画面出现“死黑现象”，在房间四周放置 8 盏泛光灯来模拟光的漫反射。

⑦ 将 4 视口切换到顶视图，将房间缩小，在远离房间的 4 个角放置实例复制出的 4 盏相同的泛光灯。

⑧ 切换到前视图，将 4 盏泛光灯移动到房间上部，再实例复制出另外 4 盏泛光灯，放置到房间下部，如图 4–83 所示。

⑨ 进入“修改命令”面板，将泛光灯的“倍增”设置为“0.002”。不打开阴影贴图，将颜色改为“淡灰色”，如图 4–84 所示。

⑩ 按〈 F9〉键，快速渲染相机视图。最后房间效果如图 4–85 所示。

图 4–83　放置泛光灯

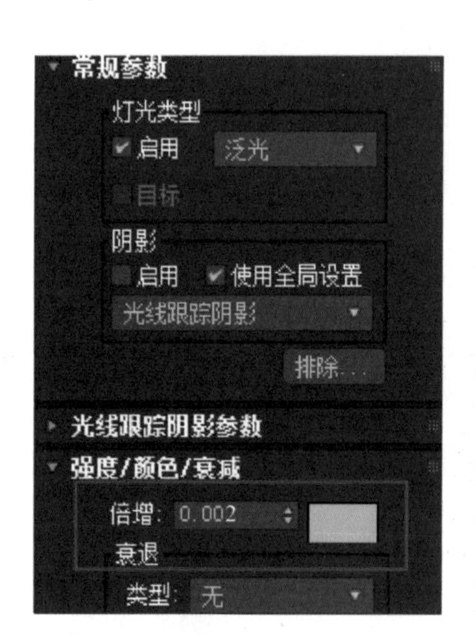

图 4–84　设置“泛光灯”参数

图 4–85　渲染后的房间效果

⑪ 接下去布置台灯的光和射灯的光。切换到 4 视口，在台灯中间放置一盏泛光灯。进入“修改命令”面板，选择启用“阴影贴图”，排除台灯及台灯 01，

如图 4–86 所示；将“倍增”设为“0.1”，“颜色”设置为“ R255、G160、B58”；“远距衰减”范围为“0.0 ~ 2 000.0 mm”，如图 4–87 所示。

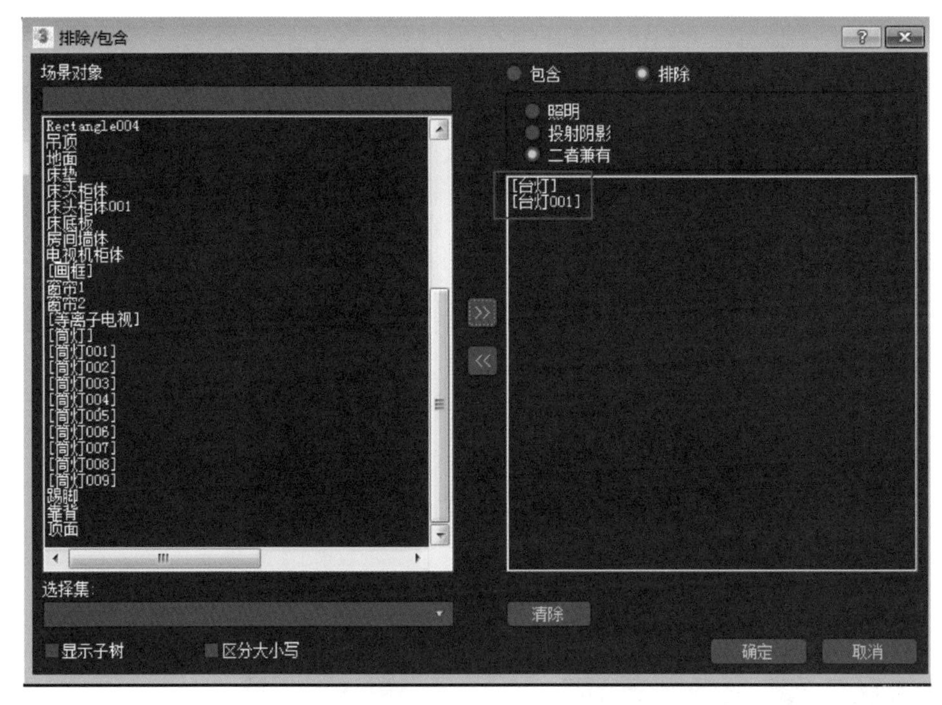

图 4–86　排除台灯及台灯 01

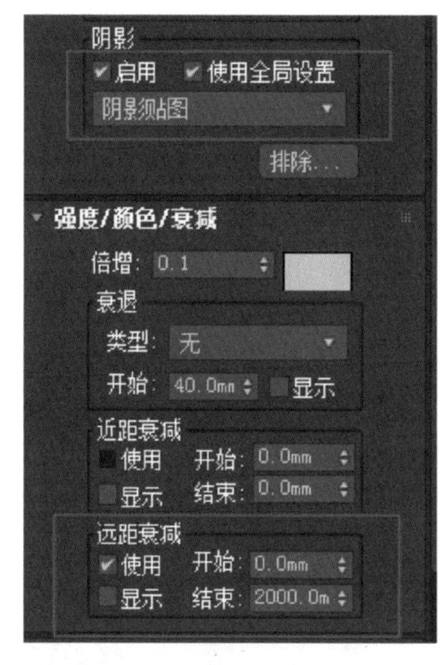

图 4–87　设置参数

⑫ 实例复制出另一个泛光灯，放置到另外一个台灯处。

⑬ 切换到左视图，在灯光命令面板中将“标准”灯光切换到“光学度”灯光，在射灯下面创建一个目标点光源，平行移动到合适位置，如图 4–88 所示。

⑭ 然后实例复制出 7 个目标点光源，如图 4–89 所示。

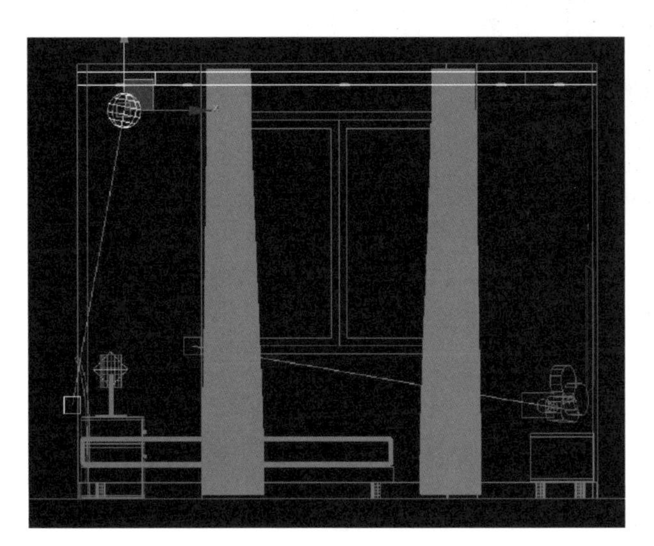

图 4–88　创建并平移目标点光源

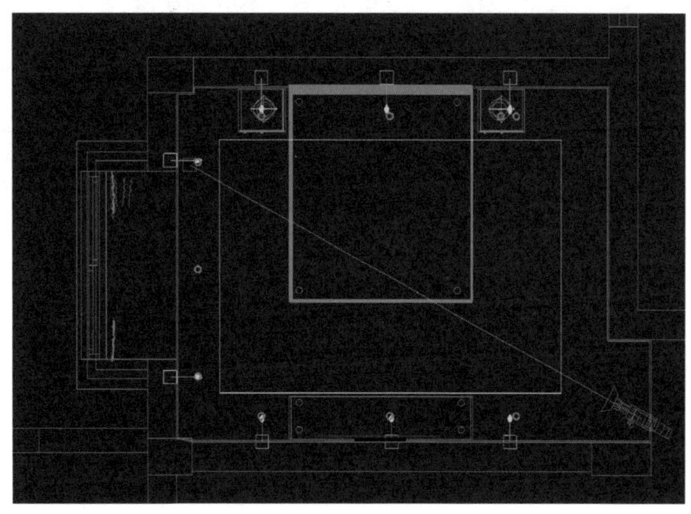

图 4–89　实例复制出 7 个目标点光源

⑮ 进入“修改命令”面板，选择“阴影贴图”选项；分布为 Web（可以使用光域网）；颜色设置为“ R255、G160、B58”，强度为“1 000”；单击 Web 文件右边的“ None”按钮，在弹出的对话框中找到 Abook 资源中的“项目 4\ 中间亮 .ies”文件，即需要的光域网，单击“确定”按钮，打开这个光域网。

⑯ 在“高级效果”卷展栏中，不选中“高光反射”复选框，从而目标点光源不会在对象上反射强烈的高光。

⑰ 由于是实例复制，所有目标点光源都被修改了。

⑱ 快速渲染相机视图，这时房间慢慢亮起来了，台灯和射灯的光线被渲染出来了，如图 4–90 所示。

⑲ 切换到顶视图，在这里模拟折射和反射的光线。在房顶上创建一盏泛光灯。

⑳ 进入“修改命令”面板，选中“启用”复选框，“倍增”设为“0.02”，“远距衰减”范围为“0.0 ~ 5 000.0 mm”；在“阴影贴图参数”卷展栏中设置“偏移”为“0.0”，“大小”为“512”，“采样范围”为“16.0”，如图 4–91 所示。

图 4–90　渲染后的效果

图 4–91　设置“阴影贴图参数”卷展栏

㉑ 实例复制出 5 盏泛光灯，切换到前视图，如图 4–92 所示，将它们放置到整个房间中间偏上一点。

㉒ 快速渲染相机视图，至此整个房间的光线基本布置完成，如图 4–93 所示。

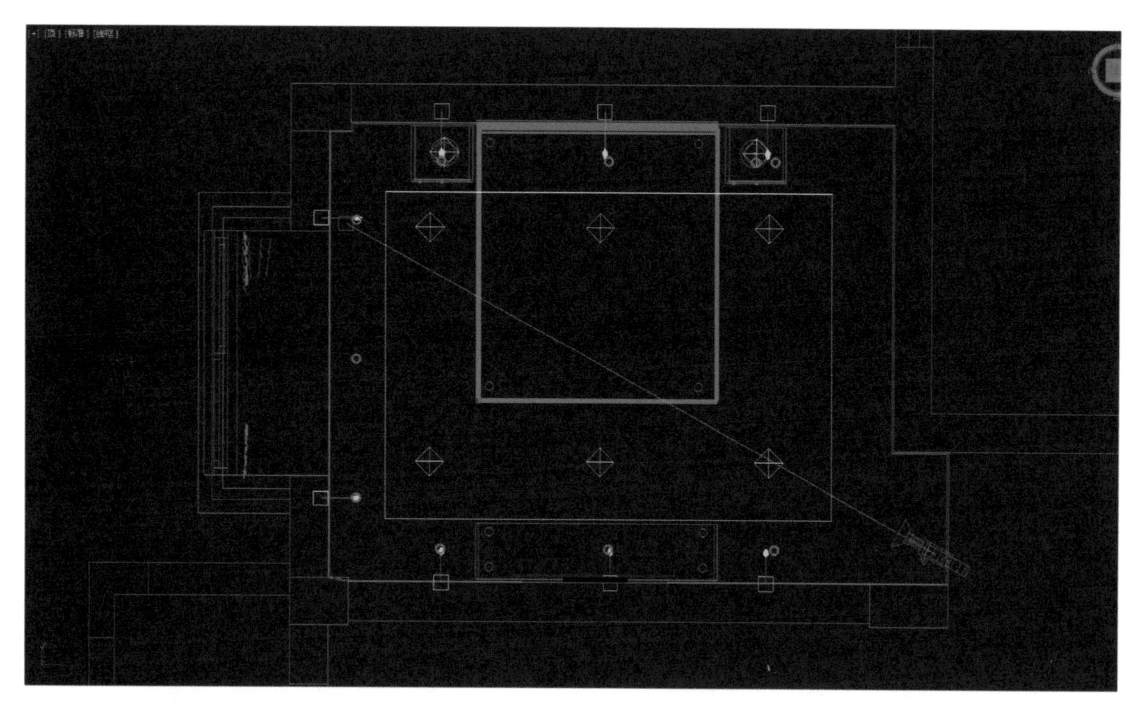

图 4–92 放置泛光灯

㉓ 这时画面中床背后的墙和地面颜色比较单一，因此在床背后的墙上增加几幅画，在地面上增加一块地毯。

㉔ 进入前视图，创建长、宽、高分别为 600 mm、450 mm、10 mm 的长方体。赋给它一个名为现代画的材质（Abook 资源中的“项目 4\ 材质 \ 现代画 .jpg”文件）。

㉕ 如图 4–94 所示，实例复制出另外 2 幅，然后切换到顶视图，将它们放置到床背后的墙上。

㉖ 在地面上创建一个长、宽、高分别为 1 400 mm、1 100 mm、5 mm 的长方体，赋给它一个名为地毯的材质（Abook 资源中的“项目 4\ 材质 \ 地毯 .jpg”文件）。

图 4–93 房间的光线

㉗ 按〈F10〉键打开“渲染场景”对话框，在“公用”选项卡中将渲染尺寸宽度和高度分别修改为“1 600”“1 200”，如图 4–95 所示，将文件保存为“卧室 .jpg”。

㉘ 切换到“渲染器”选项卡，将“过滤器”改为“Catmull–Rom”，如图 4–96 所示。

㉙ 切换到相机视图，进行渲染，等待片刻，渲染完毕，如图 4–97 所示。

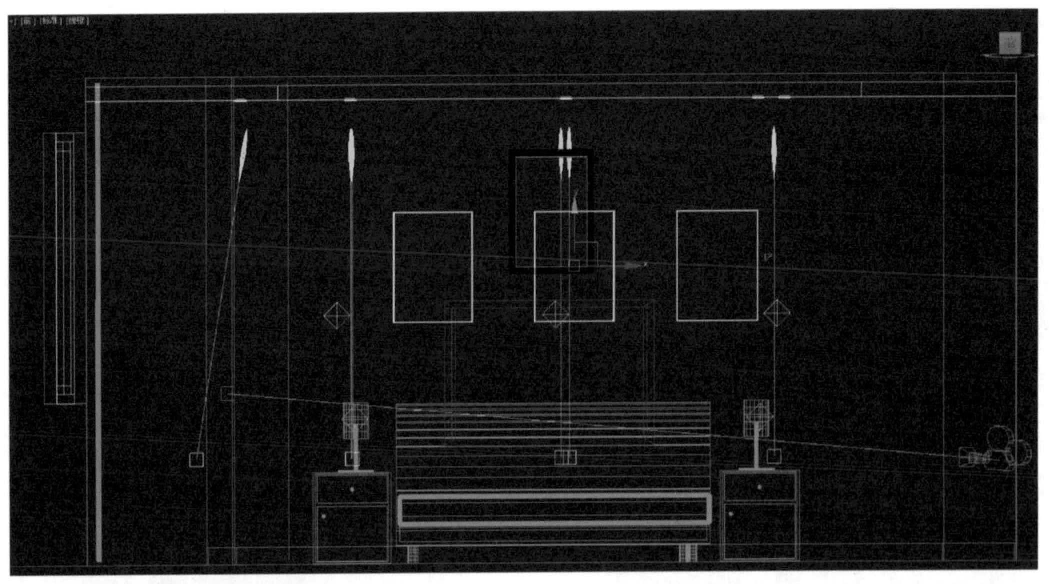

图 4–94　放置 3 幅现代画

公用 渲染器 Render Elements 光线跟踪器 高级照明
输出大小
自定义
光圈宽度(毫米): 36.0
宽度: 1600
高度: 1200
320x240
720x486
640x480
800x600
图像纵横比: 1.333
像素纵横比: 1.0

图 4–95　设置渲染尺寸

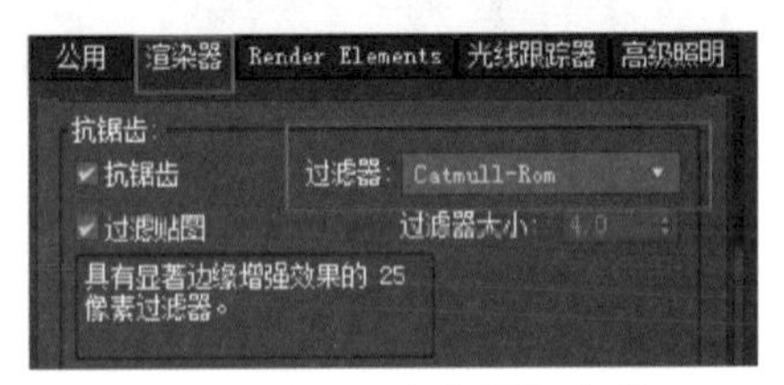

图 4–96　设置“过滤器”参数

图 4–97　渲染效果

任务 8　使用 Photoshop 进行后期处理

① 进入 Photoshop CS6（本着够用的原则，此处选用 CS6 版本，亦可用更新的版本），打开使用 3ds Max 渲染的图片，如图 4–98 所示。

图 4–98　在 Photoshop CS6 中打开文件

② 在“图层”面板中选择背景，单击右键，在弹出的快捷菜单中选择“复制图层 ...”命令，如图 4–99 所示。

③ 在弹出的对话框中将它命名为“背景 副本”，单击“确定”按钮，如图 4–100 所示。

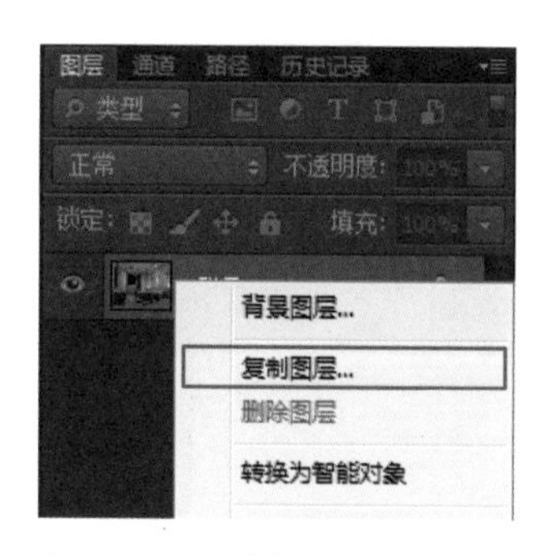

图 4–99　选择“复制图层 ...”命令

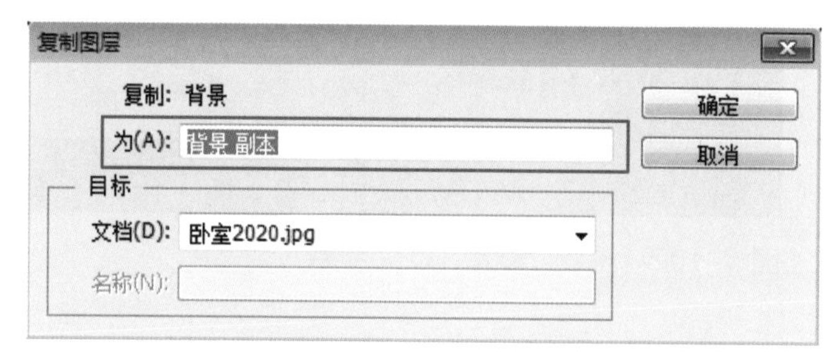

图 4–100　命名

④ 由于整个画面显得比较暗，需要调整画面的亮度，但又不希望亮部过亮，可以使用曲线调整方法。选择“图像（I）”→“调整（J）”→“曲线（U）...”菜单命令，或按〈Ctrl+M〉键，如图 4–101 所示。

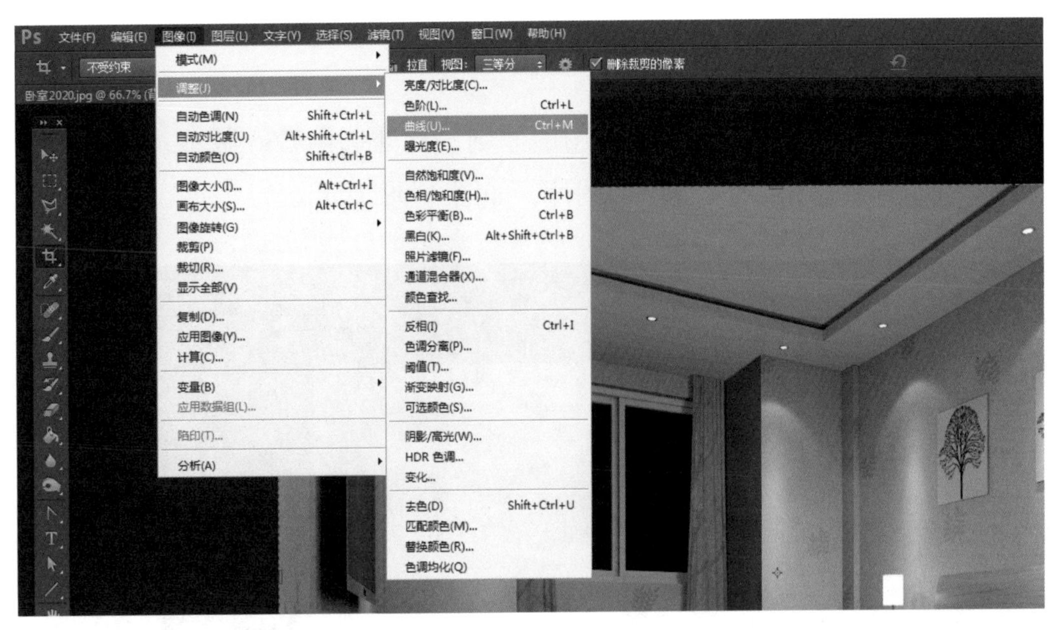

图 4–101 选择“曲线（U）...”命令

⑤ 在弹出的“曲线”对话框中将曲线“输出（O）”设置为“150”，将画面调亮，如图 4–102 所示。

图 4–102 设置“输出（O）”参数

⑥ 为了将图片颜色调整为某种暖色调，可以使用色调平衡，单击“图像（I）”→“调整（J）”→“色彩平衡（B）...”菜单命令，或者按〈Ctrl+B〉键，如图 4–103 所示。

⑦ 在弹出的“色彩平衡”对话框中，将参数做如图 4–104 所示的调整。

⑧ 由于要产生夜晚的效果，可以在窗外设置夜晚的环境。打开 Abook 资源中的“项目 4\ 夜景 .jpg”文件，单击“移动”按钮，将图层直接拖进卧室的效果

图中，将图层命名为“图层 1”，如图 4–105 所示。

图 4–103 打开“色彩平衡”菜单

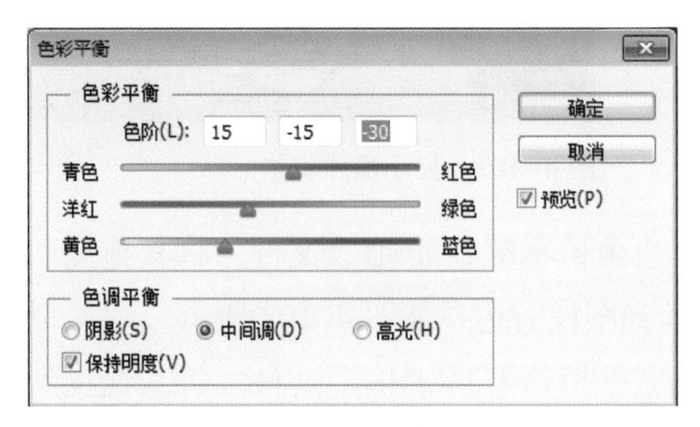

图 4–104 “色彩平衡”对话框

图 4–105 拖曳“图层 1”

⑨ 将“图层 1”拖曳到“背景副本”图层下，由于“背景副本”在“图层 1”的上面，“图层 1”此时在画面上是看不见的。

⑩ 要将原效果图房间窗口的黑色部分删除，显示出“图层 1”中的部分夜景。选中“背景副本”图层，按〈 W 〉键打开魔棒工具，单击窗口中的黑色部分，如图 4–106 所示，按〈 Delete 〉键删除。这时，被删除的部分将变成透明的，“图层 1”透过透明部分显示出来。

⑪ 选择图层 1，按〈 Ctrl+T 〉键，将“图层 1”缩放到合适大小，移动“图层 1”到窗口合适位置，此时窗外夜景显示出来了，如图 4–107 所示。

图 4–106　选中窗口中的黑色部分

图 4–107　显示窗外夜景

⑫ 打开 Abook 资源中的“项目 4\边角植物配景 .PSD”文件，将其拖曳到卧室的效果图中，并将边角植物配景移动到图像右边，如图 4–108 所示。

⑬ 打开 Abook 资源中的“项目 4\完整植物配景 .PSD”文件，将其拖曳到卧室的效果图中，并将完整植物配景移动到图像左边，如图 4–109 所示。

图 4–108　移动边角植物配景

图 4–109　移动完整植物配景

⑭ 由于图像偏大，把植物按比例缩小。先按〈 Ctrl+T 〉键，按住〈 Shift 〉键，将植物缩小，按〈 Enter 〉键确认，如图 4–110 所示。

⑮ 按照透视关系，植物应该在电视柜的后方，而现在植物图片在电视柜上

面了，需要切除植物被电视柜挡住的部分。选择“缩放”工具，框选，放大局部到如图 4-111 所示的大小。

图 4-110　缩小完整植物配景

图 4-111　放大完整植物配景局部

⑯ 将植物图层的不透明度改为“20%”。选择“多边形套索”工具，将植物需要被电视柜挡住的部分圈选，如图 4-112 所示，按〈Delete〉键删除。

图 4-112　圈选需删除的部分

⑰ 将植物图层的不透明度调整到“100%”。按住〈Shift+Ctrl+E〉键，将所有图层合并，选择“滤镜”→“锐化”→“USM 锐化”菜单命令，将“数量”设置为“70%”，如图 4–113 所示。保存文件。

⑱ 最后效果图如图 4–114 所示。

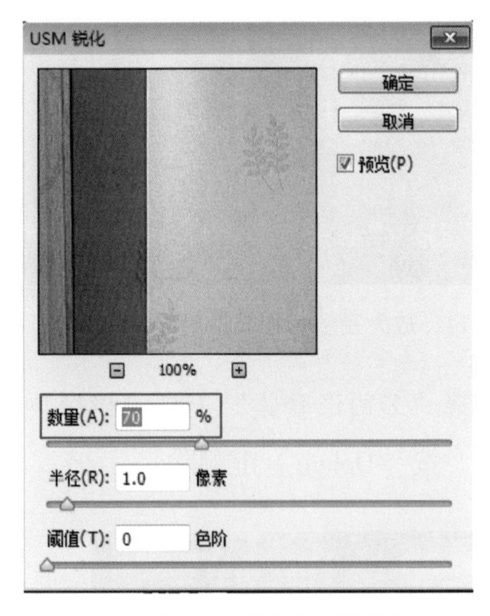

图 4–113 “USM 锐化”对话框

图 4–114 最后效果

课后练习

1. 参考书中实例完成 CAD 导入和卧室单面建模，学习 CAD 导入、单面建模、多边形编辑的基本运用方法。
2. 参考书中实例完成室内家具模型创建，学习放样、车削、附加的基本运用方法。
3. 参考书中实例完成卧室灯光布置、相机设置、渲染。
4. 参考书中实例完成出图后的 PS 处理。
5. 运用 3ds Max 软件完成一幅自己卧室的效果图制作。

项目 5　制作客厅效果图

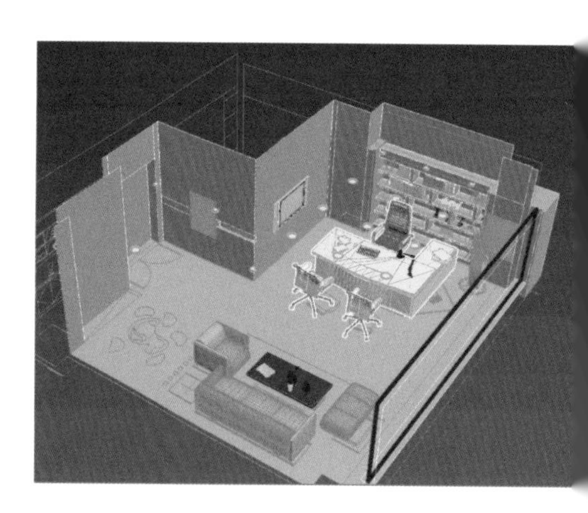

本项目将运用一个新渲染器 VRay3.6 for 3dmax2018。

任务1 导入客厅 CAD

① 选择“自定义”菜单→“单位设置”命令，在弹出的“单位设置”对话框中，选中“公制”单选钮，在其下拉列表中选择“毫米”选项。单击“确定”按钮，设置建模的长度单位为“毫米”。单击“自定义”→“首选项”→“常规”，在“常规”对话框中将层默认设置下的两个钩去掉，在“视口”对话框中把“创建对象时背面消隐”选中。

② 选择“文件”菜单→“导入”命令，在 Abook 资源中找到需要的房间平面图，选中并打开文件。

③ 在弹出的“AutoCAD DMG/DXF 导入选项”对话框中，选中“自动平滑”复选框，单击“确定”按钮。

④ 将所有的 CAD 图形合并成组，命名为“CAD”。右键单击移动按钮，将绝对世界 X、Y 改为“0”。

⑤ 单击右键，在弹出的对话框中，单击“冻结当前选择”按钮。

任务2 创建墙体窗户

① 单击“最大化视口切换”按钮或者按〈Alt+W〉键，将4视口切换到单一顶视图。

② 右键单击工具栏上的“捕捉”按钮，在弹出的对话框中选中“顶点”“垂足”复选框。

③ 切换到“选项”选项卡，选中“捕捉到冻结对象”复选框，将捕捉切换到2.5维模式。

④ 单击“创建命令面板”按钮，打开“创建命令”面板，单击“图形”按钮，单击“线”按钮，选中与客厅相关的部分墙体，如图5-1所示。

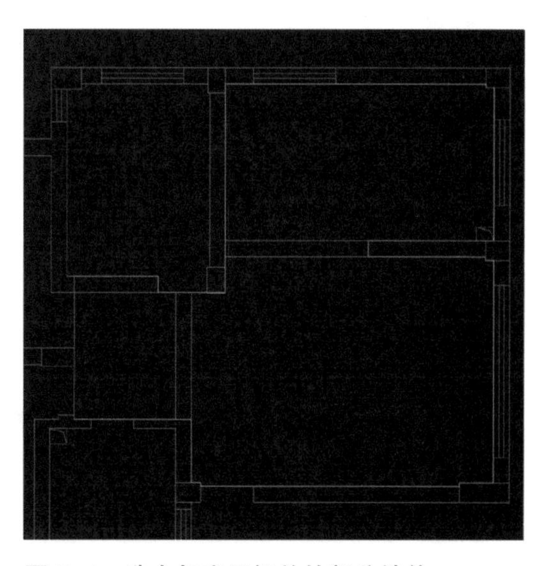

图5-1 选中与客厅相关的部分墙体

⑤ 进入“修改命令”面板，在“修

改器列表”中选择“挤出”选项，在“参数”卷展栏中设置“数量”为“2 700.0 mm”，使房子有一定高度，命名为“房子墙体”，并将颜色设置为白色，如图 5-2 所示。

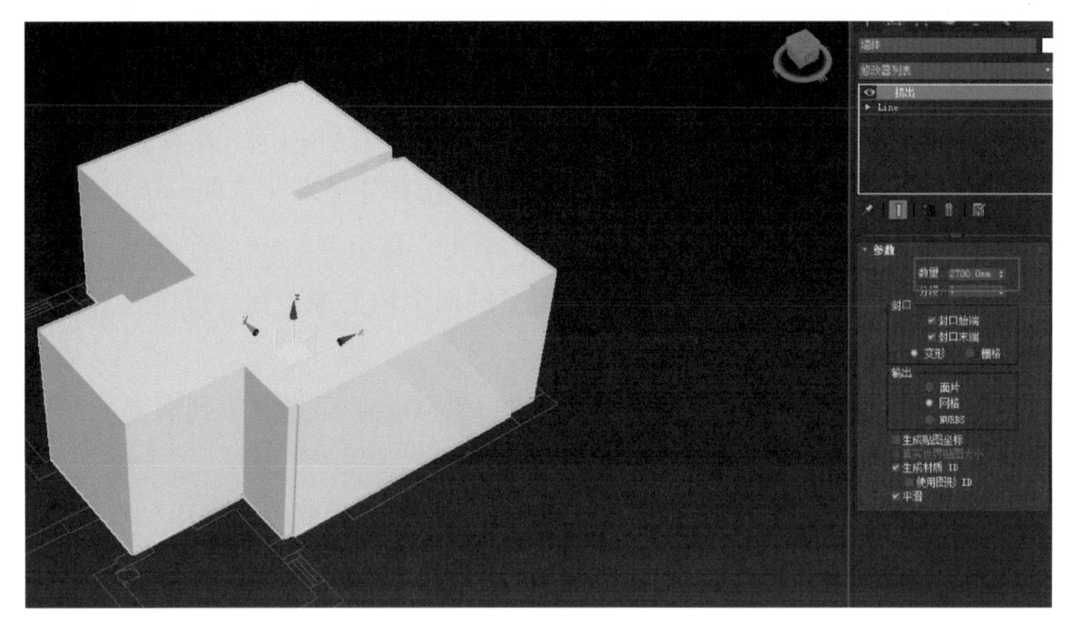

图 5-2　创建“房子墙体”

⑥ 选中“房子墙体”，单击鼠标右键，在弹出的快捷菜单中选择“转换为 :”→“转换为可编辑多边形”命令，如图 5-3 所示。

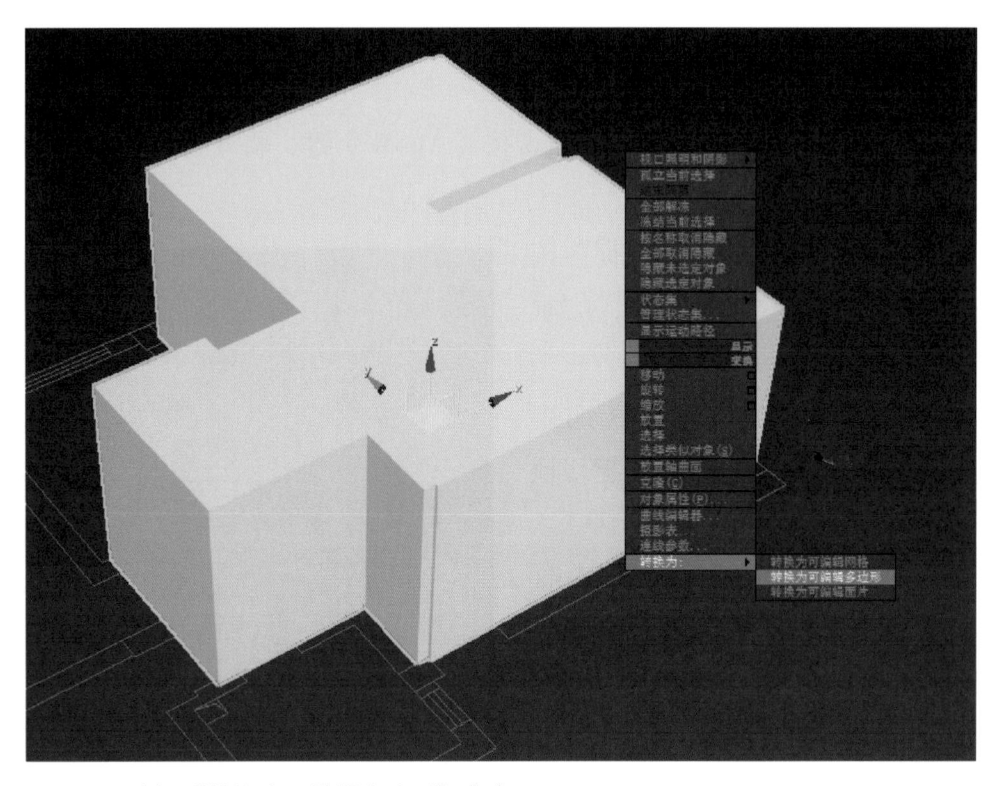

图 5-3　选择“转换为可编辑多边形”命令

⑦ 按〈4〉键，单击“多边形”按钮，选中“房子墙体”中所有的面，这时这些面呈红色，如图 5–4 所示。

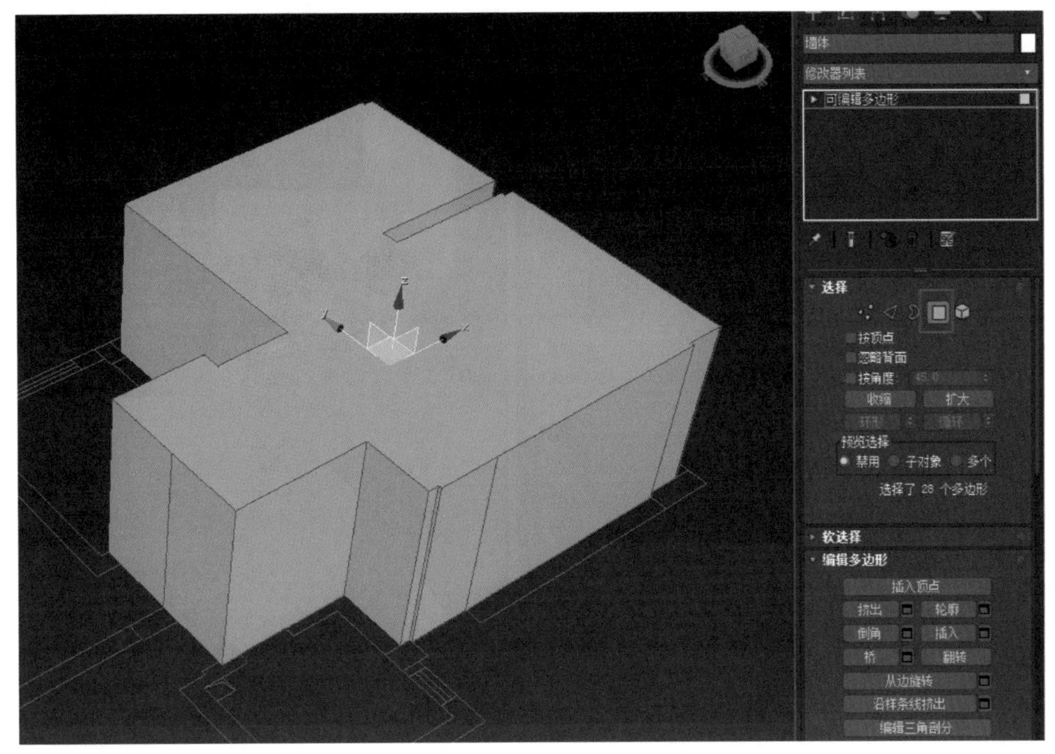

图 5–4　选中“房子墙体”中所有的面

⑧ 在“编辑多边形”卷展栏中，单击“翻转”按钮，翻转“房子墙体”的面，以方便建模。如没有翻转，可如图 5–5 所示，在“对象属性”对话框中单击“显示属性”→“按对象”按钮，选中“背面消隐”复选框。

⑨ 单击“房子墙体”的地面部分，地面部分将呈红色。在“编辑几何体”卷展栏中单击“分离”按钮，在弹出的“分离”对话框中将“分离为”设为“地面”，单击“确定”按钮，这样地面就从“房子墙体”中分离出来了，如图 5–6 所示。

⑩ 在视图控制区，单击“弧形旋转”按钮，将房子墙体的透视角度切换到仰视状态，选中顶面，顶面部分将呈红色。在“编辑几何体”卷展栏中单击“分离”按钮，在弹出的“分离”对话框中将“分离为”设为“顶面”，单击“确定”按钮，这样顶面就从“房子墙体”中分离出来了。

⑪ 单击工具栏上的“材质编辑器”按钮，选择第 1 个材质球，单击“物理材质”按钮，在弹出的对话框中单击箭头，选择“打开材质库”，找到 Abook 资源中的 VR 材质，如图 5–7 所示。

⑫ 打开材质后选择“白墙”。在视图中选中“顶面”和“房子墙体”，单击“材质编辑器”窗口中的“赋予材质”按钮，将材质赋予“顶面”和“房子墙体”，如图 5–8 所示。

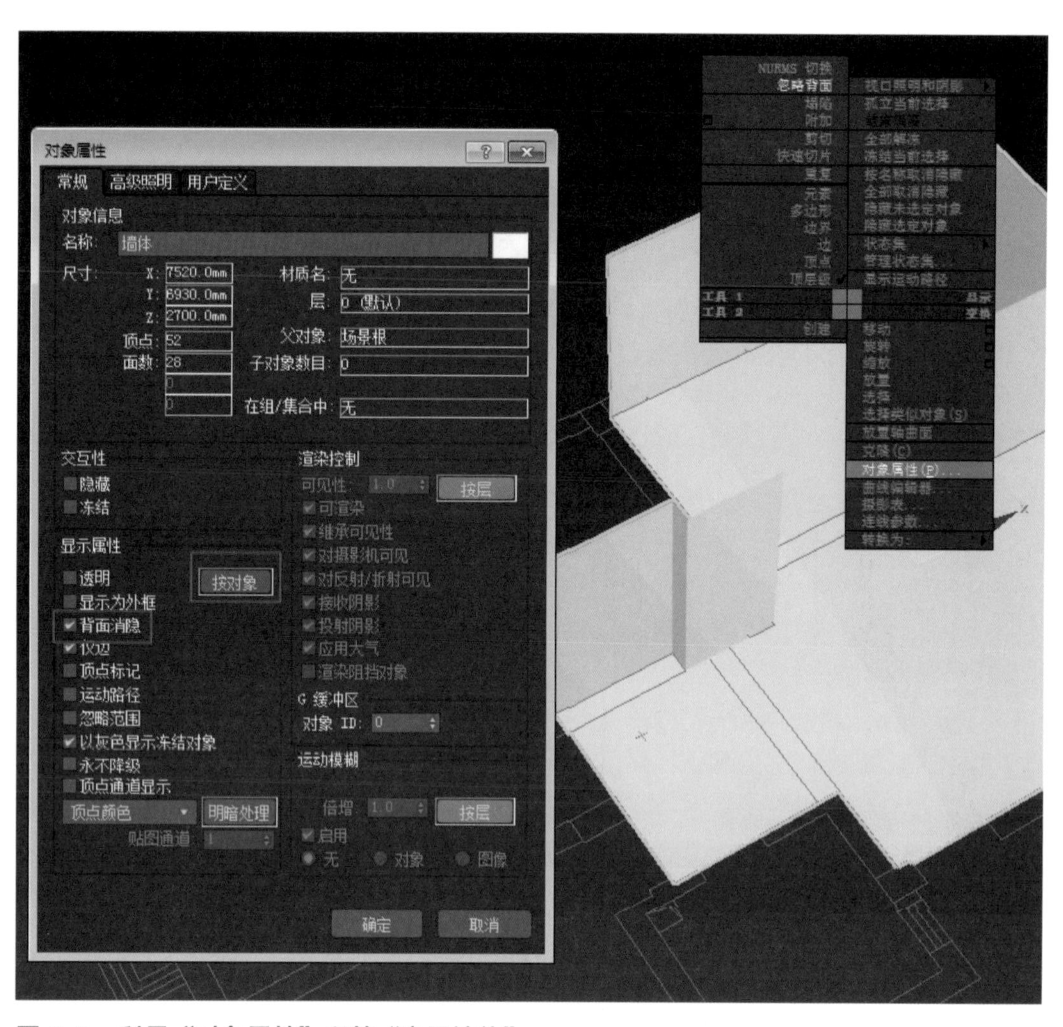

图 5-5　利用“对象属性”翻转“房子墙体”

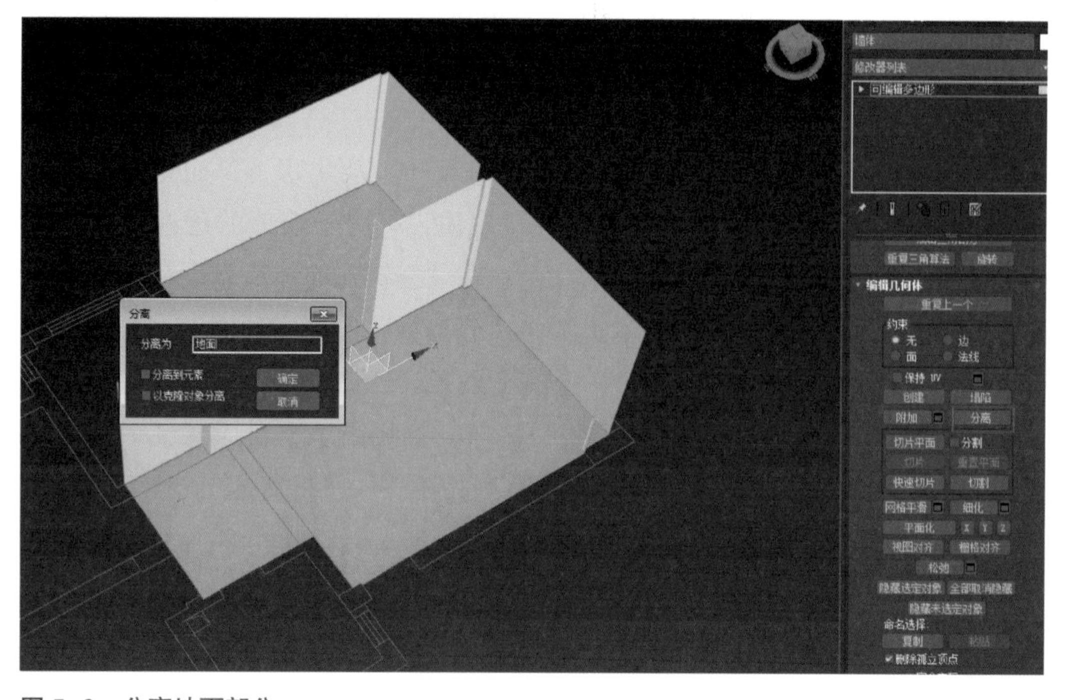

图 5-6　分离地面部分

图 5-7　“导入材质库”对话框

⑬ 选择第 2 个材质球，单击“物理材质”按钮，在弹出的对话框中单击箭头，打开材质库，找到 Abook 资源中的 VR 材质图，选择“木地板”，如图 5-9 所示。在弹出的对话框中双击“位图”选项。

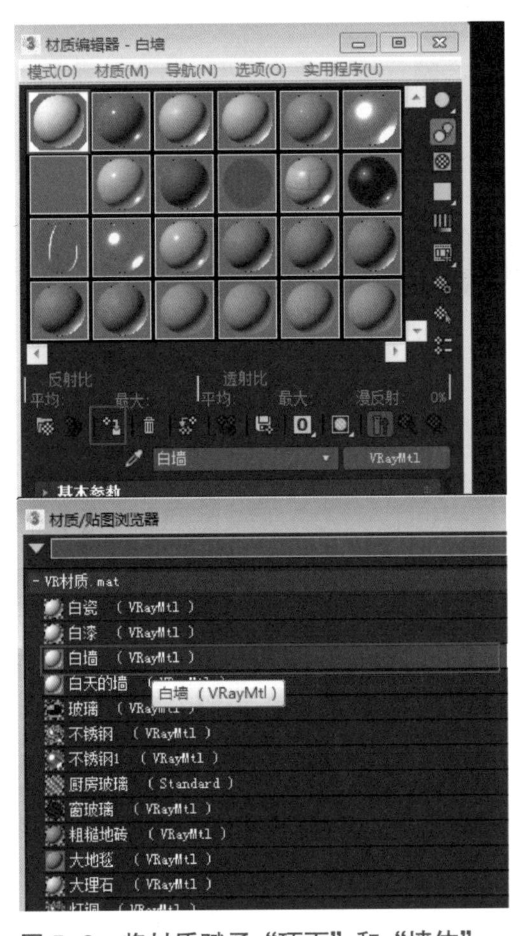

图 5-8　将材质赋予“顶面”和“墙体”

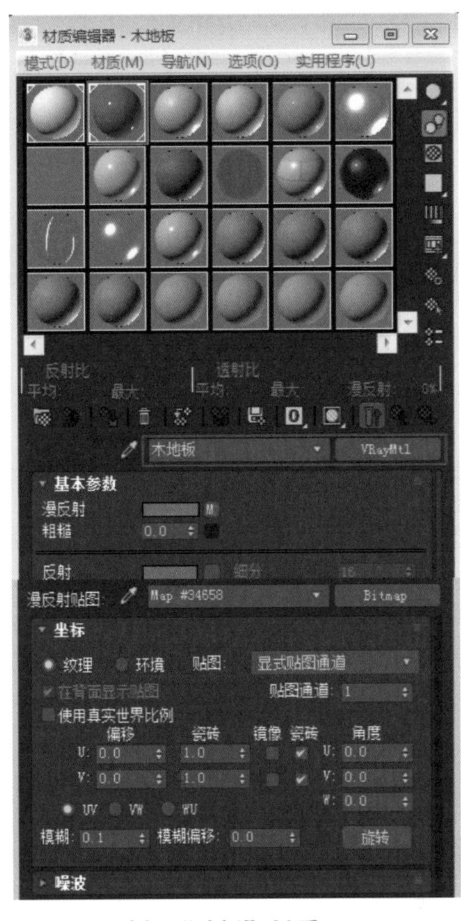

图 5-9　选择“地板”材质

⑭ 在弹出的对话框中，选择 Abook 资源中的“项目 5\ 材质 \ 地板 .jpg”，单击“打开”按钮，添加贴图，如图 5–10 所示。

图 5–10　添加贴图

⑮ 在视图中单击“弧形旋转”按钮，将“房子墙体”的透视角度切换到俯视状态，选中“地面”，单击“赋予材质”按钮，将材质赋予“地面”。如图 5–11 所示，单击“显示”按钮，在视图中显示贴图。

⑯ 进入“修改命令”面板，在“修改器列表”中选择“ UVW 贴图”选项，在“参数”卷展栏中选中“长方体”单选钮，设置“长度”为“3 200.0 mm”，“宽度”为“2 000.0 mm”，“高度”为“1.0 mm”，如图 5–12 所示。

⑰ 按〈T〉键，切换到顶视图。解冻 CAD，单击“创建命令”面板中的“摄影机”按钮 ，创建摄影机。单击“目标”按钮，在顶视图中从左到右拖曳，创建目标摄影机，如图 5–13 所示。

⑱ 按〈 Alt+W 〉键，将顶视图切换到 4 视口，右键单击透视视图左上角

的标签，选择“视图”→“Camera01”命令，将顶视图切换为相机视图，将相机的“镜头”改为“20 mm”，并在其他 3 视图中移动相机到如图 5-14 所示的角度。

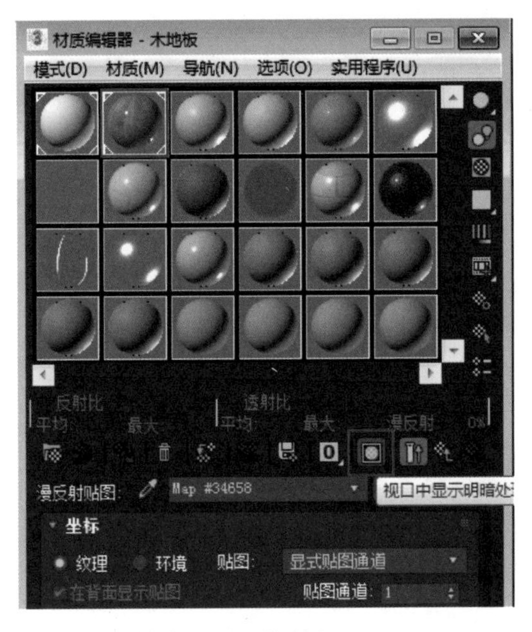

图 5-11　单击“显示”按钮

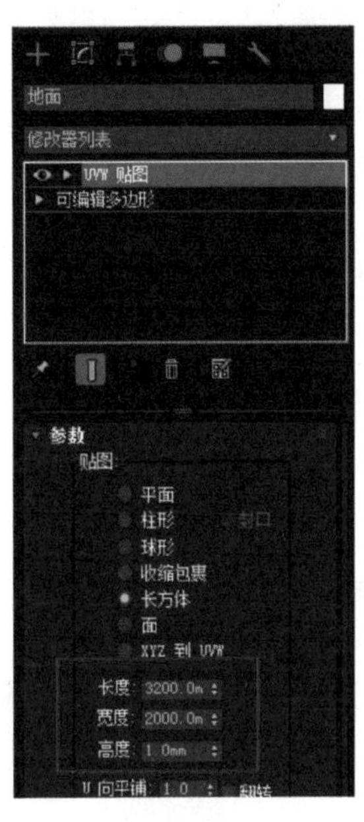

图 5-12　设置“参数”卷展栏

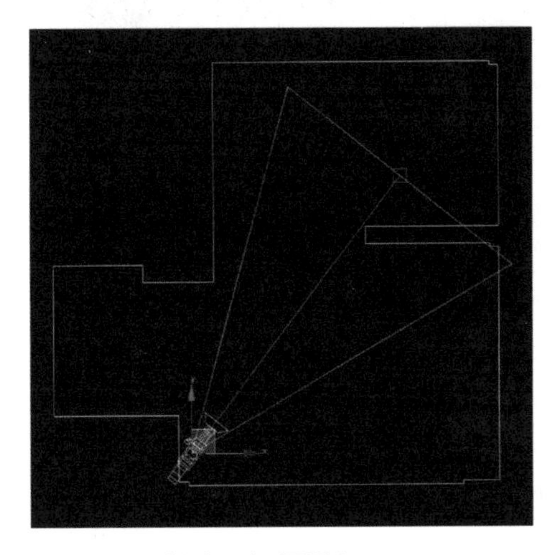

图 5-13　创建目标摄影机

图 5-14　移动相机

⑲ 按〈F3〉键，画面显示线框，进入“修改命令”面板，按〈2〉键，在“选择”卷展栏中单击“边”按钮。单击相机视图，选中如图 5-15 所示的两条线，选中的线呈红色。

⑳ 在“编辑边”卷展栏中单击“连接”边上的“设置”按钮，在弹出的“连接边”对话框中将“连接边—分段”改为“2”，单击“确定”按钮，在已选中的两条线上连接两条线，将面分成 3 部分，如图 5-16 所示。

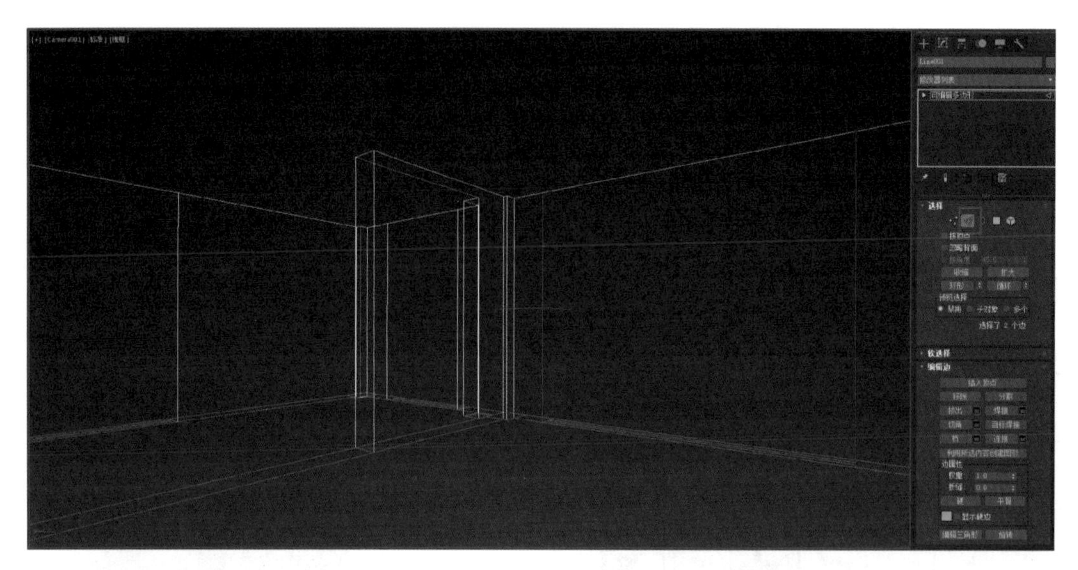

图 5-15　选中两条线

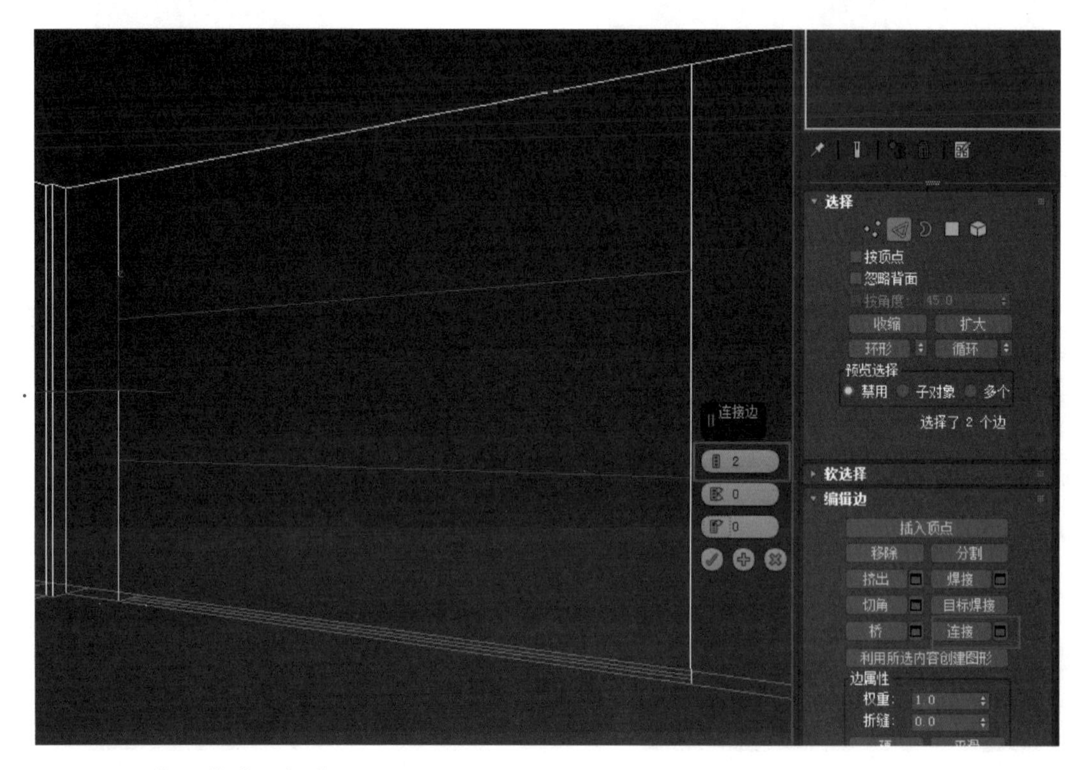

图 5-16　将面分成 3 部分

㉑ 选中刚连接的两条线中下面的那条线，右键单击“移动”按钮，在弹出的“移动变换输入”对话框中，将“绝对：世界”选项区的 Z 轴值改为“0.0 mm”，这样这条线就在地面了，如图 5-17 所示。

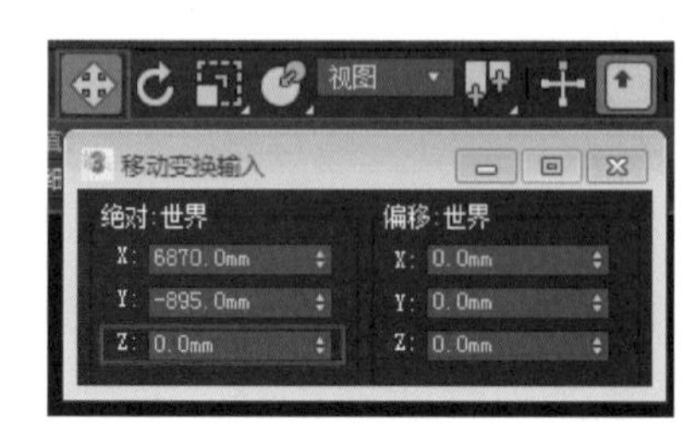

图 5-17　修改 Z 轴值

㉒ 右键单击工具栏上的“移动”按钮，弹出

“移动变换输入”对话框，在“偏移：世界”选项区中将 Z 轴值改为“900.0 mm”，如图 5-18 所示。

㉓ 选中两条线中上面的那条线，单击工具栏上的“对齐”按钮，在视图中选择“房子墙体”，弹出“对齐子对象当前选择”对话框。在对话框中将线和墙体最低点的对齐位置设置为“Z 位置—最小”。

㉔ 右键单击工具栏上的“移动”按钮，弹出“移动变换输入”对话框，在“偏移：世界”选项区中将 Z 轴值改为“2 400.0 mm”，如图 5-19 所示。

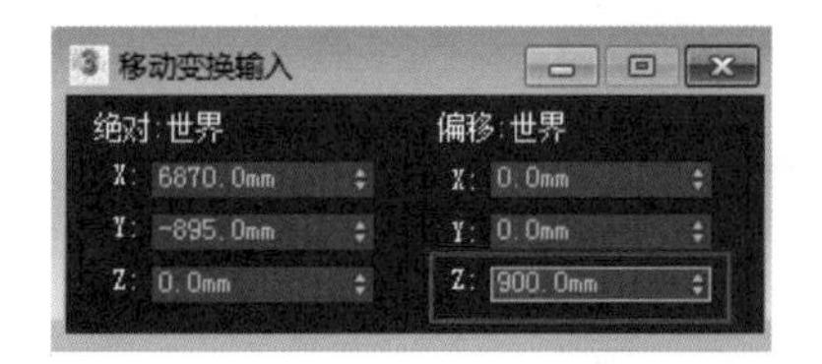

图 5-18　修改 Z 轴值

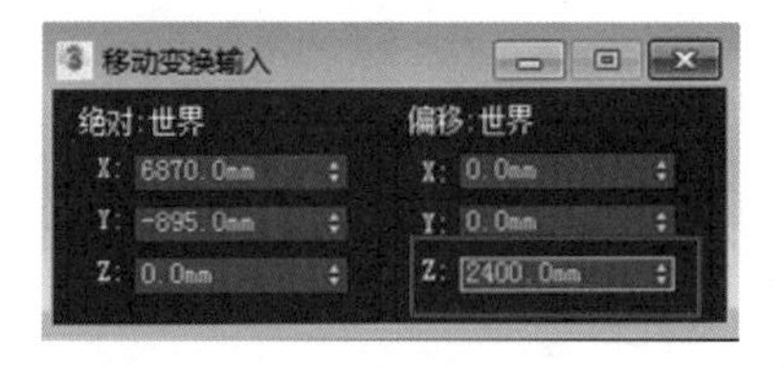

图 5-19　修改 Z 轴值

㉕ 按〈4〉键或者单击“选择”卷展栏中的“多边形”按钮，选中两条线之间的面，然后在“编辑多边形”卷展栏中单击“挤出”按钮，在弹出的“挤出多边形”对话框中将“挤出多边形—高度”设为“ -280.0 mm”，单击“确定”按钮，如图 5-20 所示。

图 5-20　设置“挤出多边形—高度”参数

㉖ 单击“编辑几何体”卷展栏中的“分离”按钮，在弹出的“分离”对话框中将“分离为”设为“玻璃”，单击“确定”按钮，如图 5-21 所示。这样，玻璃就被分离出来了。

㉗ 切换到左视图，按〈 S 〉键，再单击“捕捉”按钮，在客厅大窗口的位置，使用捕捉工具在窗口对角拉出一个矩形，宽度设为“2 970.0 mm”，长度设为“1 500.0 mm”，命名为“外窗框”。

图 5-21　分离“玻璃”

㉘ 选中外窗框，单击右键，在弹出的快捷菜单中选择“转换为：”→“转换为可编辑样条线”命令，如图 5-22 所示。

㉙ 在“选择”卷展栏中单击“样条线”按钮，在“几何体”卷展栏中将“轮廓”设为“50.0 mm”，按〈 Enter 〉键确认，如图 5-23 所示。

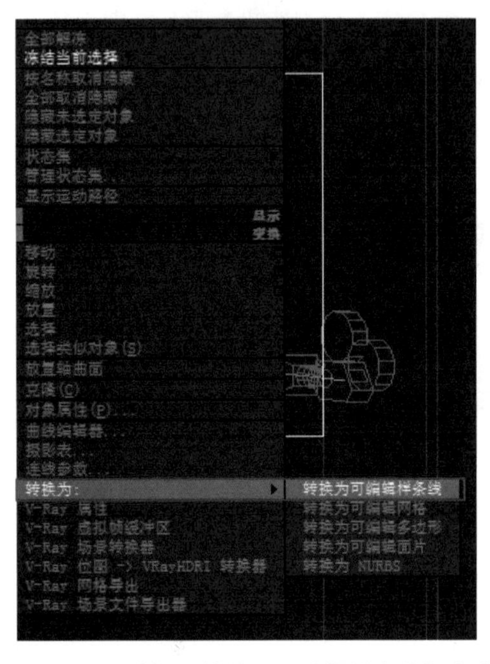

图 5-22　选择“转换为可编辑样条线”命令

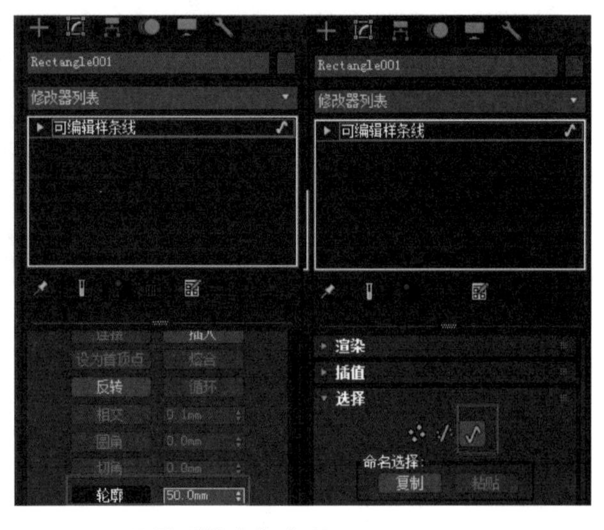

图 5-23　设置“轮廓”参数

㉚ 在“修改器列表”中选择“挤出”选项，在“参数”卷展栏中设置“数量”为“100.0 mm”，这样就挤出了窗框的厚度，如图 5-24 所示。

㉛ 按〈T〉键，切换到顶视图，将外窗框移动到窗口中间位置，如图 5-25 所示。

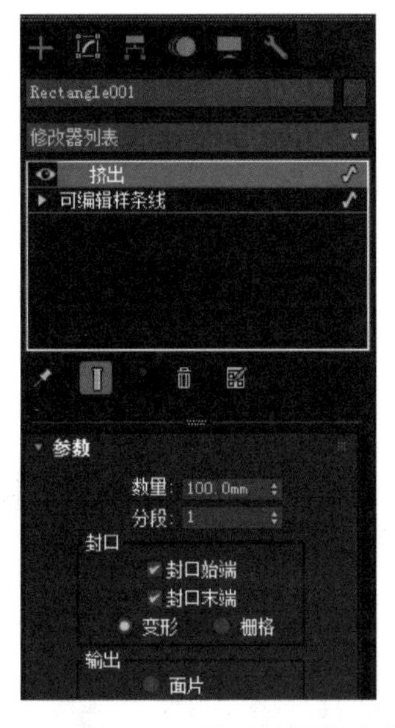

图 5-24　设置“数量”参数

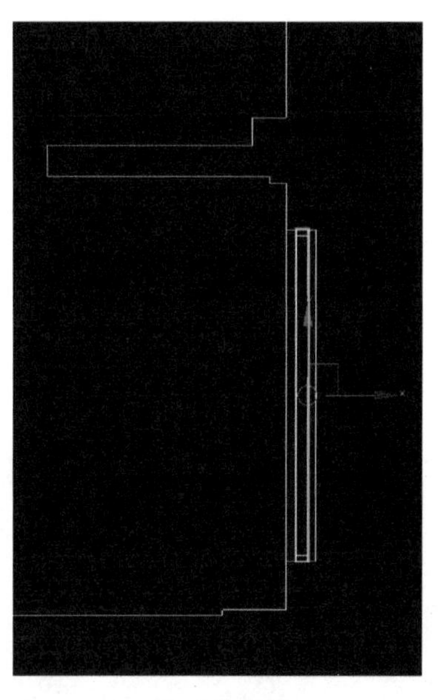
图 5-25　移动外窗框

㉜ 切换到左视图，打开“显示命令”面板，在“隐藏”卷展栏中单击“隐藏未选定对象”按钮，将其他模型隐藏，如图 5-26 所示。

㉝ 按〈S〉键，再单击“捕捉”按钮，在大窗框内框的位置，利用捕捉工具在窗口对角拉出一个矩形，宽度为 2 870 mm，长度为 1 400 mm，命名为“断桥铝合金窗框”。

㉞ 单击右键，在弹出的快捷菜单中选择“转换为：”→“转换为可编辑样条线”命令。在“选择”卷展栏中单击“线段”按钮，如图 5-27 所示。

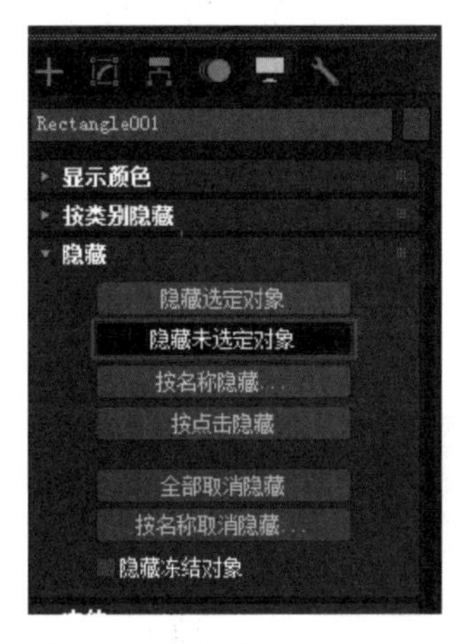

图 5-26　隐藏未选定对象

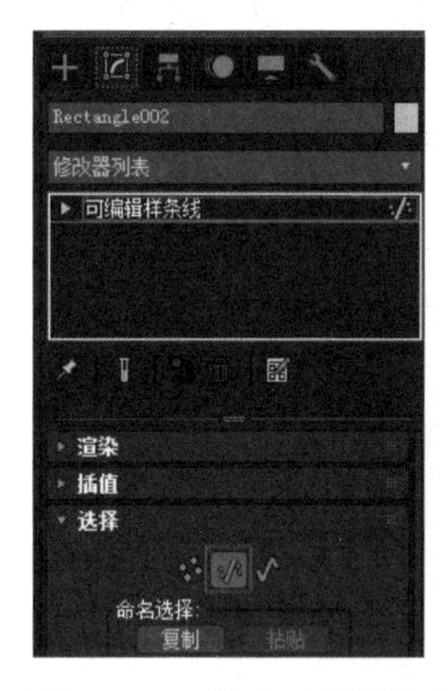

图 5-27　单击“线段”按钮

㉟ 选中左边的边，右键单击工具栏上的“移动”按钮，在弹出的“移动变换输入”对话框中，在“偏移：屏幕”选项区中将 X 轴值改为“1 910.0 mm”，将其向右移动，如图 5–28 所示。

㊱ 在“选择”卷展栏中单击“样条线”按钮，在“几何体”卷展栏中将“轮廓”设为“50.0 mm”，按〈Enter〉键确认。

㊲ 在“修改器列表”中选择“挤出”选项，在“参数”卷展栏中设置“数量”为“40.0 mm”，这样就挤出了“断桥铝合金窗框”的厚度。

㊳ 单击工具栏上的“对齐”按钮，在视图中单击“外窗框”模型，在弹出的“对齐当前选择”对话框中，将当前“断桥铝合金窗框”和“外窗框”的对齐位置设置为“Z 位置—最小—最小”，如图 5–29 所示。

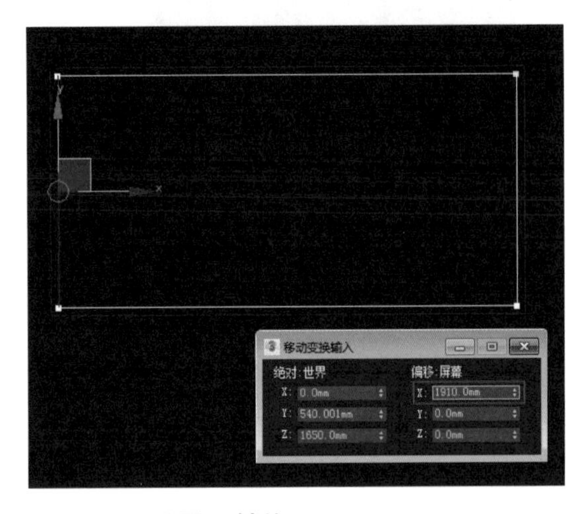

图 5–28　设置 X 轴值

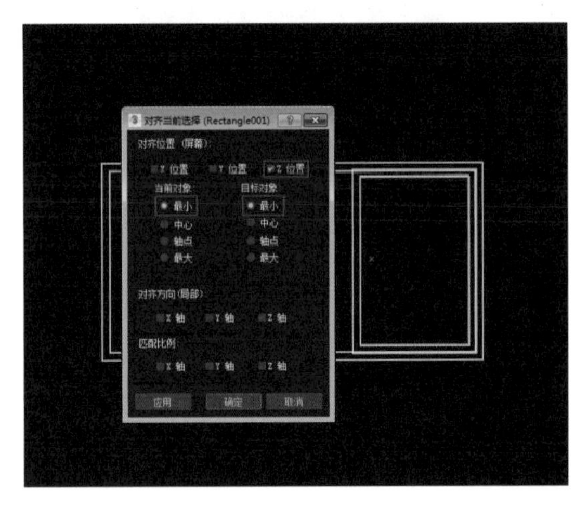

图 5–29　设置“对齐位置 (屏幕)”选项区参数

㊴ 按住〈Shift〉键单击“断桥铝合金窗框”，在弹出的“克隆选项”对话框的“对象”选项区中，选中“实例”单选钮，实例复制出“断桥铝合金窗框 02”，如图 5–30 所示。

㊵ 右键单击工具栏上的移动按钮，在弹出的“移动变换输入”对话框中，在“偏移：屏幕”选项区中将“X”改为“–956.0 mm”，将其向左移动，如图 5–31 所示。

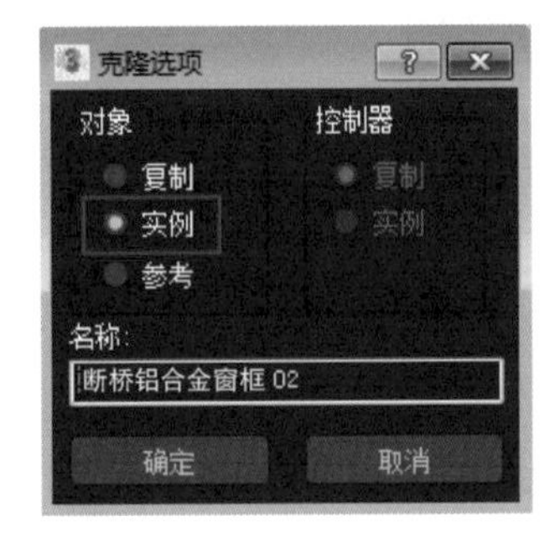

图 5–30　“克隆选项”对话框

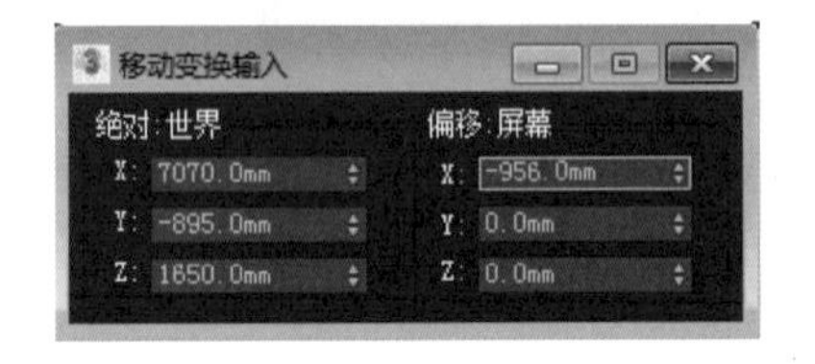

图 5–31　“移动变换输入”对话框

㊶ 同样复制出“断桥铝合金窗框 03”，将其向左移动 956 mm。

㊷ 切换到顶视图，将 3 个断桥铝合金窗框移动到如图 5-32 所示的位置。

㊸ 打开“显示命令”面板，在“隐藏”卷展栏中单击“全部取消隐藏”按钮，将其他模型取消隐藏。

㊹ 选中“房子墙体”，隐藏其他未选中模型。进入“修改命令”面板，按〈2〉键，在“选择”卷展栏中单击“边”按钮。单击相机视图，选中如图 5-33 所示的两条线。选中的线呈红色。这两条线位于餐厅窗口的位置。

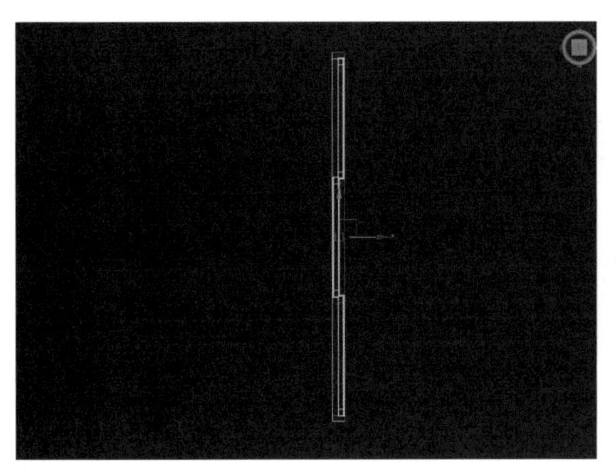

图 5-32　移动断桥铝合金窗框

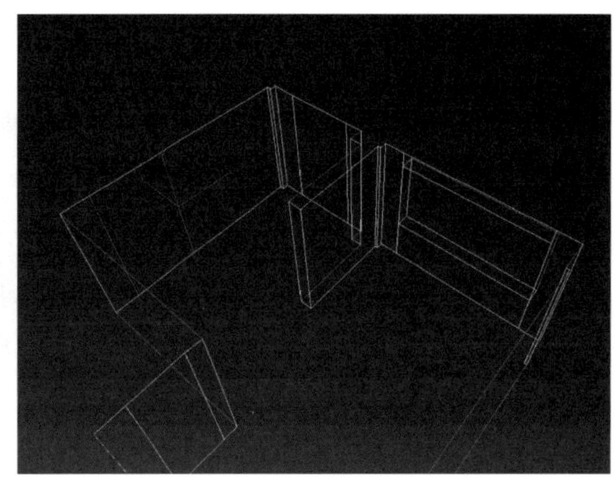

图 5-33　选中两条线

㊺ 在“编辑边”卷展栏中单击“连接”按钮，在弹出的“连接边”对话框中将“连接边—分段”改为“2”，单击“确定”按钮，如图 5-34 所示。在刚才选中的两条线间再连接两条线，将面分成 3 部分。

㊻ 选中刚连接的两条线中下面的那条线，单击工具栏上的“对齐”按钮，在视图中选中“房子墙体”，在弹出的“对齐子对象当前选择”对话框中，将线与墙体最低点的对齐位置设置为“Z 位置—最小”。

㊼ 右键单击工具栏上的“移动”按钮，在弹出的“移动变换输入”对话框中，在“偏移 : 世界”选项区中将 Z 轴参数改为“900.0 mm”，如图 5-35 所示。

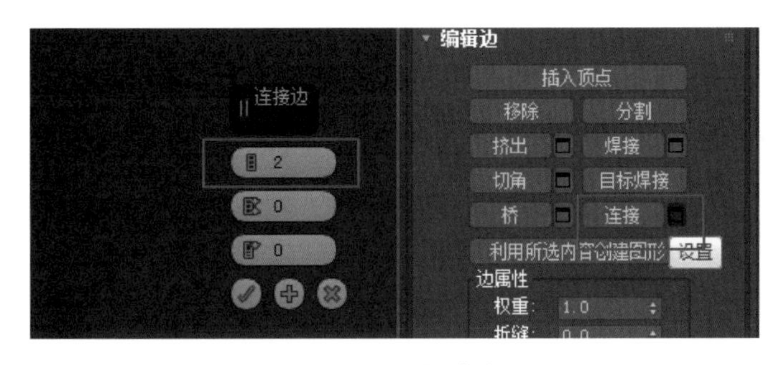

图 5-34　设置“连接边—分段”参数

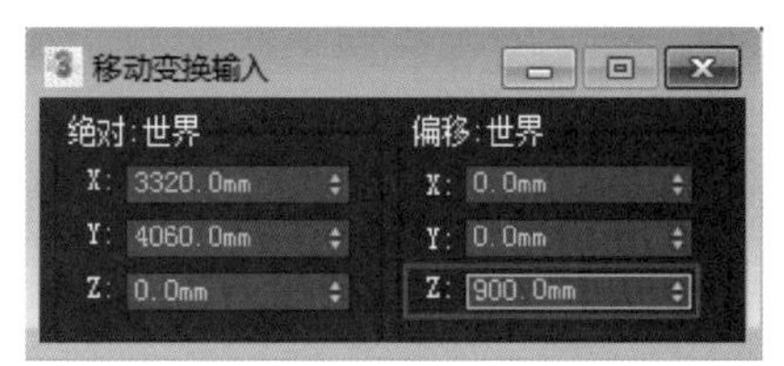

图 5-35　设置 Z 轴参数

㊽ 选择刚连接的两条线中上面的那条线，单击工具栏上的“对齐”按钮，在视图中选中“房子墙体”，在弹出的“对齐子对象当前选择”对话框中，将线与墙体最低点的对齐位置设置为“Z 位置—最小”。

㊾ 右键单击工具栏上的“移动”按钮，在弹出的“移动变换输入”对话框中，在“偏移 : 世界”选项区中将 Z 轴参数改为“2 400.0 mm”，如图 5-36 所示。

㊿ 按〈4〉键或单击“选择”卷展栏中的“多边形”按钮，选中两条线之间的面，然后在“编辑多边形”卷展栏中单击“挤出”按钮，在弹出的“挤出多边形”对话框中将“挤出多边形—高度”设为“ -280.0 mm”。单击“确定”按钮，如图 5-37 所示。

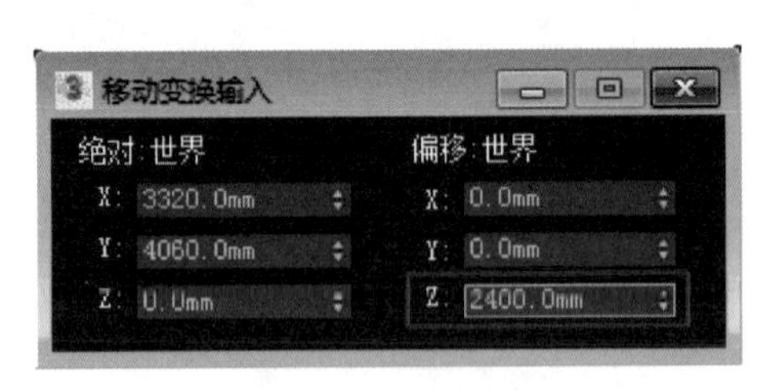

图 5-36　设置 Z 轴参数

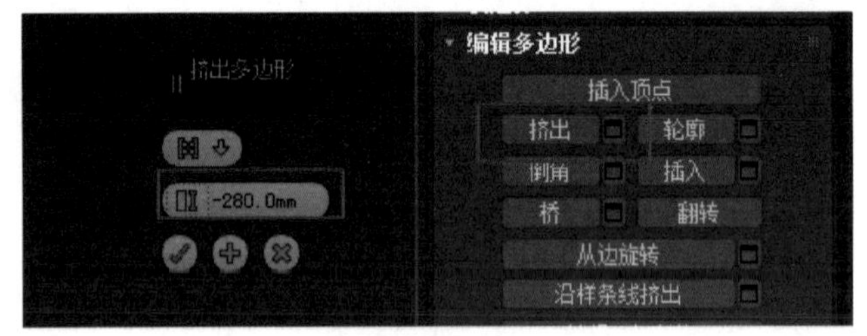

图 5-37　设置“挤出多边形—高度”参数

51 然后按〈 Delete 〉键，将面删除，这样窗洞就出来了。

52 切换到前视图，按〈 S 〉键，再单击“捕捉”按钮，在餐厅窗口的位置，利用“捕捉”工具在窗口对角拉出一个矩形，宽度设为“1 500.0 mm”，长度设为“1 460.0 mm”，命名为“餐厅外窗框”。

53 单击右键，在弹出的快捷菜单中选择“转换为 : ”→“转换为可编辑样条线”命令。

54 在“选择”卷展栏中单击“样条线”按钮，在“几何体”卷展栏中设置“轮廓”为“50.0 mm”，按〈 Enter 〉键确认，如图 5-38 所示。

55 在“修改器列表”中选择“挤出”选项，在“参数”卷展栏中设置“数量”为“100.0 mm”，这样就挤出了窗框的厚度，如图 5-39 所示。

56 按〈 T 〉键，切换到顶视图，将“餐厅外窗框”移动到窗口的中间位置，如图 5-40 所示。

57 切换到前视图，打开显示命令面板，在“隐藏”卷展栏中单击“隐藏未选定对象”按钮，将其他模型隐藏。

58 按〈 S 〉键，再单击“捕捉”按钮，在“餐厅外窗框”内框的位置，利用捕捉工具在内框对角拉出一个矩形，宽度设为“1 400.0 mm”，长度设为“1 360.0 mm”，命名为“餐厅断桥铝合金窗框”。

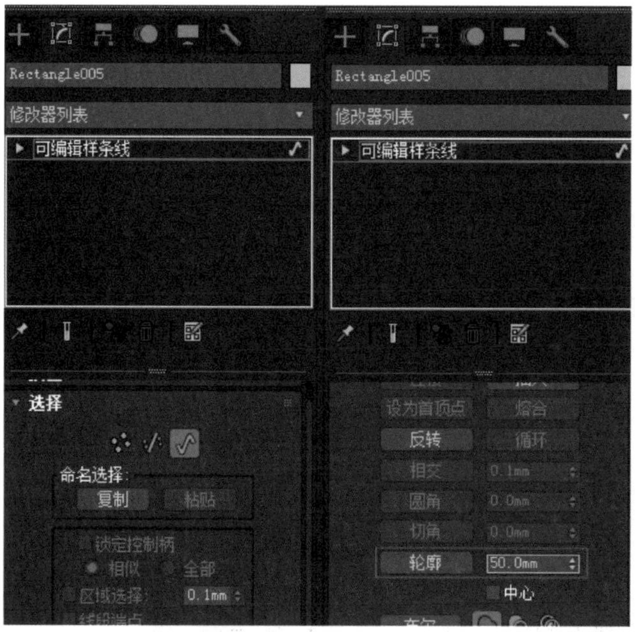

图 5–38　设置“轮廓”参数

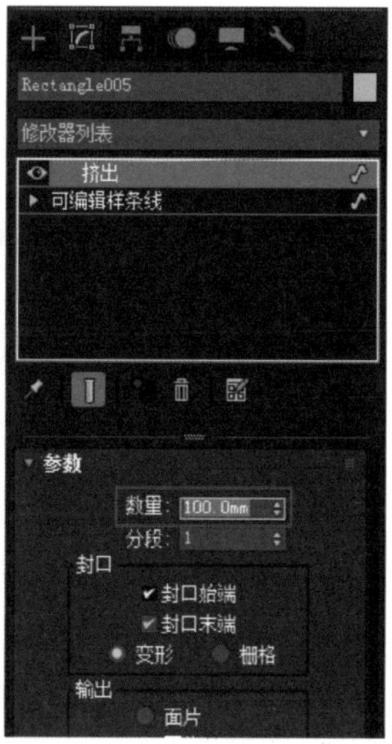

图 5–39　设置“数量”参数

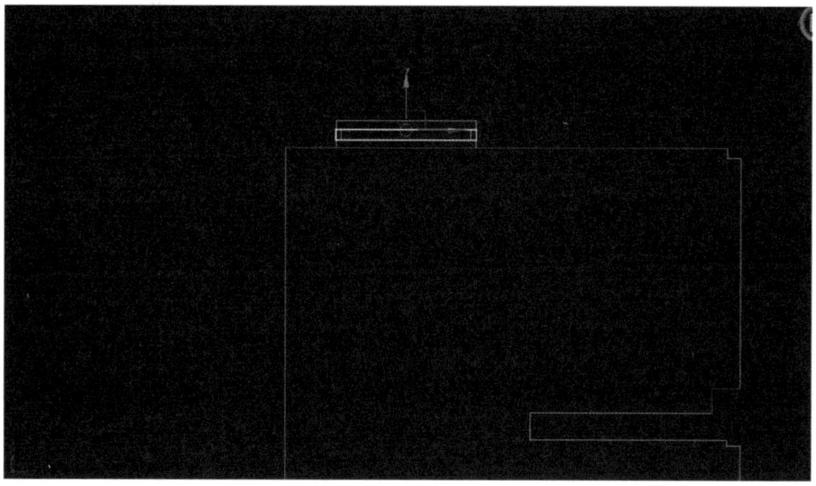

图 5–40　移动“餐厅外窗框”

(59) 单击右键，在弹出的快捷菜单中选择“转换为：”→“转换为可编辑样条线”命令。在“选择”卷展栏中单击“线段”按钮。

(60) 选中左边的边，再用右键单击工具栏上的“移动”按钮，在弹出的“移动变换输入”对话框中，在“偏移：屏幕”选项区中将 X 轴参数改为“680.0 mm”，将其往右移动，如图 5–41 所示。

(61) 在“选择”卷展栏中单击“样条线”按钮，在“几何体”卷展栏中设置“轮廓”为“50.0 mm”，按〈Enter〉键确认。

(62) 在“修改器列表”中选择“挤出”选项，在“参数”卷展栏中设置“数量”为“40.0 mm”，这样就挤出了“餐厅断桥铝合金窗框”的厚度。

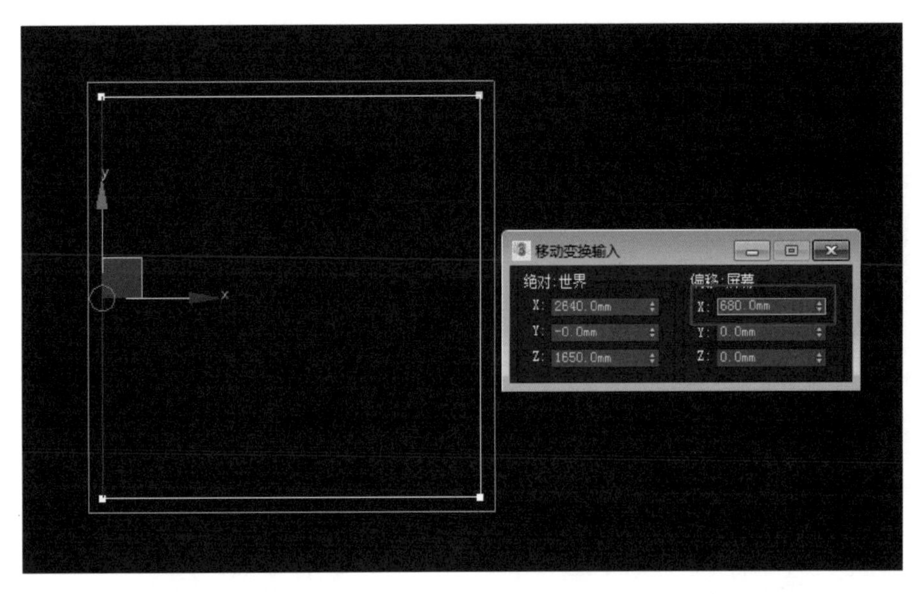

图 5-41　设置 X 轴参数

63 单击工具栏上的“对齐”按钮，在视图中单击“餐厅外窗框”模型，在弹出的“对齐当前选择”对话框中，将“餐厅断桥铝合金窗框”和“餐厅外窗框”的对齐位置设置为“Z 位置—最小—最小”。

64 按住〈Shift〉键单击“餐厅断桥铝合金窗框”，实例复制出“餐厅断桥铝合金窗框 02”，如图 5-42 所示。

65 右键单击工具栏上的“移动”按钮，在弹出的“移动变换输入”对话框中，在“偏移 : 世界”选项区中将 X 轴的参数改为“ –680.0 mm”，将其往左移动。

66 切换到顶视图，将两个“餐厅断桥铝合金窗框”移动到“餐厅外窗框”，如图 5-43 所示。

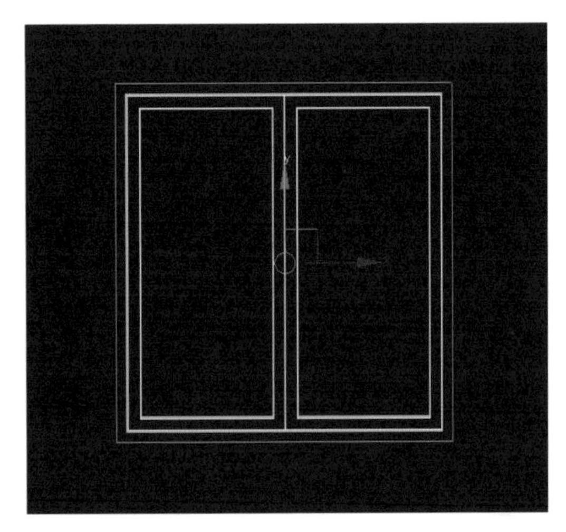

图 5-42　复制出“餐厅断桥铝合金窗框 02”

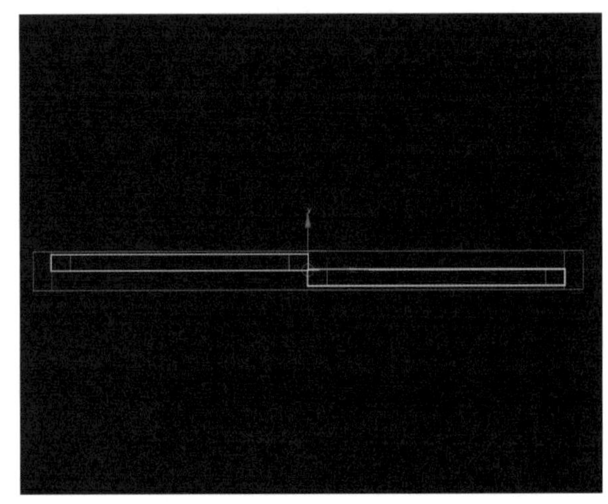

图 5-43　移动“餐厅断桥铝合金窗框”

图 5-44　创建厨房的窗户

㊲ 打开“显示命令”面板，在“隐藏”卷展栏中单击“全部取消隐藏”按钮，将其他模型取消隐藏。

㊳ 用同样的方法将厨房的窗户创建完成，如图 5-44 所示。

㊴ 选中所有窗框，按〈M〉键打开“材质编辑器”窗口，选择第 3 个材质球，选用 Abook 资源中 VR 材质里面的“塑料”，单击“材质编辑器”窗口中的“赋予材质”按钮，将材质赋予所有窗框。

任务 3　创建电视背景立面

① 先在餐厅和客厅之间做一个隔断。切换到前视图，打开“2.5 维捕捉”，捕捉客厅背景墙顶角，创建一个矩形，长度、宽度分别设为“2 300.0 mm”“600.0 mm”，命名为“隔断”。切换到顶视图将它移动到电视墙的位置，如图 5-45 所示。

② 单击右键，在弹出的快捷菜单中选择“转换为：”→“转换为可编辑样条线”命令。

③ 在“选择”卷展栏中单击“样条线”按钮，在“几何体”卷展栏中设置“轮廓”为“50.0 mm”，按〈Enter〉键确认。

④ 在“修改器列表”中选择“挤出”选项，在“参数”卷展栏中设置“数量”为“60.0 mm”，这样就挤出了“隔断”的厚度。把第 3 个材质球赋给它。

⑤ 打开显示命令面板，在“隐藏”卷展栏中单击“全部取消隐藏”按钮，将其他模型取消隐藏。

⑥ 切换到前视图，创建一个长方体，长度、宽度、高度分别设为“2 200.0 mm”“500.0 mm”“10.0 mm”，命名为“隔断玻璃”。

⑦ 单击工具栏上的“对齐”按钮，在视图中选中“隔断”，在弹出的“对齐当前选择”对话框中，

图 5-45　创建并移动“隔断”

将“隔断玻璃”和“隔断”的对齐位置设置为“Z 位置—中心—中心”。

⑧ 按〈M〉键打开“材质编辑器 - 透明白玻璃”窗口，选择第 4 个材质球，在 VR 材质中选择“透明白玻璃”材质，将材质赋予隔断玻璃，如图 5-46 所示。

⑨ 选中“隔断”和“隔断玻璃”，将它们合并成组，命名为“厨房隔断”。

⑩ 打开显示命令面板，在“隐藏”卷展栏中单击“全部取消隐藏”按钮，将其他模型取消隐藏。

⑪ 切换到顶视图，将“厨房隔断”移动到客厅墙面的中间，如图 5-47 所示。

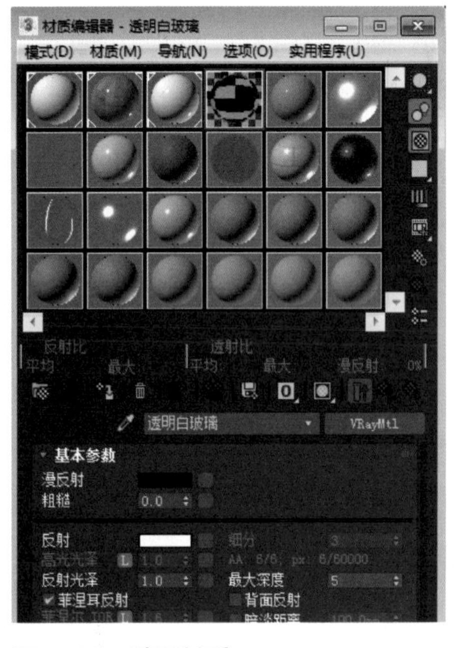

图 5-46　赋予材质

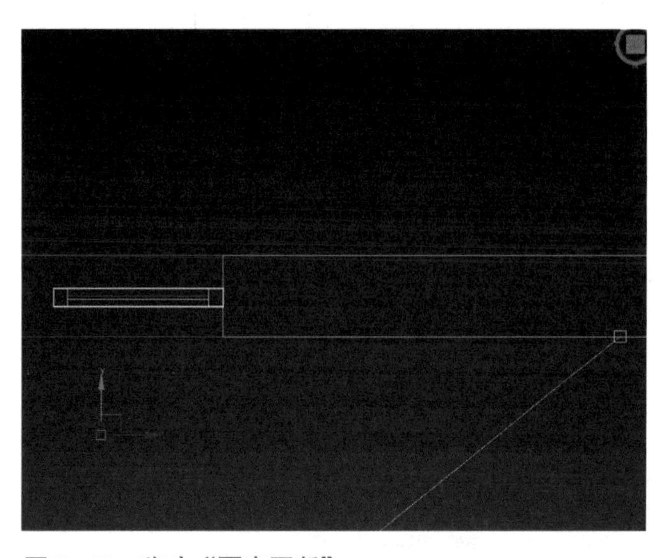

图 5-47　移动“厨房隔断”

⑫ 创建一个电视机柜。切换到前视图，在电视背景处创建一个矩形，长度为 400 mm，宽度 2 840 mm，命名为“电视机柜”。打开显示命令面板，在“隐藏”卷展栏中单击“全部取消隐藏”按钮，将其他模型取消隐藏。

⑬ 再创建一个矩形，长度为 330 mm，宽度为 380 mm，命名为“电视柜矩形”。

⑭ 单击工具栏上的“对齐”按钮，在视图中选中“电视机柜”，在弹出的“对齐当前选择（Rectangle012）”对话框中，将“电视柜矩形”和“电视机柜”的对齐位置设置为“X 位置—最小—最小”“Y 位置—中心—中心”，如图 5-48 所示。

⑮ 右键单击工具栏上的“移动”按钮，在弹出的“移动变换输入”对话框中，在“偏移 : 屏幕”选项区中将 X 轴参数改为“40.0 mm”，如图 5-49 所示。

⑯ 在工具栏上的空白处单击右键，在弹出的快捷菜单中选择“附加”命令，在弹出的“附加工具”面板中单击“阵列”按钮，如图 5-50 所示。

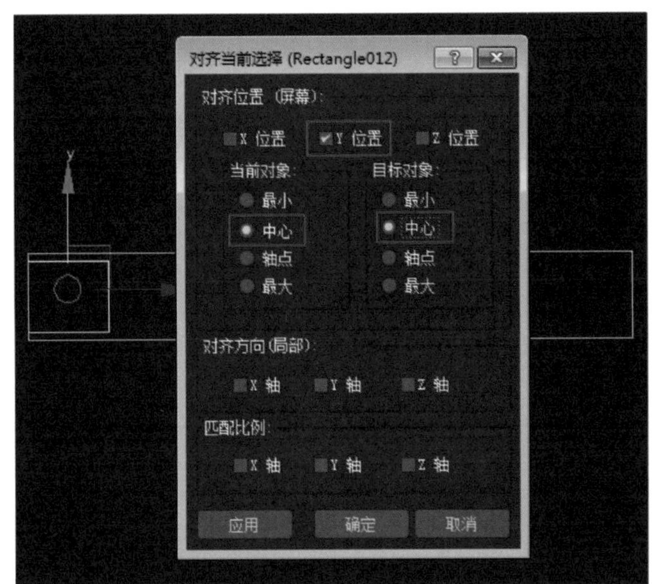

图 5–48　设置对齐位置参数

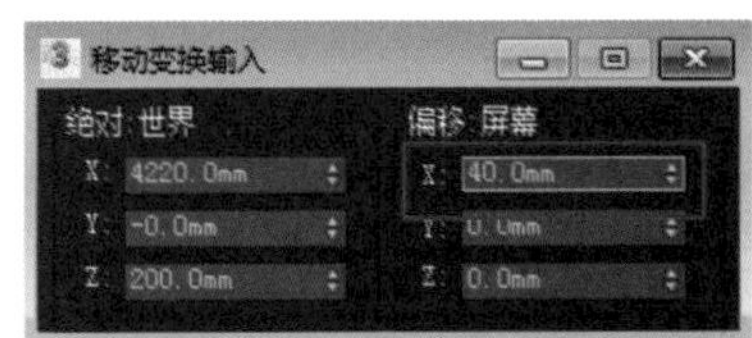

图 5–49　设置 X 轴参数

图 5–50　单击“阵列”按钮

⑰ 在弹出的“阵列”对话框中，在“增量”选项区中设置第一行坐标轴的“X”为“440.0 mm”，在“对象类型”选项区中选中“实例”单选钮，将“阵列维度”→“1D”的“数量”设置为“4”，如图 5–51 所示。

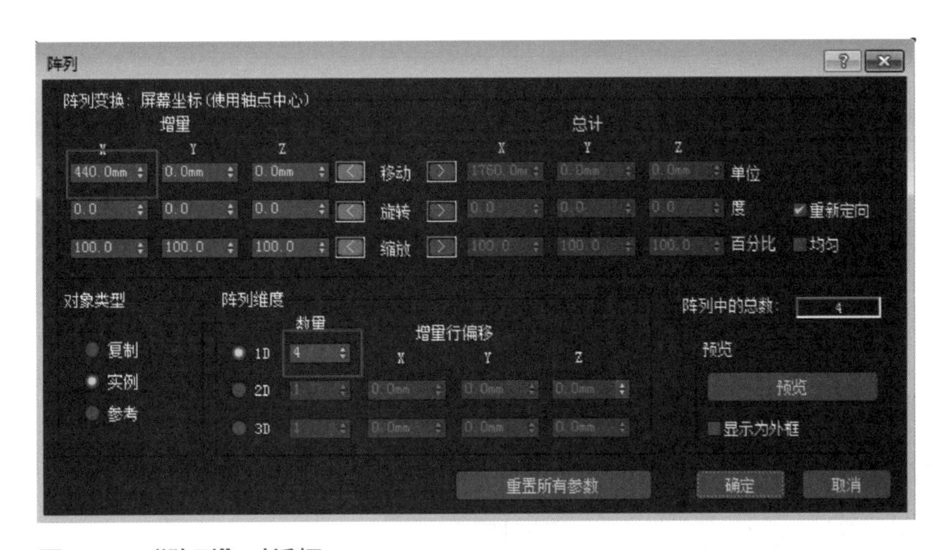

图 5–51　“阵列”对话框

⑱ 选中“电视柜矩形”阵列，单击右键，在弹出的快捷菜单中选择“转换为:”→“转换为可编辑样条线”命令。在“选择”卷展栏中单击“线段”按钮。

⑲ 在“几何体”卷展栏中单击“附加”按钮，如图 5–52 所示，在视图中单击刚才阵列中的 4 个矩形，将它们合并到一起。

⑳ 在“修改器列表”中选择“挤出”选项，在“参数”卷展栏中设置“数量”为“500.0 mm”。

㉑ 按〈 M 〉键打开“材质编辑器 - 白漆”窗口，选择第 5 个材质球，在 VR 材质中选择“白漆”，将其赋予“电视机柜”，如图 5–53 所示。

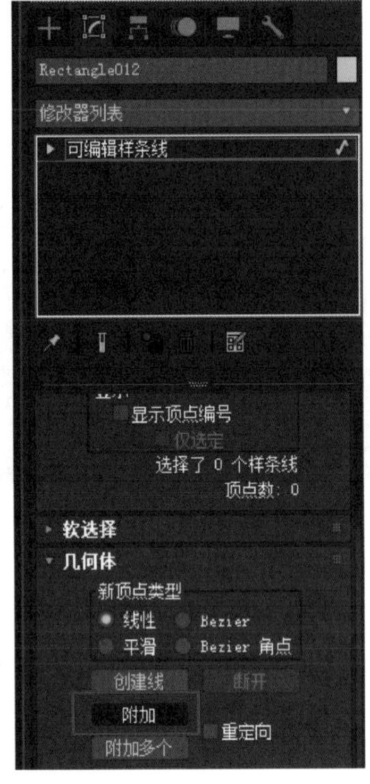

图 5–52　合并矩形

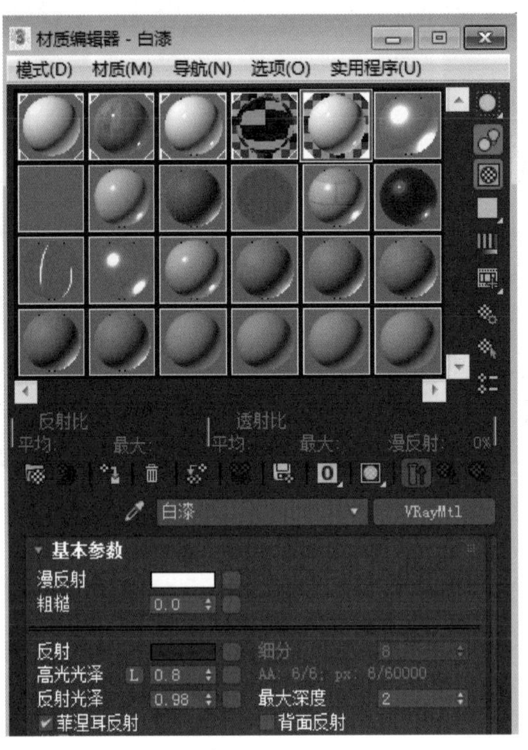

图 5–53　赋予材质

㉒ 切换到顶视图，打开“显示命令”面板，在“隐藏”卷展栏中单击“全部取消隐藏”按钮，将其他模型取消隐藏。单击工具栏上的“对齐”按钮，在视图中选中“隔断”，在弹出的“对齐当前选择”对话框中，将“隔断”和“电视机柜”的对齐位置设置为“Y 位置—最大—最大”“X 位置—最小—最小”，对齐后效果如图 5–54 所示。

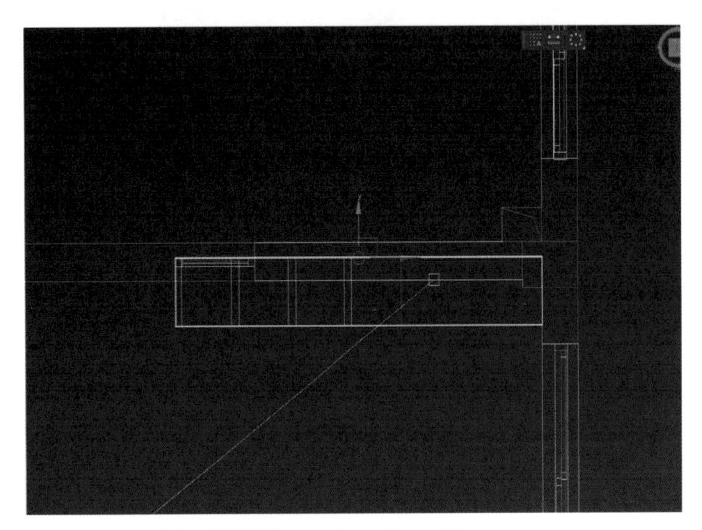

图 5–54　对齐“隔断”和“电视机柜”

㉓ 选中“房子墙体”，打开显示命令面板，在“隐藏”卷展栏中单击“全部取消隐藏”按钮，将其他模型取消隐藏。

㉔ 切换到相机视图，按〈4〉键或单击“选择”卷展栏中的“多边形”按钮，单击电视机背景的面，如图 5–55 所示。

图 5–55　单击电视机背景的面

㉕ 单击“编辑几何体”卷展栏中的“分离”按钮，在弹出的“分离”对话框中将“分离为”设为“电视机背景墙”，单击“确定”按钮。这样，电视机背景墙就分离出来了。

㉖ 按〈 M 〉键打开“材质编辑器”窗口，选择第 6 个材质球，将其名称改为“背景墙材质”。选标准材质，单击“漫反射颜色”复选框后面的“无贴图”按钮，在弹出的对话框中双击“位图”选项，在弹出的选择位图图像对话框中，选择 Abook 资源中的“项目 5\cz\ 电视背景墙 .jpg”文件，单击“打开”按钮，添加贴图，将其赋予电视背景墙。

㉗ 打开“修改命令”面板，在“修改器列表”中选择“ UVW 贴图”选项，在“参数”卷展栏中选中“长方体”单选钮，如图 5–56 所示。

㉘ 创建电视背景上的书柜。切换到前视图，在前视图中创建一个矩形，长度设为“2 300.0 mm”，宽度设为“400.0 mm”，命名为“书柜”。

㉙ 单击工具栏上的“对齐”按钮，在视图中选中“书柜”，在弹出的“对齐当前选择”对话框中，将“书柜”和“电视机柜”的对齐位置设置为“ Y 位置—最小—最小”“X 位置—中心—中心”。

㉚ 再创建一个矩形，长度设为“330.0 mm”，宽度设为“360.0 mm”。

图 5-56　选中“长方体”单选钮

㉛ 右键单击工具栏上的“移动”按钮，在弹出的“移动变换输入”对话框中，在“偏移 : 世界”选项区中将 Y 轴参数改为“20.0 mm”。

㉜ 单击“阵列”按钮，在弹出的“阵列”对话框中，在“增量”选项区中设置第一行坐标轴的“ Y”为“340.0 mm”，在“对象类型”选项区中选中“实例”单选钮，将“阵列维度”→“1D”的“数量”设置为“6”。

㉝ 选中书柜矩形阵列，单击右键，在弹出的快捷菜单中选择“转换为:”→“转换为可编辑样条线”命令。在“参数”卷展栏中单击“线段”按钮。

㉞ 在“几何体”卷展栏中单击“附加”按钮，在视图中选中刚才阵列中的 6 个矩形，将它们合并到一起。

㉟ 在“修改器列表”中选择“挤出”选项，在“参数”卷展栏中设置“数量”为“300.0 mm”。

㊱ 打开“材质编辑器”窗口，将白漆材质赋给它。

㊲ 打开“显示命令”面板，在“隐藏”卷展栏中单击“全部取消隐藏”按钮，将其他模型取消隐藏。

㊳ 切换到顶视图，将书柜移动到电视背景墙前，如图 5-57 所示。

㊴ 切换到前视图，创建一个长方体，长度设为“330.0 mm”，宽度设为“1 720.0 mm”，高度设为“10.0 mm”，命名为“档板”。

㊵ 打开“材质编辑器”窗口，将白漆材质赋予它。

㊶ 单击工具栏上的“对齐”按钮，在视图中选中“电视机柜”，在弹出的“对齐当前选择”对话框中，将“电视机柜”和“挡板”的对齐位置设置为“Z 位置—最小—最小”。

图 5–57 移动书柜

㊷ 制作电视机柜的拉手。在前视图中创建一个长方体，长度为 15 mm，宽度为 400 mm，高度为 20 mm，命名为“拉手”。

㊸ 单击工具栏上的“对齐”按钮，在视图中选中“电视机柜”，在弹出的“对齐当前选择”对话框中，将“拉手”和“电视机柜”的对齐位置设置为“Z 位置—最小—最大”。

㊹ 移动复制出另一个拉手，将两个拉手摆放到如图 5–58 所示的位置。

㊺ 打开“材质编辑器”窗口，选择第 7 个材质球，在 VR 材质中选择“金属材质”，改名“不锈钢”，并将材质赋予拉手。

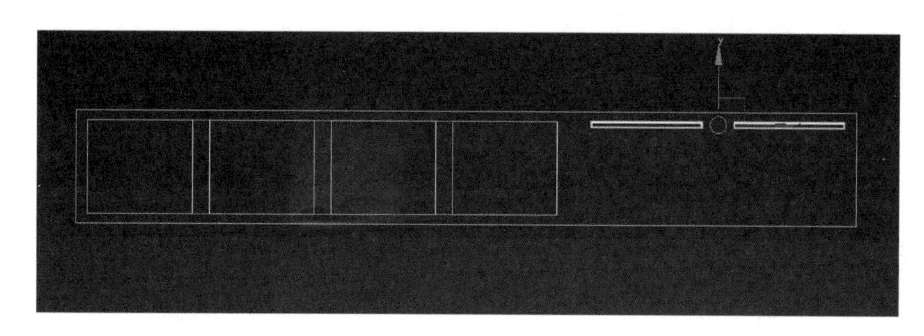

图 5–58 摆放拉手

任务 4 创建餐厅部分

① 为餐厅部分做个地台，并向上抬升 100 mm。

② 切换到顶视图，创建一个长方体，长度为 2 990 mm，宽度为 2 570 mm，高度为 50 mm，命名为“餐厅地台”。利用“捕捉”工具将“餐厅地台”左上角

和餐厅左上角对齐，如图 5–59 所示。

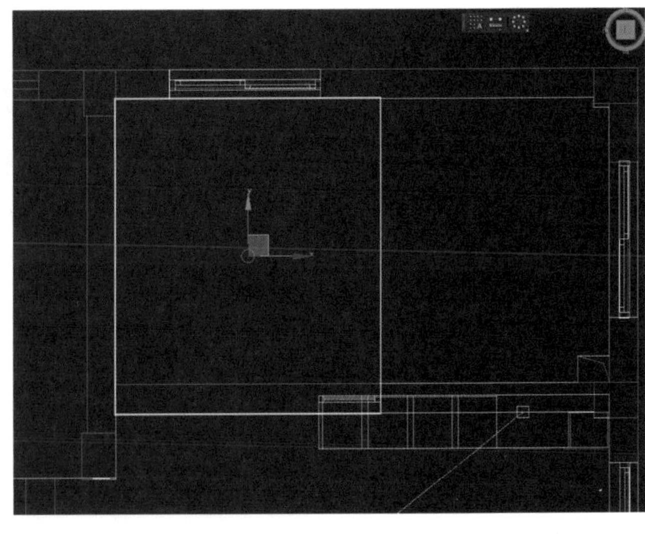

图 5–59　对齐“餐厅地台”左上角和餐厅左上角

③ 右键单击工具栏上的“移动”按钮，在弹出的“移动变换输入”对话框中，在“偏移:世界”选项区中将 Z 轴参数改为“50.0 mm”。

④ 打开“材质编辑器”窗口，将先前设置好的地板材质赋予餐厅地台。

⑤ 进入修改命令面板，在“修改器列表”中选择“UVW 贴图”选项，在“参数”卷展栏中选中“长方体”单选钮，长度、宽度、高度分别设为“3 200.0 mm”“2 000.0 mm”“0.0 mm”。

⑥ 按〈Shift〉键，选中“餐厅地台”，复制出另一个。在“修改命令”面板中将长度改为“2 900.0 mm”，宽度改为“2 570.0 mm”，高度改为“50.0 mm”，改名为“地台底”。

⑦ 右键单击工具栏上的“移动”按钮，在弹出的“移动变换输入”对话框中，在“偏移:世界”选项区中将 Z 轴参数改为“–50.0 mm”。

⑧ 单击工具栏上的“对齐”按钮，在视图中单击餐厅地台，在弹出的“对齐当前选择（Box005）”对话框中，将“餐厅地台”和“地台底”的对齐位置设置为“X 位置—最小—最小”“Y 位置—最大—最大”，如图 5–60 所示。

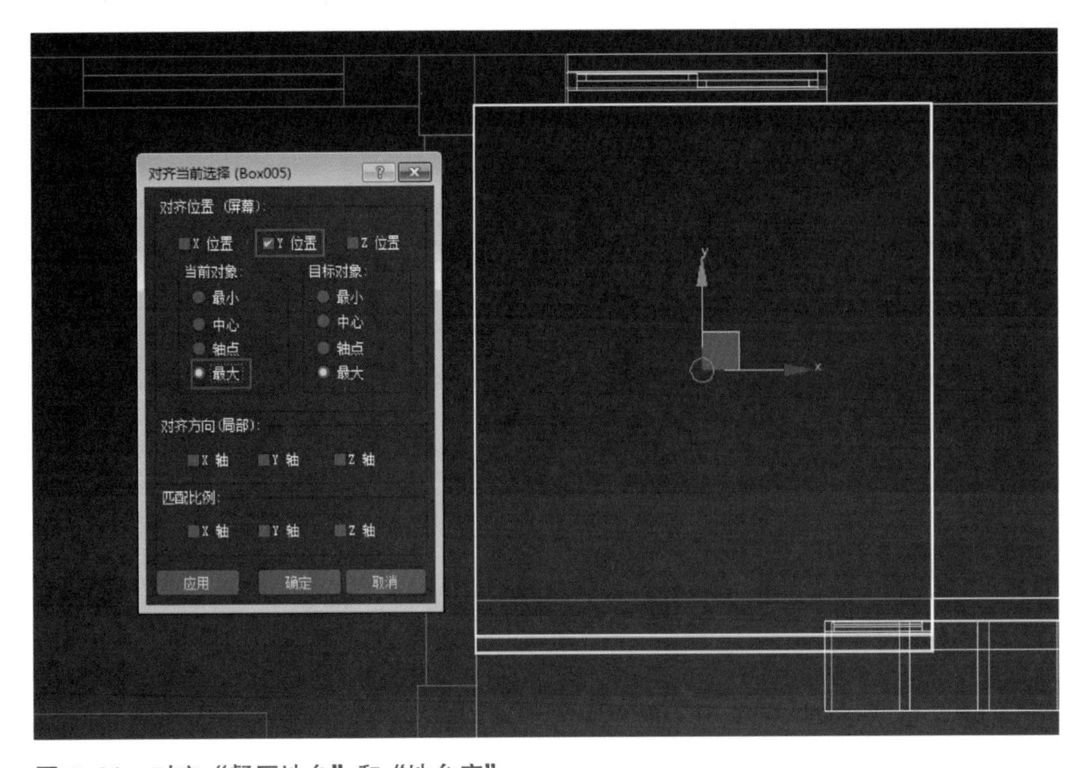

图 5–60　对齐“餐厅地台”和“地台底”

⑨ 按〈C〉键切换到相机视图，可以发现地台已经建好了，而且有上、下两层，如图 5-61 所示。

⑩ 由于在餐厅的位置能看到厨房，需要把餐厅和厨房的隔断设置为透明玻璃。

⑪ 切换到顶视图，在餐厅地台右侧创建一个长方体，命名为“厨房隔断玻璃”，长度为 2 720 mm，宽度为 10 mm，高度为 2 700 mm。

⑫ 打开“材质编辑器”窗口，在 VR 材质中选择“磨砂玻璃”材质，并将此材质赋予它（由于仅制作效果图的示范，因此不再细化“厨房隔断玻璃”）。

⑬ 再创建一个长方体，长度为 2 720 mm，宽度为 120 mm，高度为 300 mm，命名为“玻璃上隔断”。打开“材质编辑器”窗口，把先前设置好的白墙材质赋予它。

⑭ 单击工具栏上的“对齐”按钮，在视图中选中“厨房隔断玻璃”，在弹出的“对齐当前选择”对话框中，将“厨房隔断玻璃”的对齐位置设置为“Z 位置—最大—最大”“X 位置—中心—中心”“Y 位置—中心—中心”，对齐后的效果如图 5-62 所示。

图 5-61　上下两层地台

图 5-62　对齐后的效果

任务 5　导入灯具、家具等模型

① 先导入灯具，在菜单栏上选择“文件”菜单中的“导入”→“合并”命令，如图 5-63 所示。在弹出的对话框中找到 Abook 资源中的“项目 5\模型\豆胆灯 .max”文件，单击“打开”按钮。在弹出的对话框中选择“豆胆灯”模型，单击“确定”按钮。将模型导入。

② 由于“豆胆灯”是不锈钢材质的，与原来的模型中的不锈钢材质发生冲突，会弹出一个“重复材质名称”对话框，在对话框中单击“使用场景材质”按钮，将场景中的不锈钢材质赋予“豆胆灯”，如图 5-64 所示。

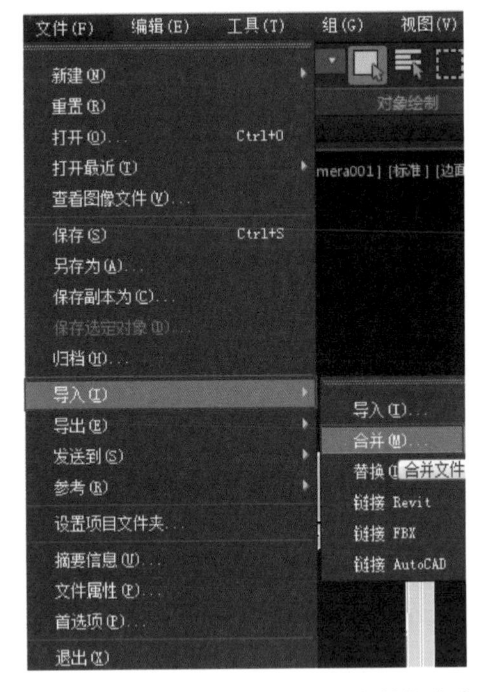

图 5-63 选择“导入”→“合并”命令

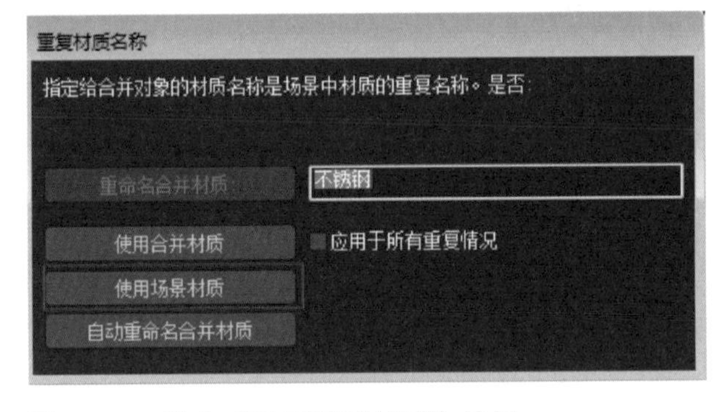

图 5-64 单击“使用场景材质”按钮

③ 切换到 4 视口，将“豆胆灯”移动到电视背景墙上面的顶上，实例复制出另两个，如图 5-65 所示。

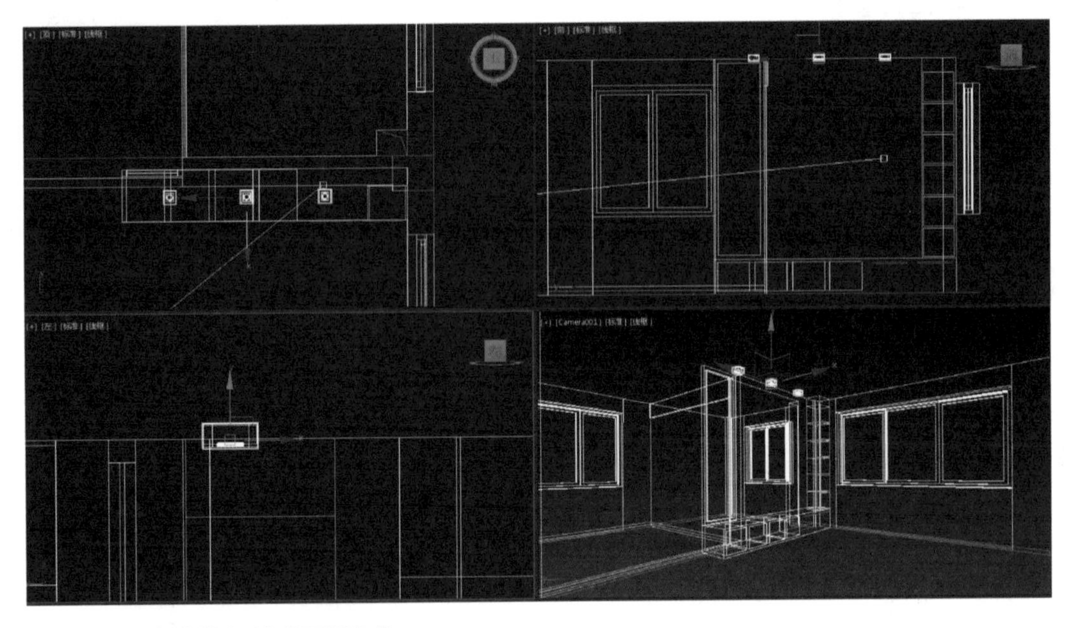

图 5-65 移动并复制“豆胆灯”

④ 选中这 3 个灯，将它们移动到客厅沙发背景的上面，约距墙体 200 mm。

⑤ 在菜单栏上选择“文件”菜单中的“导入”→“合并”命令，在弹出的对话框中找到 Abook 资源中的“项目 5\模型\顶灯 .max”文件，单击“打开”按钮。在弹出的对话框中选择“顶灯”模型，单击“确定”按钮，将模型导入。

⑥ 切换到顶视图，将顶灯移动到客厅中间，然后单击工具栏上的“对齐”按钮，在视图中选中“房子墙体”，在弹出的“对齐当前选择”对话框中，将“顶灯”和“房子墙体”的对齐位置设置为“Z 位置—最大—最大”。

⑦ 按〈C〉键切换到相机视图，打开“显示命令”面板，在“隐藏”卷展栏中单击“全部取消隐藏”按钮，将其他模型取消隐藏，效果如图 5-66 所示。

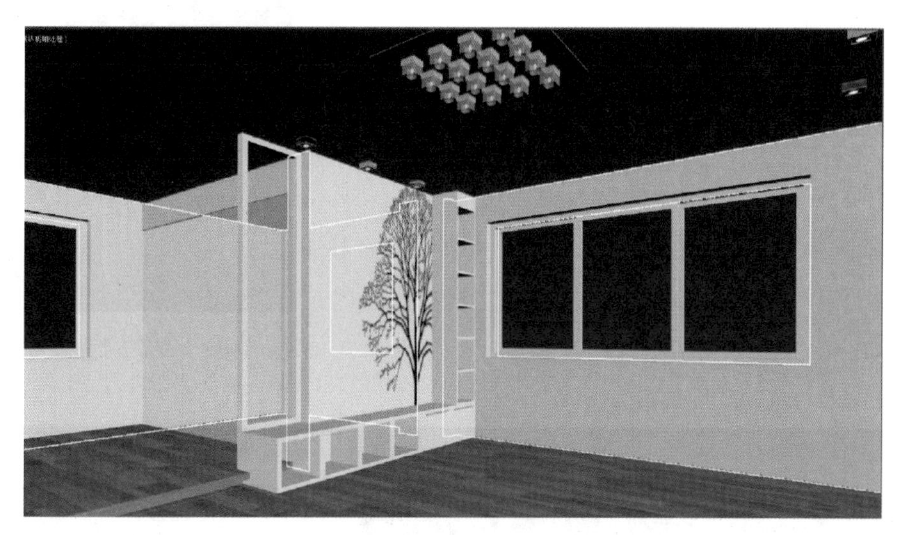

图 5-66　效果图

⑧ 选择“组”菜单中的“打开”命令，将吊灯组打开，为吊灯上面的板赋予不锈钢的材质，打开吊灯组。为灯帽赋予不锈钢材质，为灯罩赋予玻璃材质，然后将组关闭，如图 5-67 所示。

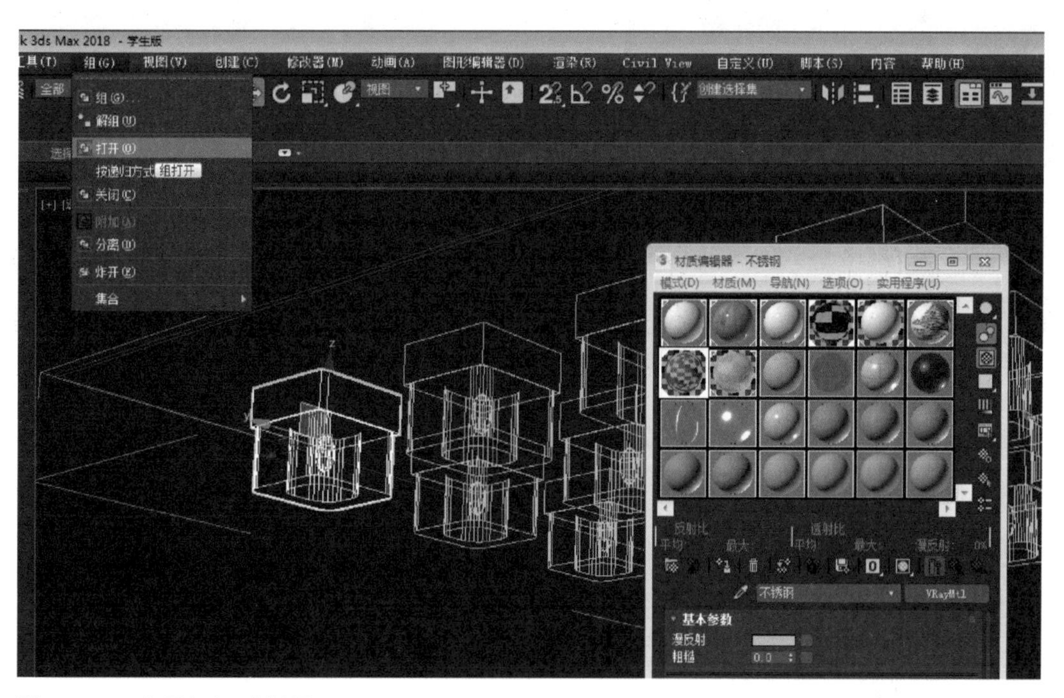

图 5-67　为吊灯组赋材质

⑨ 选择“文件”菜单中的“导入”→“合并”命令，在弹出的对话框中找到 Abook 资源中的“项目 5\模型\餐桌 .max”文件，单击“打开”按钮。在弹出的对话框中选择“餐桌组合”模型，单击“确定”按钮将模型导入。右键单击“移动”按钮，将绝对世界坐标 X/Y 都改为“0”。

⑩ 选中“餐桌组合”，隐藏其他模型，切换到透视视图，将模型最大化。单击“弧形旋转”按钮将“餐桌组合”转到如图 5-68 所示的角度。

⑪ 打开“材质编辑器 - 餐桌布”窗口，选择第 9 个材质球，选择材质 /V-Ray/VRayMtl 材质，将漫反射颜色改为“R20、G90、B70”，如图 5-69 所示。

图 5-68　旋转“餐桌组合”

图 5-69　设置材质参数

⑫ 打开组合，选中餐椅腿，在“材质编辑器”窗口中选择先前设置的不锈钢材质，单击“赋予材质”按钮，将不锈钢材质赋予它，如图 5-70 所示。

⑬ 选中“餐桌布”，选择第 9 个材质球，将材质赋予它，如图 5-71 所示。

⑭ 选中桌子上的碗和盘等，选择第 10 个材质球，选择 VR 材质中的“白瓷材质”，并赋予它们，如图 5-72 所示。

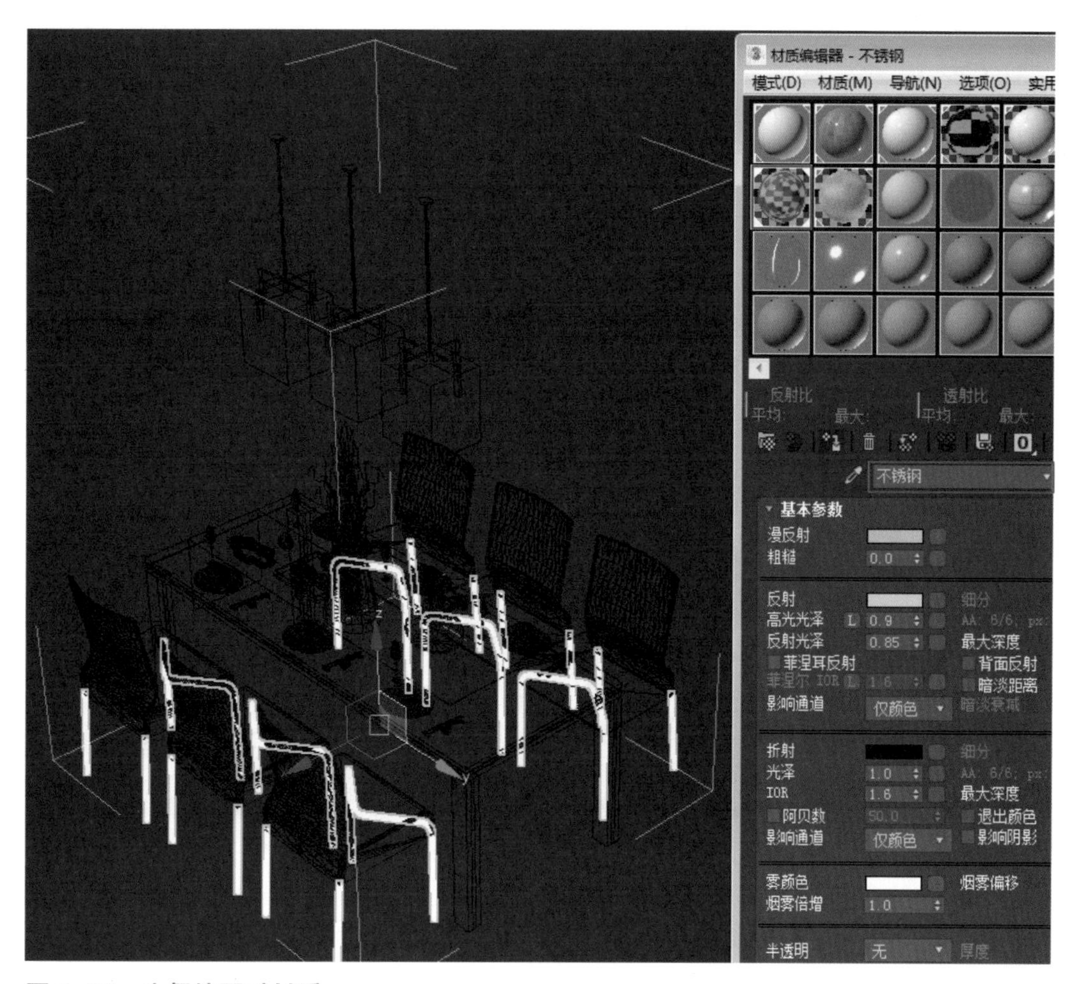

图 5–70　为餐椅腿赋材质

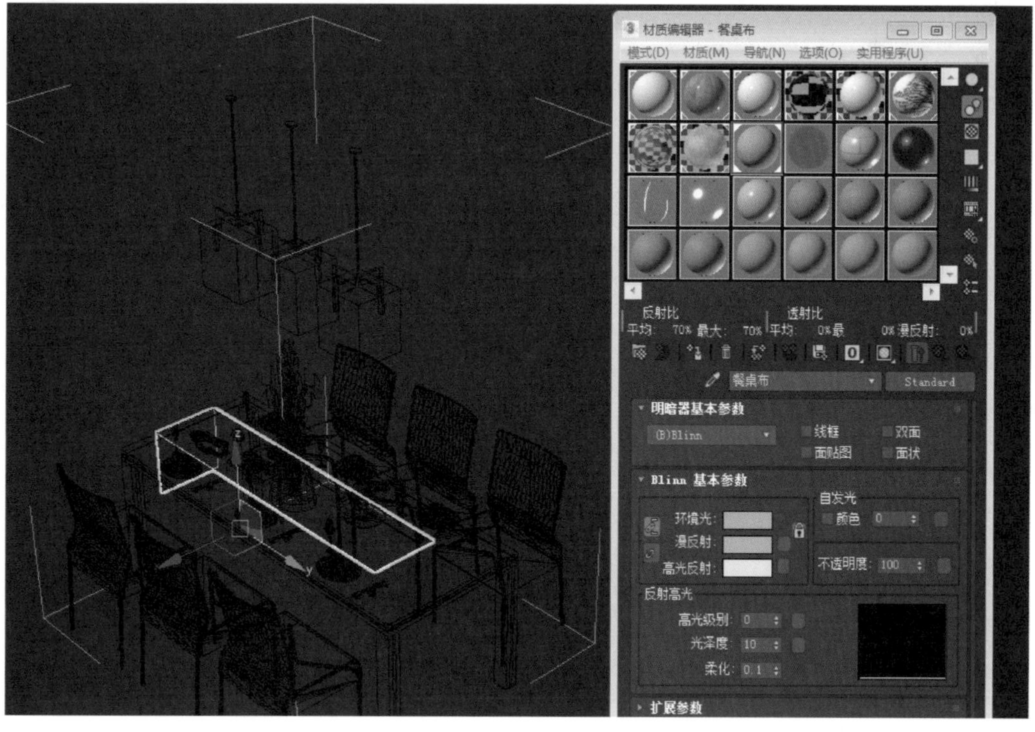

图 5–71　为餐桌布赋材质

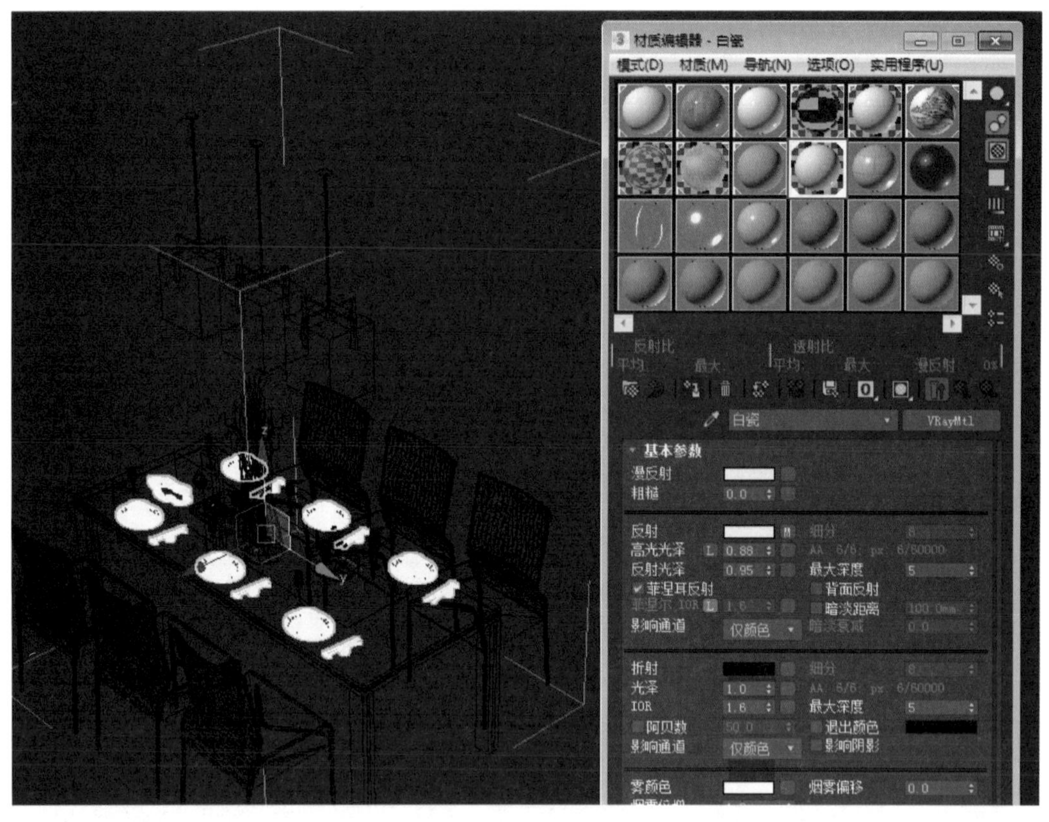

图 5–72　为碗和盘等赋材质

⑮ 选中桌子上的酒杯和花瓶等，将透明白玻璃材质赋予它们，如图 5–73 所示。

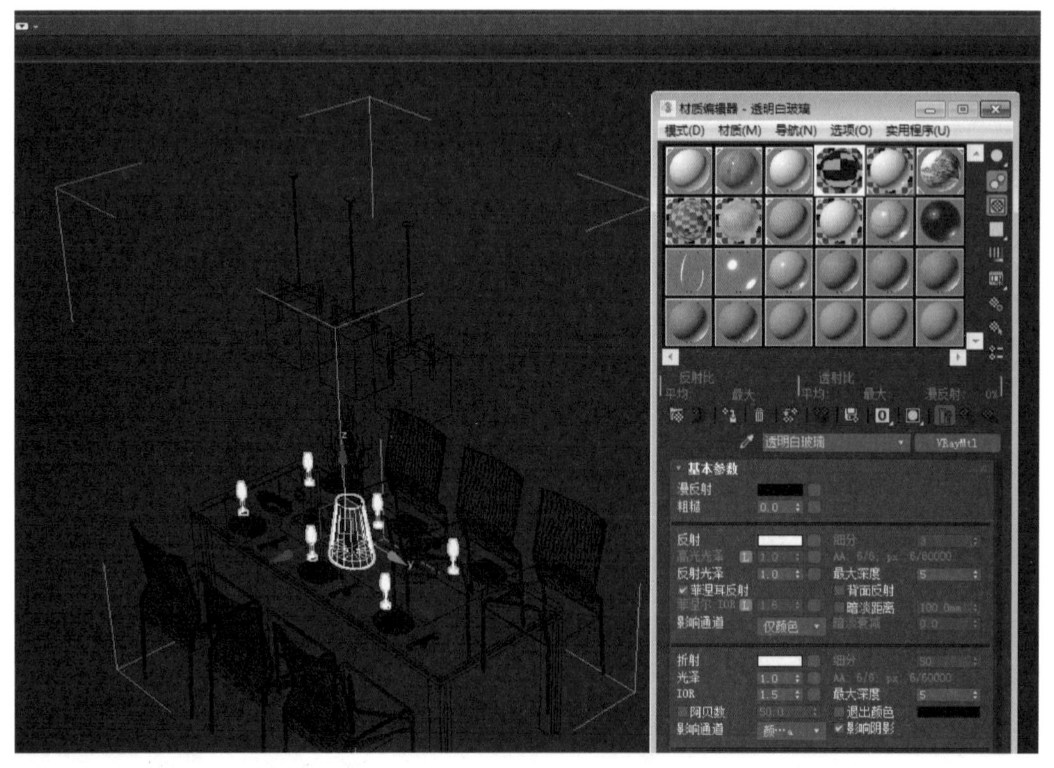

图 5–73　为酒杯和花瓶赋材质

⑯ 选中桌子，选择第 11 个材质球，选择 VR 材质中的“清漆木头”材质，贴图选择“项目 5\ 材质 \ 杉木”，如图 5-74 所示。同样，为灯杆赋予不锈钢材质，灯罩赋予白瓷材质。合并所有组。

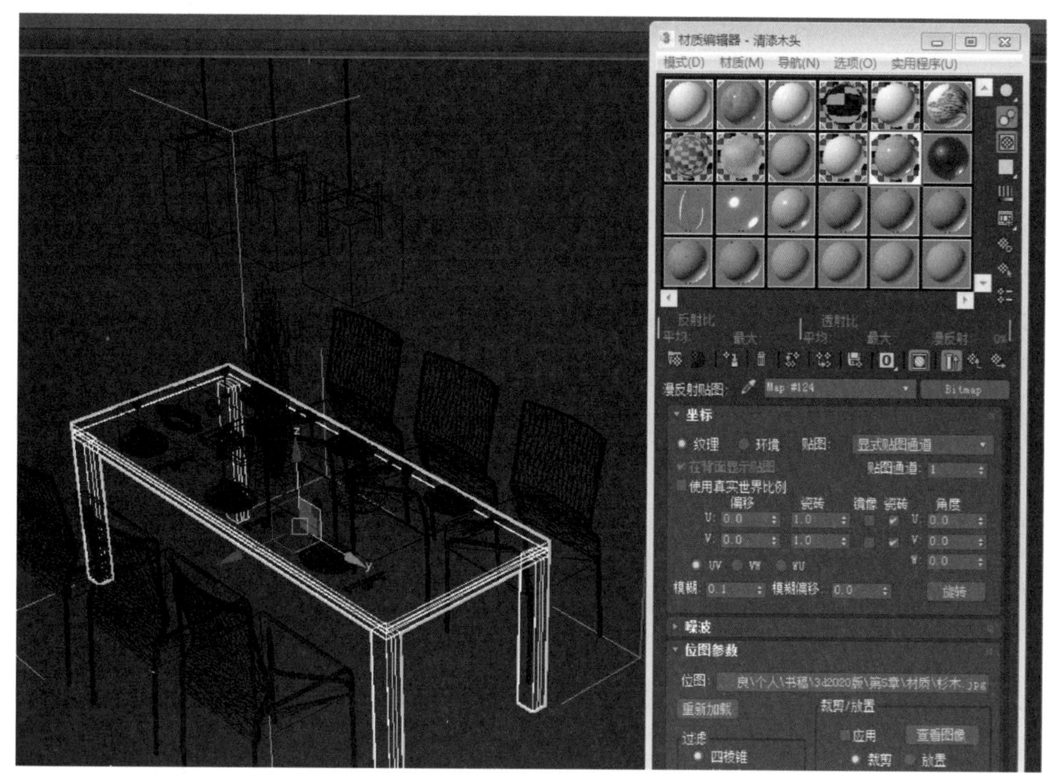

图 5-74　为桌子赋材质

⑰ 打开所有隐藏，将“餐桌组合”放到餐厅的地台上，如图 5-75 所示。

图 5-75　放置“餐桌组合”

⑱ 选择“文件”菜单中的“导入”→“合并”命令，在弹出的对话框中找到 Abook 资源中的“项目 5\ 模型 \ 沙发 .max”文件，单击“打开”按钮。在弹出的对话框中选择“沙发组合”模型，单击“确定”按钮将模型导入。

⑲ 将“沙发组合”放到客厅的合适位置，如图 5–76 所示。

图 5–76　摆放“沙发组合”

⑳ 隐藏其他模型，切换到透视视图，单击“弧形旋转”按钮，将“沙发”转到如图 5–77 所示的位置。

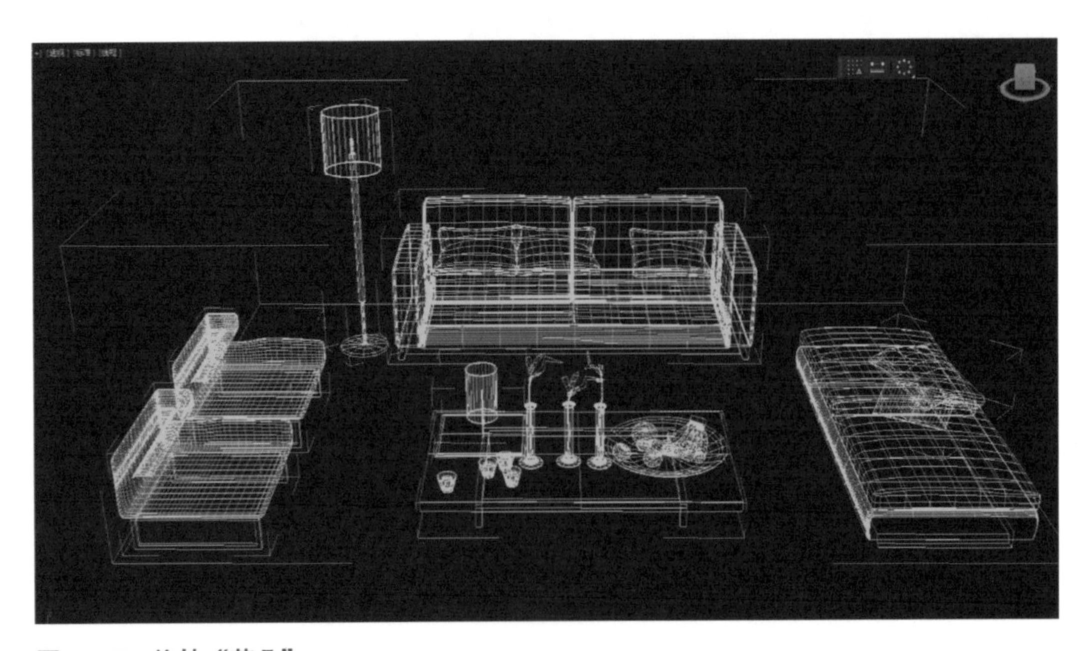

图 5–77　旋转“茶几”

㉑ 打开“材质编辑器”窗口，选择“组”菜单中的“打开”命令，将“沙发组合”打开。

㉒ 选择如图 5–78 所示的部分模型，选择第 12 个材质球，选择 VR 材质中的“纺织布”材质，将漫反射颜色改米白色，将 Abook 资源中的“项目 5/ 材质 / 棉布”贴图赋予模型。修改 UVW 材质贴图 X/Y/Z 为“1 000 mm”。

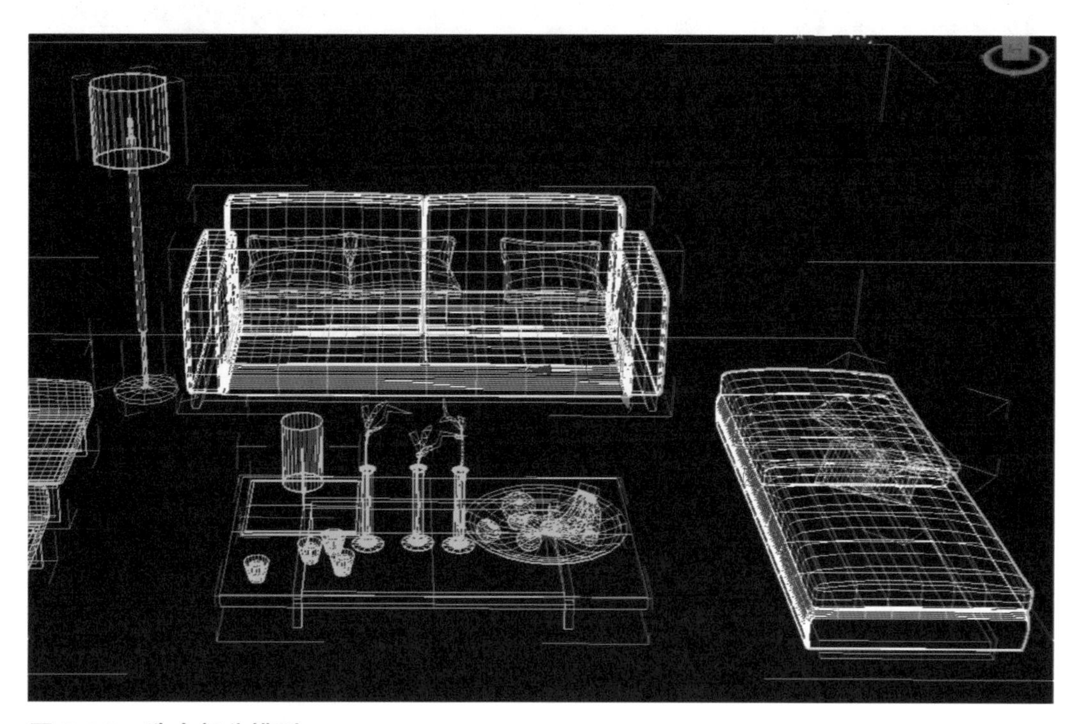

图 5–78 选中部分模型

㉓ 选中所有的沙发脚，在“材质编辑器”窗口中选择先前设置的不锈钢材质，单击“赋予材质”按钮，将不锈钢材质赋予它，如图 5–79 所示。

图 5–79 为沙发脚赋材质

㉔ 选中左边两个沙发的上半部分，选择第 13 个材质球，选择 VR 材质中的“纺织布”材质，将 Abook 资源中的“项目 5/ 材质 / 棉布”贴图赋予模型，命名为“红褐色布料”。修改 UVW 材质贴图 X/Y/Z 为“1 000 mm”，效果如图 5-80 所示。

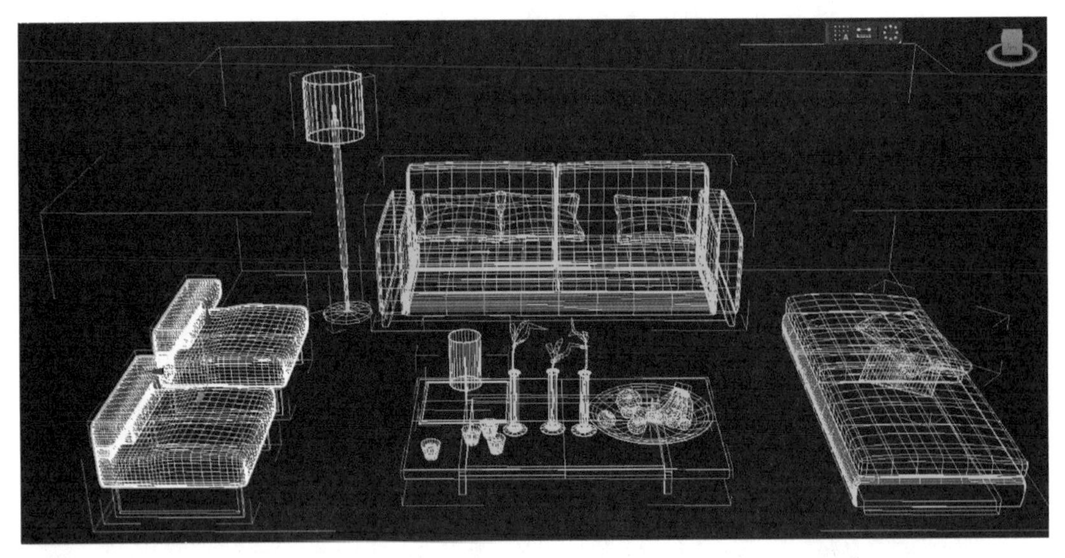

图 5-80 为左边沙发布赋材质

㉕ 选中茶几的面，选择第 14 个材质球，选择 VR 材质中的“清漆木头”材质，将 Abook 资源中的“项目 5\ 材质 \ 无缝黑檀”材质贴图赋予模型，修改 UVW 材质贴图 X/Y/Z 为“500 mm”，效果如图 5-81 所示。

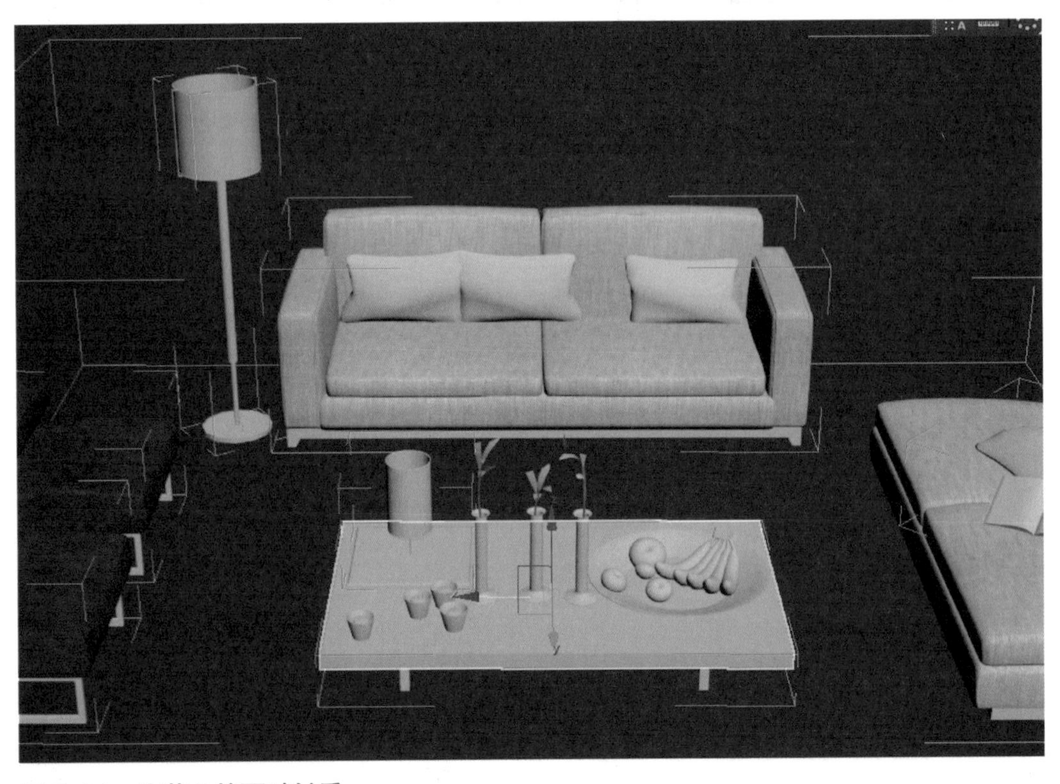

图 5-81 为茶几的面赋材质

㉖ 选中4个玻璃蜡烛杯，选择第15个材质球，单击“从对象拾取材质”按钮，在选择的玻璃杯蜡烛上拾取材质，命名为“玻璃杯蜡烛”，效果如图5–82所示。

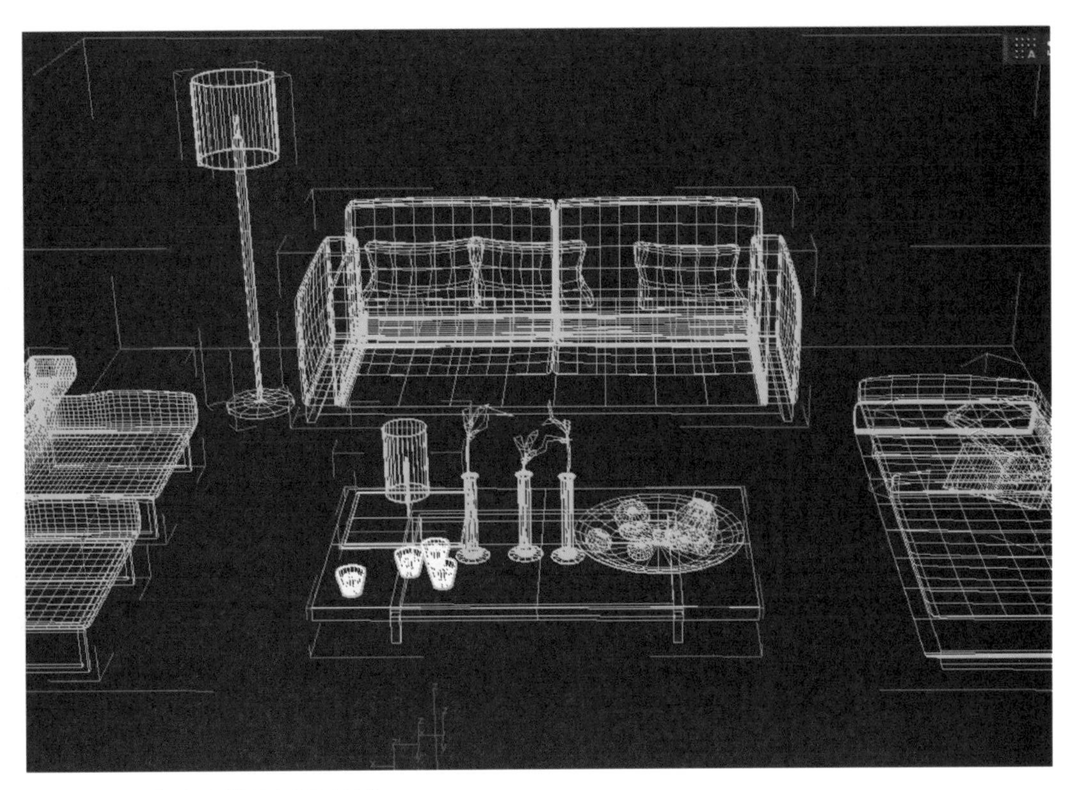

图5–82 为玻璃蜡烛杯赋材质

㉗ 选中水果盘，在“材质编辑器”窗口中选择先前设置好的白瓷材质，单击“赋予材质”按钮，将白瓷材质赋予它，效果如图5–83所示。

㉘ 选中玻璃瓶1、玻璃瓶2及玻璃瓶3，在“材质编辑器”窗口中选择先前设置好的透明玻璃材质，单击“赋予材质”按钮，将透明玻璃材质赋予它，效果如图5–84所示。

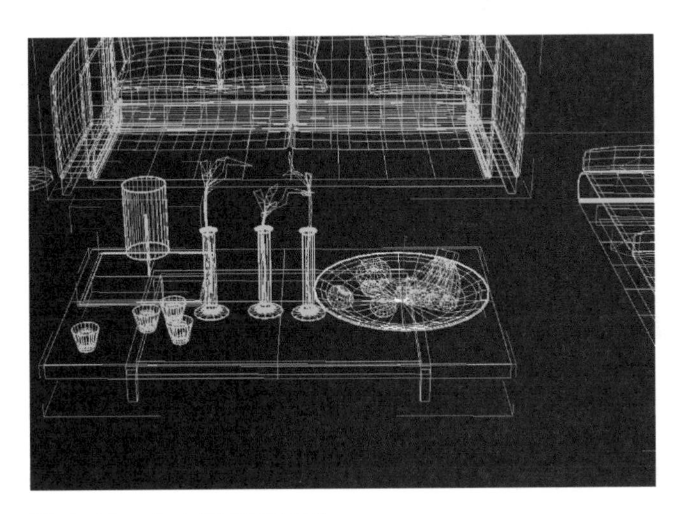

图5–83 为水果盘赋材质

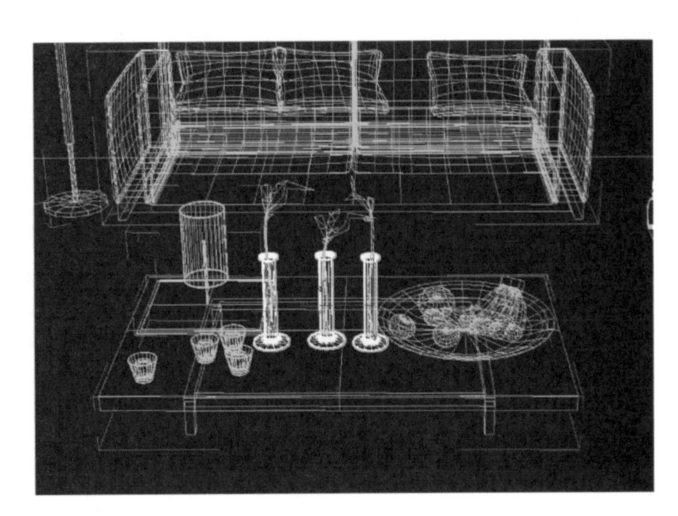

图5–84 为3个玻璃瓶赋材质

㉙ 选中龙血树 01、龙血树 02、龙血树 03，选择第 16 个材质球，选择 VR 材质中的“叶子”材质，贴图选择“项目 5\ 材质 \ 叶子”文件，赋予模型，命名为“叶枝”，效果如图 5-85 所示。

㉚ 选中香蕉、苹果，分别选择第 17、18 个材质球，选择 VR 材质中的香蕉、苹果材质，赋予模型，如图 5-86 所示效果。

图 5-85　为 3 枝龙血树赋材质

图 5-86　为香蕉、苹果赋材质

㉛ 如图 5-87 所示，选中所有靠垫，选择第 19 个材质球，选择 VRayMtl 材质，命名为“靠垫布”，将漫反射颜色改为“R25、G60、B40”，赋予模型。

㉜ 选中书，选择第 20 个材质球，选择 VRayMtl 材质，贴图选“项目 5\ 材质 \ 书籍”，命名为“书”，赋予模型，并给模型建一个 UVW 贴图，效果如图 5-88 所示。

图 5-87　为靠垫赋材质

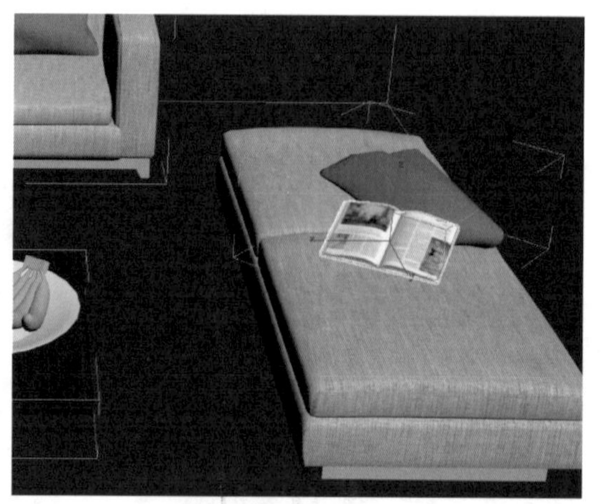

图 5-88　为书赋材质

㉝ 选中大、小两只灯罩，选择第 21 个材质球，在 VR 材质中选择“灯罩”材质，赋予模型。为两根灯杆赋予不锈钢材质。

㉞ 选择“组”菜单中的“关闭”命令，将“沙发组合”关闭。

㉟ 打开“显示命令”面板，在“隐藏”卷展栏中单击“全部取消隐藏”按钮，将其他模型取消隐藏。

㊱ 选择“文件”菜单中的“导入”→“合并”命令，在弹出的对话框中找到 Abook 资源中的“项目 5\ 模型 \ 电视 .max”文件，单击“打开”按钮。在弹出的对话框中选择“电视模型”，单击“确定”按钮，将模型导入。

㊲ 隐藏其他模型，切换到透视视图，将“电视模型”在视图里最大化，单击“弧形旋转”按钮将“电视模型”转到如图 5-89 所示的位置。

㊳ 选择“组”菜单中的“打开”命令，将“电视模型”打开。选择第 22 个材质球，选中“电视屏幕”，单击“从对象拾取材质”按钮，在“电视屏幕”上拾取材质，命名为“电视屏幕”。

㊴ 如果默认的 24 个材质球不够用，可以将其中某个材质球还原为默认材质，在“材质编辑器 - 金属”窗口中单击“重置贴图”按钮，在弹出的对话框中选中“仅影响编辑器示例窗中的材质 / 贴图”单选钮，这样视图中的材质不会丢失，如图 5-90 所示。

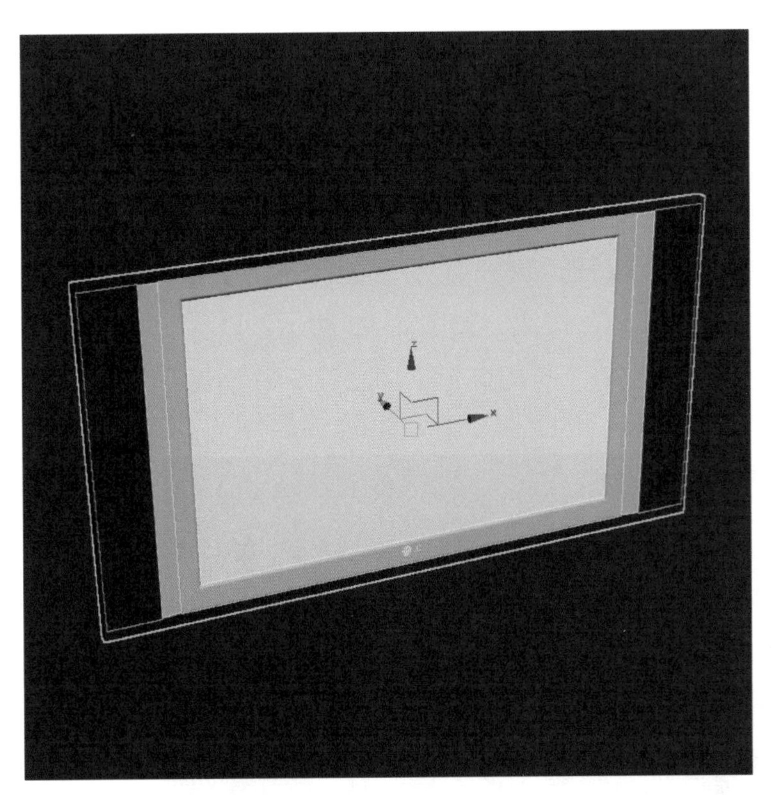

图 5-89　旋转“电视模型”

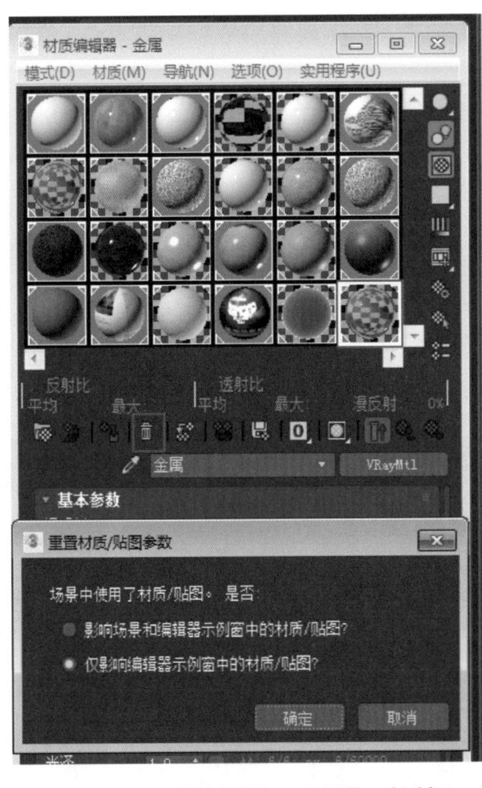

图 5-90　“材质编辑器 - 金属”对话框

㊵ 拾取“电视机外壳”和“电视音箱”的材质，分别命名为“电视机外壳”和“电视音箱”。

㊶ 依次导入鞋柜、机顶盒等家具模型，并分别为它们赋合适的材质，最后效果如图 5-91 所示。

图 5-91　效果图

任务 6　创建灯光

创建餐厅的吊灯、客厅的筒灯和室外模拟光。

① 单击“创建命令”面板中的“灯光”按钮，创建灯光，选择“光度学”选项，在“对象类型”卷展栏中单击“目标灯光”按钮，如图 5-92 所示。

② 切换到前视图，在前视图中从上到下拖曳一个目标点光源，如图 5-93 所示。

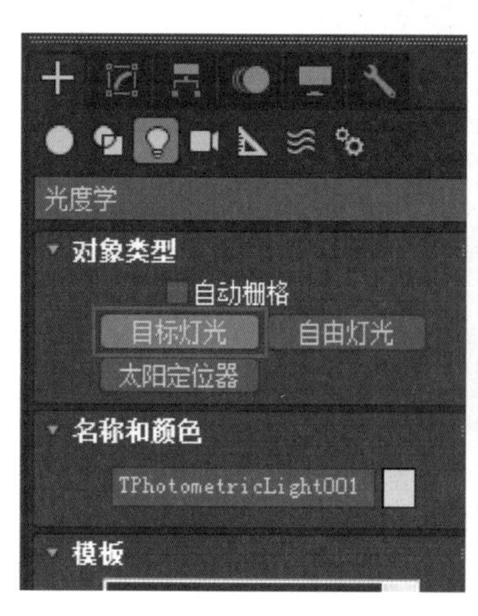

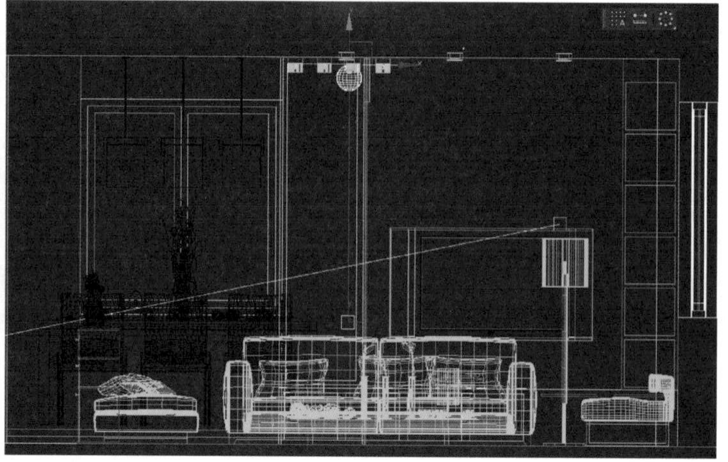

图 5-92　单击“目标灯光”按钮　图 5-93　拖曳一个目标点光源

③ 切换到顶视图，按住〈 Shift 〉键拖动目标点光源进行复制，在每个筒灯的下方实例复制出一个目标点光源，如图 5–94 所示。

④ 进入“修改命令”面板，在“常规参数”卷展栏中选择“灯光分布（类型）”下拉列表中的“光度学 Web”选项，如图 5–95 所示。

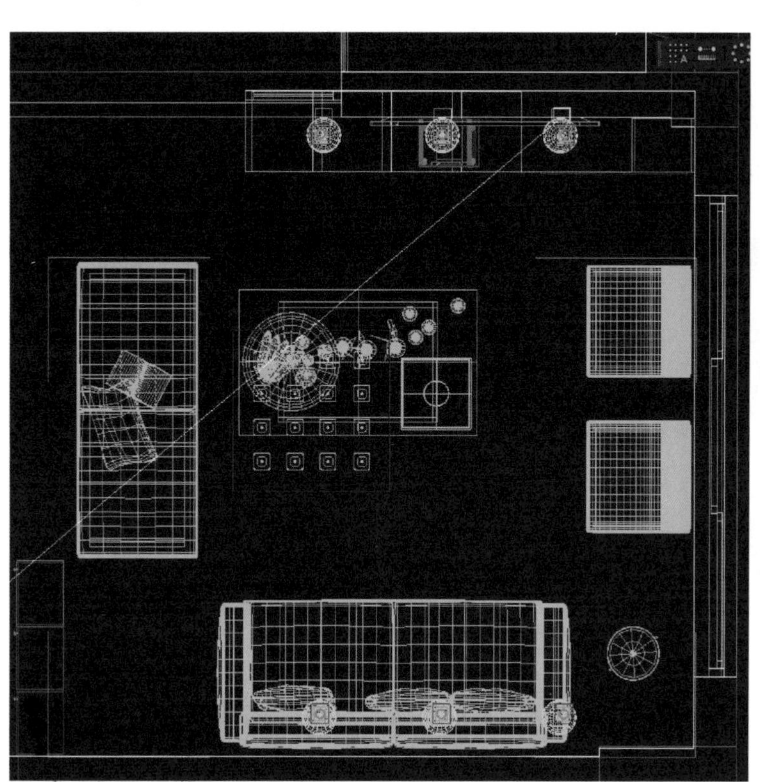

图 5–94　实例复制出其他目标点光源

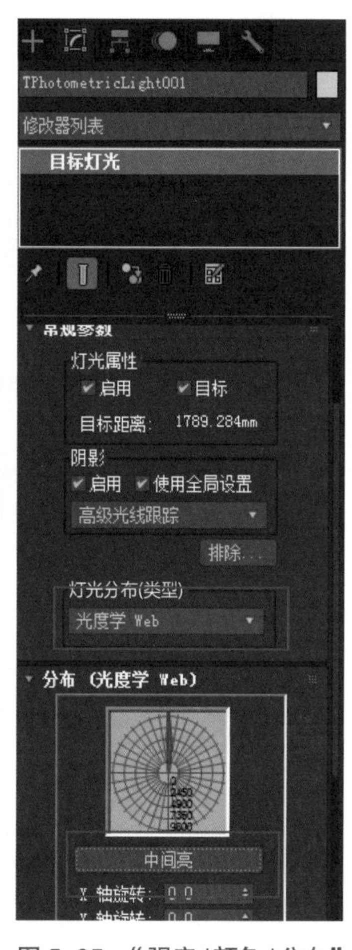

图 5–95　“强度 / 颜色 / 分布”卷展栏

⑤ 在展开的“分布（光度学 Web）”卷展栏中单击“选择光学度文件”按钮，在弹出的对话框中选择 Abook 资源中的“项目 5\ 中间亮 .IES”文件，单击“打开”按钮，如图 5–96 所示。在“强度 / 颜色 / 分布”卷展栏中，将强度改为 1 000，颜色设为暖黄色。

⑥ 进入灯光面板，单击三角形按钮，选择“VRay”选项，如图 5–97 所示。

⑦ 选择“VRayLight”灯光，如图 5–98 所示。

⑧ 切换到左视图，在客厅的窗口处创建一个 VRayLight 灯光，如图 5–99 所示。

⑨ 选择“修改命令面板”中，设置灯光参数，将半长和半高分别改为“1 500.0 mm、800.0 mm”，倍增器改为“0.1”，如图 5–100 所示。

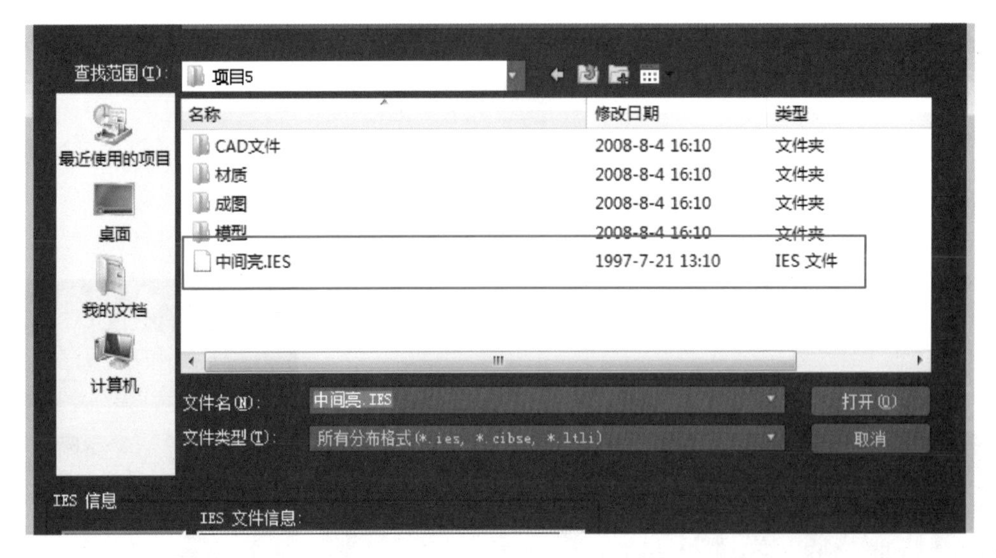

图 5-96 选择“中间亮 .IES”文件

图 5-97 选择“VRay”选项

图 5-98 选择“VRayLight”灯光

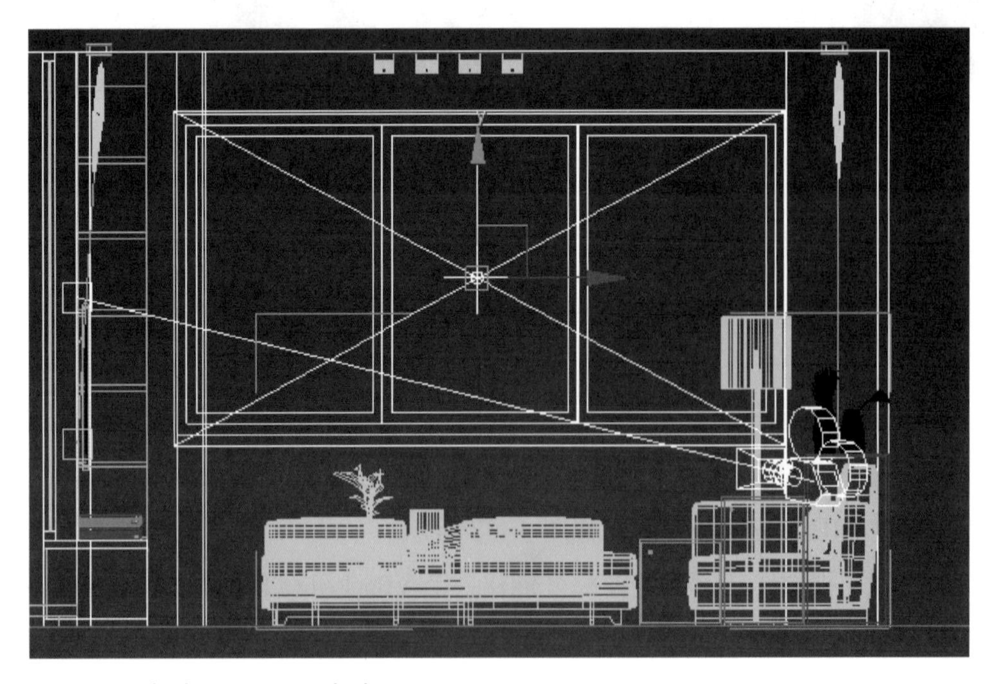

图 5-99 创建 VRayLight 灯光

⑩“模式”下拉列表选择“颜色”选项，将红、绿、蓝色值分别改为“155、225、255”，如图 5-101 所示。

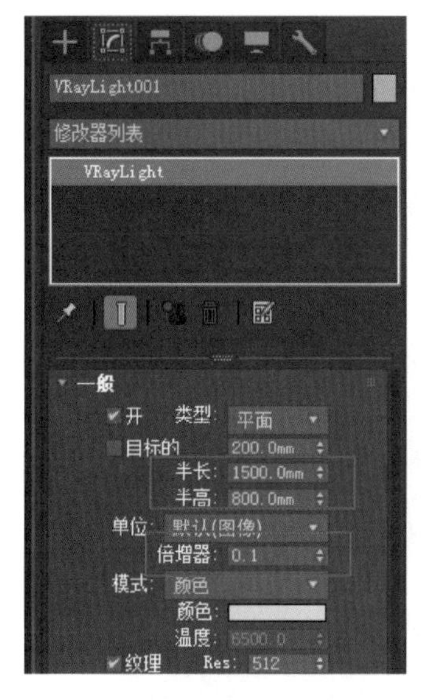

图 5-100　设置灯光参数

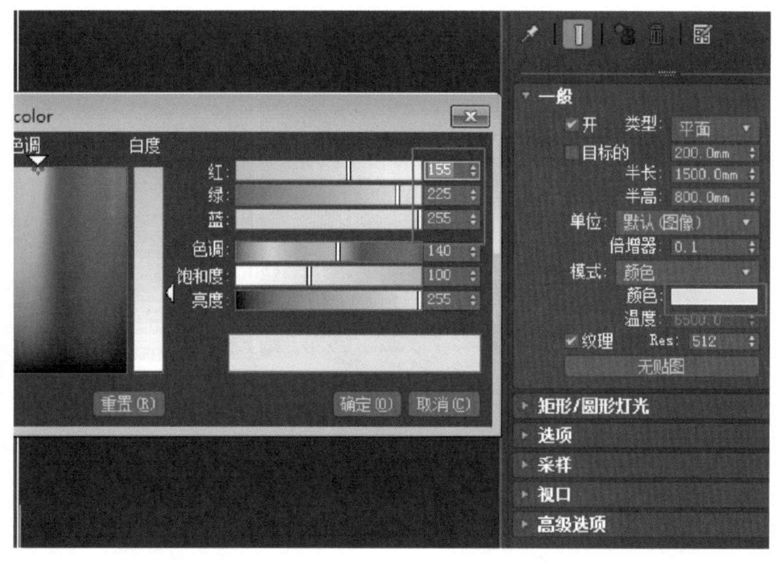

图 5-101　设置灯光颜色

⑪ 切换到顶视图，通过“旋转镜像”等命令，将 VRayLight 灯光移动到客厅窗前，如图 5-102 所示。

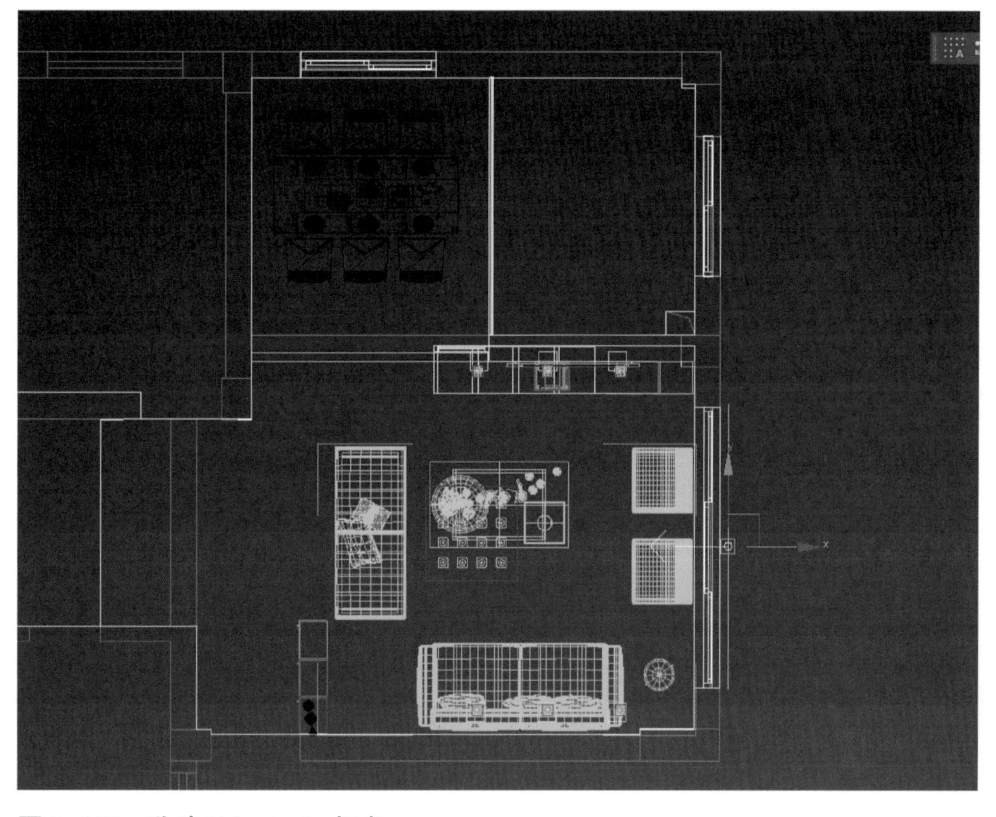

图 5-102　移动 VRayLight 灯光

⑫ 按住〈 Shift 〉键移动 VRayLight 灯光到厨房窗口，在弹出的对话框中选“实例”，如图 5-103 所示。同样移动到餐厅窗口，如图 5-104 所示。切换到相机视图，效果如图 5-105 所示，实体轮廓显示方式如图 5-106 所示。

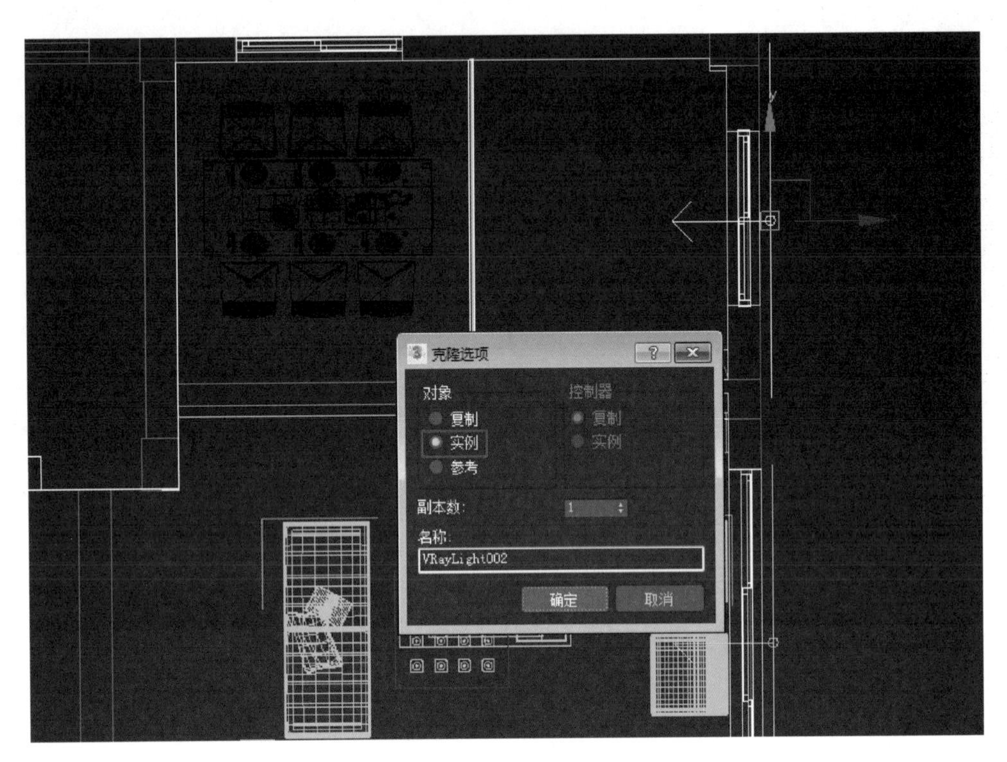

图 5-103　实例复制出另一个 VRayLight 灯光

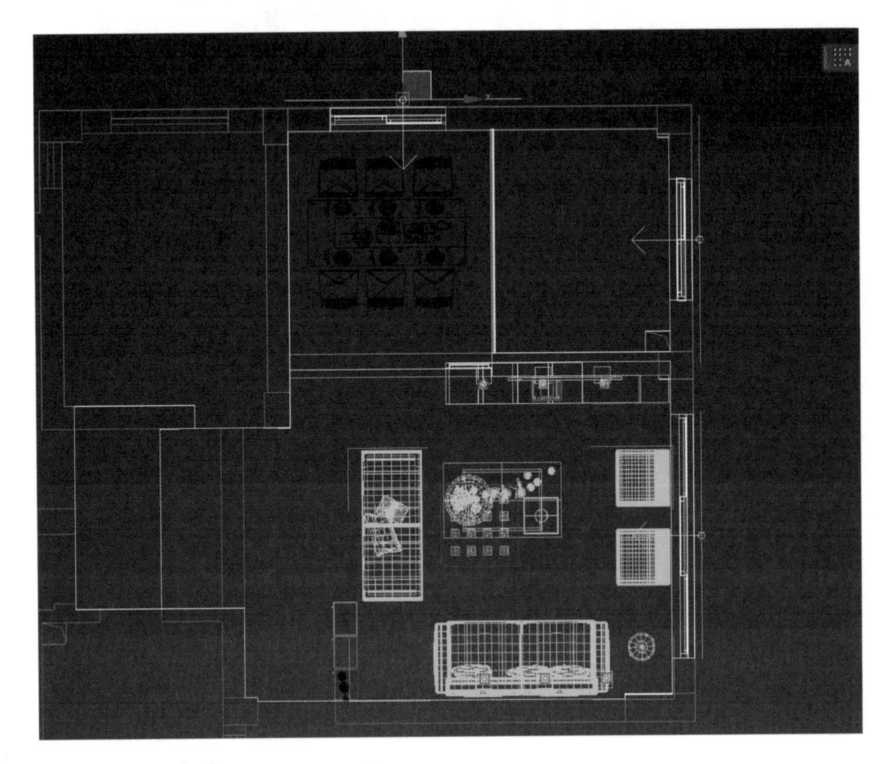

图 5-104　移动 VRayLight002

图 5-105 照相机视图

图 5-106 实体轮廓图

⑬ 切换到顶视图，在餐桌顶灯位置创建一个 VRayLight 灯光，半长、半高分别设为“140.0 mm、120.0 mm”，颜色改成“米黄色”，如图 5-107 所示。

⑭ 在“克隆选项”对话框中选中“实例”单选钮，复制出另 3 个 VRayLight 灯光，切换到前视图，将 3 个 VRayLight 灯光移动到餐厅灯的位置，紧贴灯线下方，如图 5-108 所示。

⑮ 选中“餐厅地台”和“地台底”，隐藏其他所有物体，如图 5-109 所示。

⑯ 在“地台底”处，设置一个 VRayLight 灯光，半长、半高分别为“1 500.0 mm”“6.0 mm”，倍增器设为“2.0”，颜色改为淡黄色（红 250、绿 250、蓝 150），如图 5-110 所示。

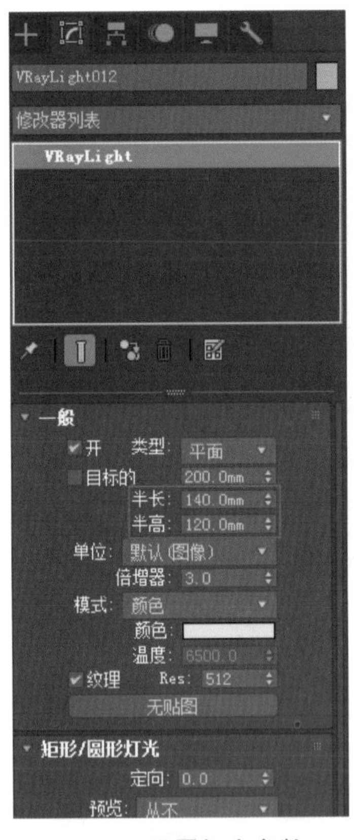

图 5-107　设置灯光参数

图 5-108　移动 3 个 VRayLight 灯光

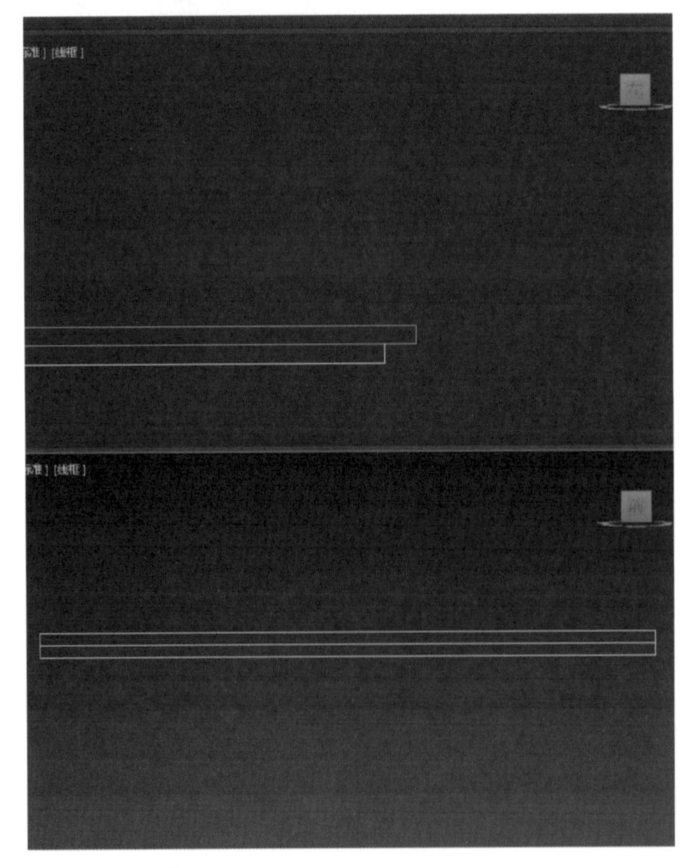

图 5-109　选中

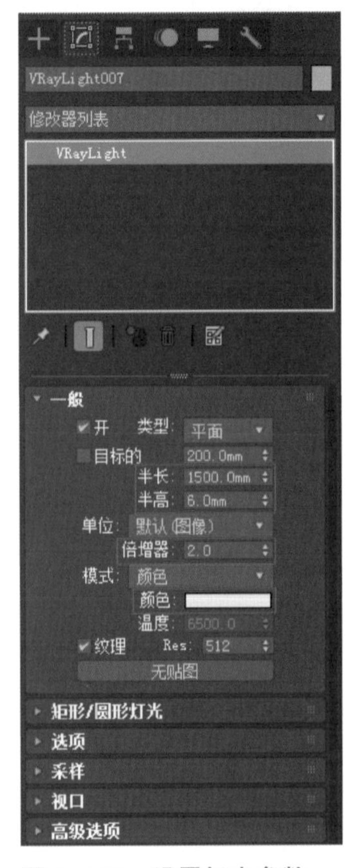

图 5-110　设置灯光参数

⑰ 将灯光旋转 45°，安放到如图 5-111 所示的位置。进入“修改命令”面板，选择“选项”卷展栏，选中“不可见”选项。

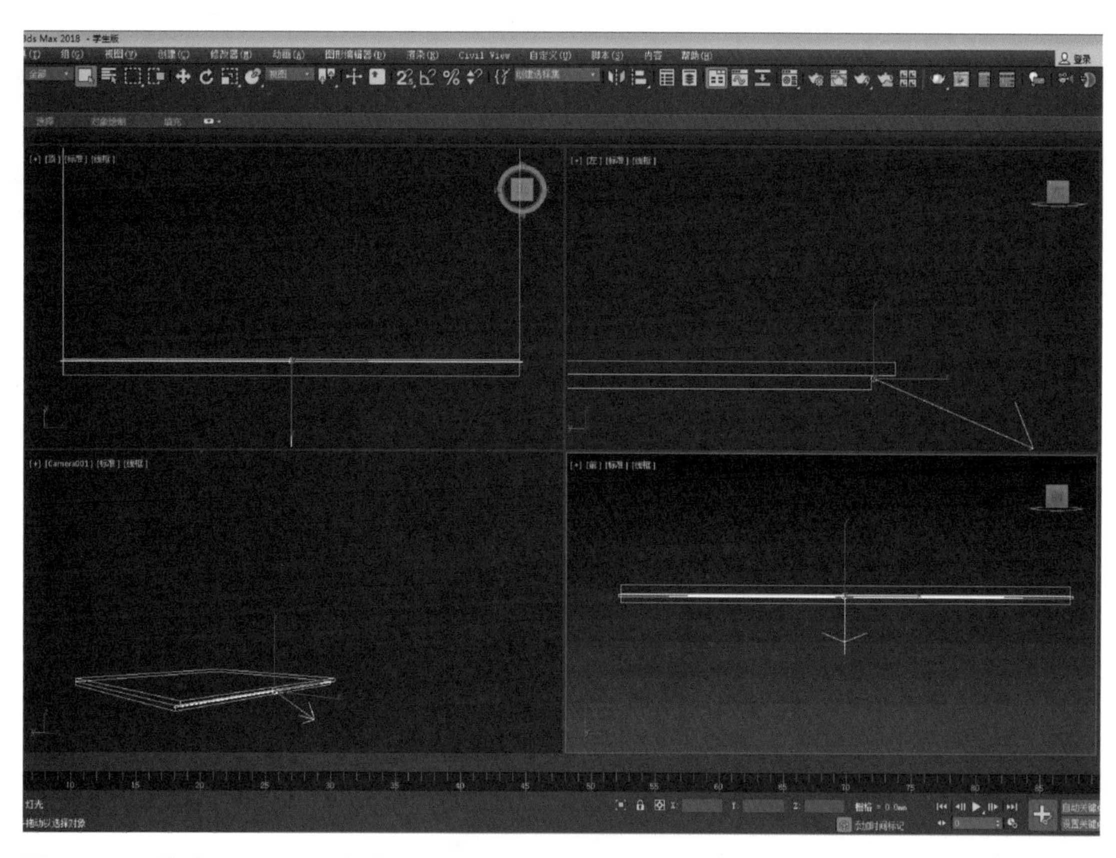

图 5-111 移动 VRayLight 灯光

⑱ 打开所有隐藏，选中“沙发组合”，如果没有成组，单击菜单栏的“组→关闭”按钮，在“隐藏”卷展栏中单击“隐藏未选定对象”按钮，如图 5-112。

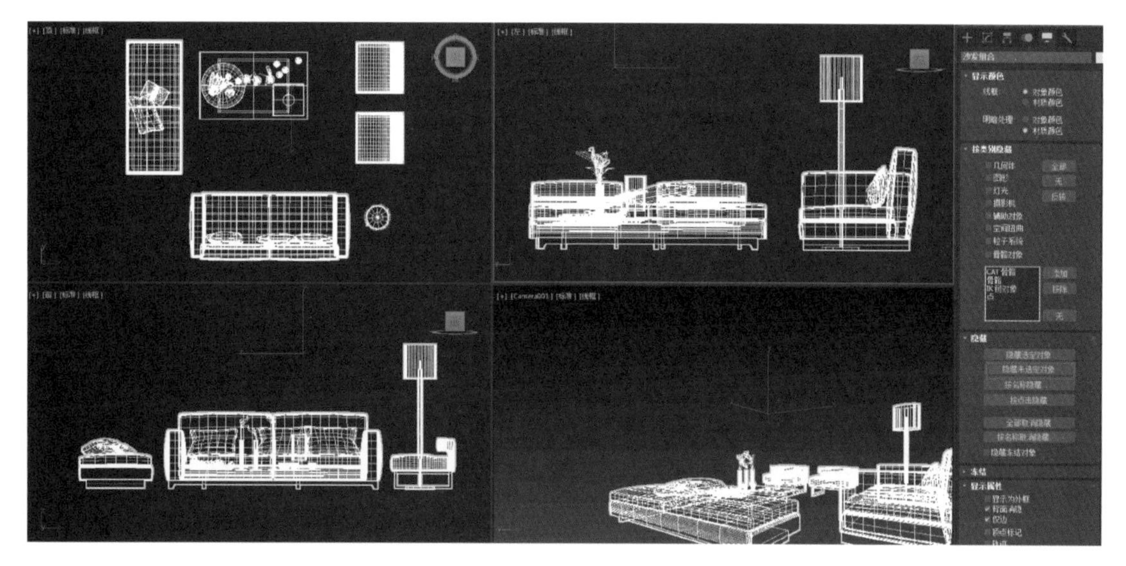

图 5-112 单击“隐藏未选定对象”按钮

⑲ 在灯光面板中将光学度改为“标准”，选择泛光灯，将灯安放在落地灯灯罩内，放置到不锈钢杆子上面，如图 5-113 所示。

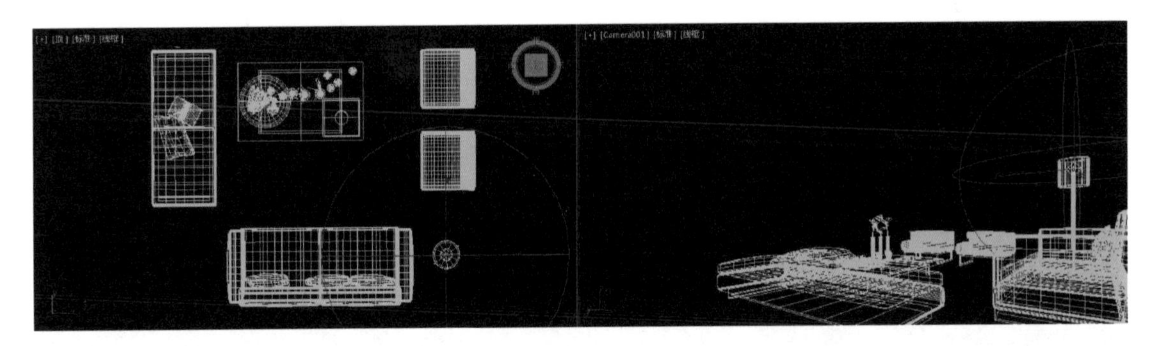

图 5-113　放置泛光灯

⑳ 进入“修改命令”面板，将阴影模式改成 VRay 贴图，在“强度 / 颜色 / 衰减”卷展栏中将倍增改为“0.5”，颜色改为和前面一样的米黄色，在“远距衰减”选中“使用”复选框，开始设置为“0.0 mm”，结束设置为“1 500.0 mm”，如图 5-114 所示。

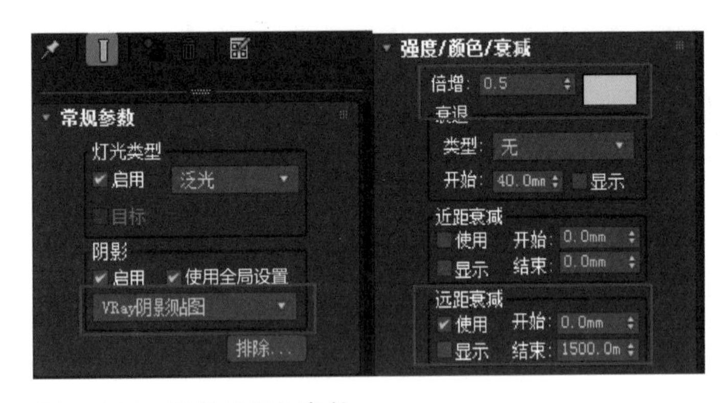

图 5-114　设置泛光灯参数

任务 7　VR 渲染

① 单击“渲染”按钮，将“渲染器”改为“ V-Ray Adv 3.60.03”，如图 5-115 所示。

② 在“ V-Ray”选项卡中，将“类型”改为“块”，其他模式参数使用默认值，如图 5-116 所示。

③ 在“公用”选项卡中，将“输出大小”的宽度、高度分别改为“1 600”“1 000”，然后单击“渲染”按钮，如图 5-117 所示。

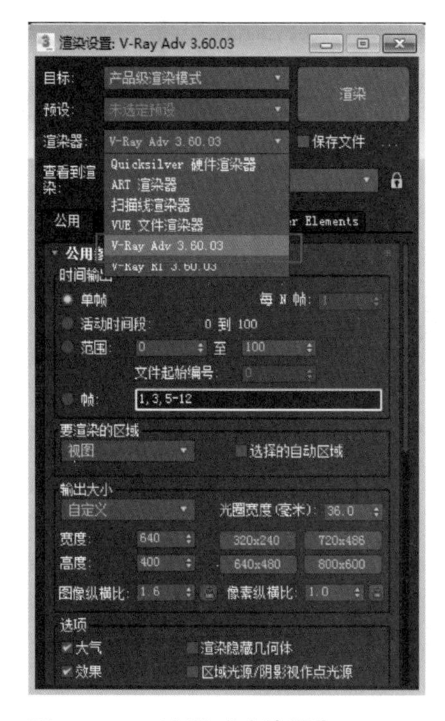

图 5-115　设置“渲染器”

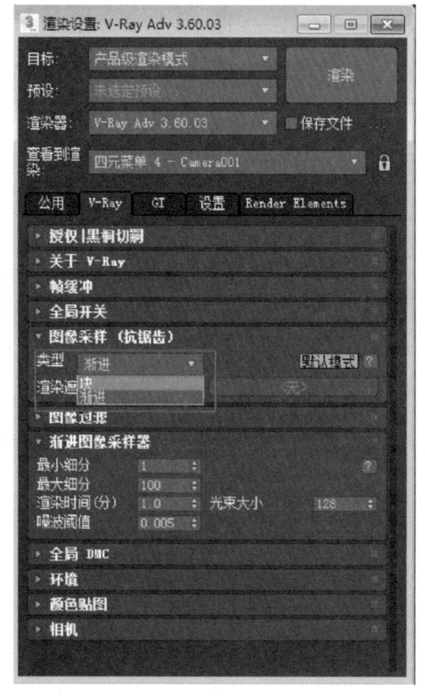

图 5-116　设置“类型”参数

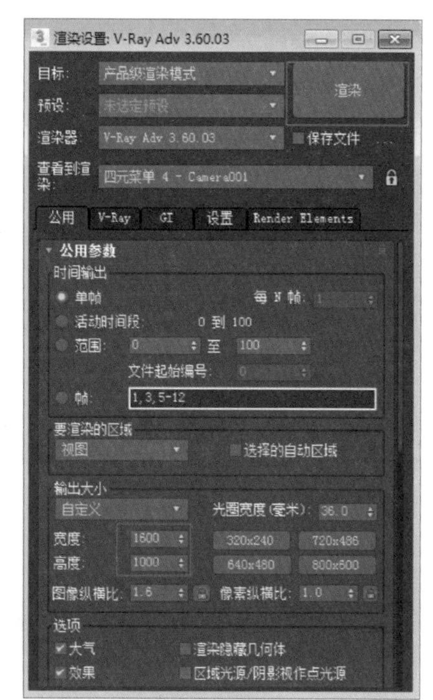

图 5-117　设置“输出大小”参数

④ 等待软件完成渲染，渲染过程如图 5-118 所示。

图 5-118　渲染过程

⑤ 最终效果图如图 5–119 所示。单击“储存”按钮，在弹出的“保存图像”对话框中，将图像命名为“客厅”，保存成 JPEG 格式，如图 5–120 所示。

图 5–119　最终效果图

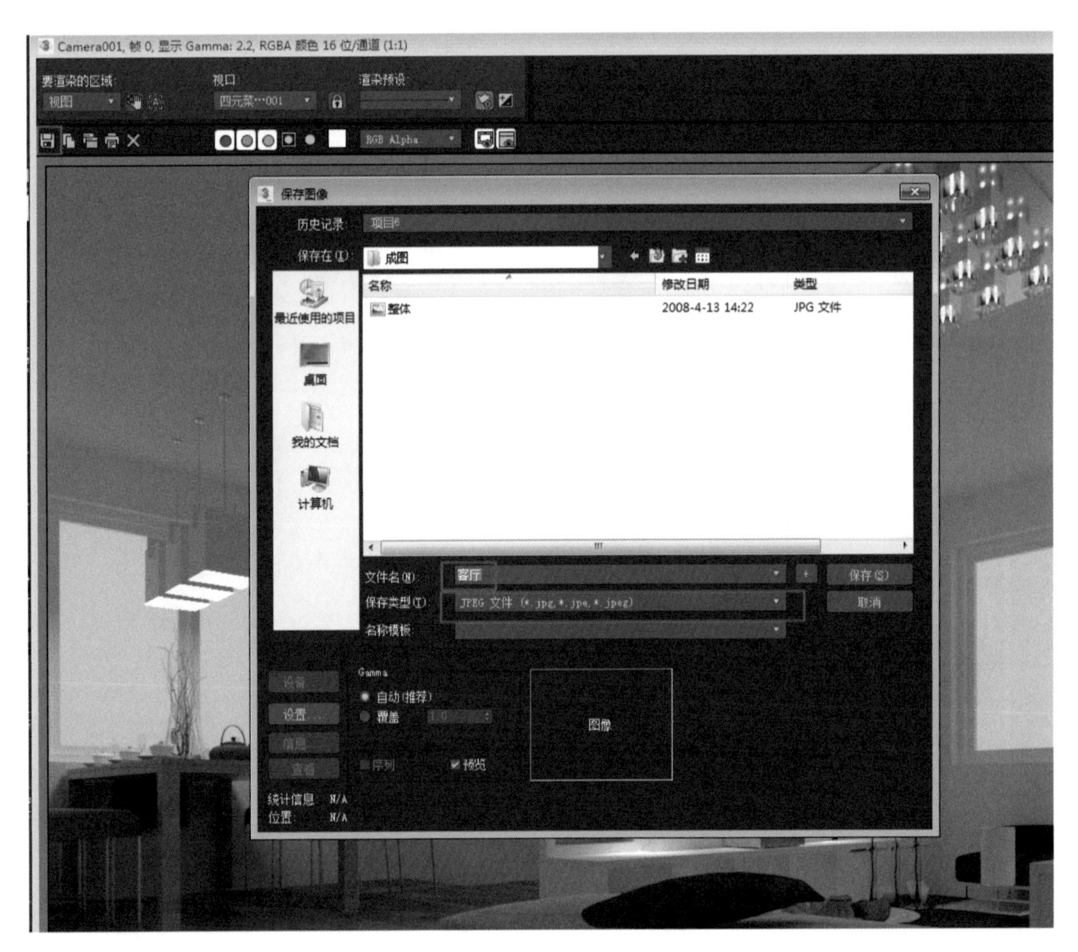

图 5–120　保存图像

课后练习

1. 参考书中实例完成客厅的CAD导入、单面建模、室内部分窗、电视机背景、基础家具建模、材质贴图。
2. 参考书中实例完成家具、灯具的导入，VR材质设置，学习导入VR材质设置的运用方法。
3. 参考书中实例完成VR灯光、照相机的设置，学习VR灯光创建、广域网的运用方法。
4. 参考书中实例完成VR渲染设置，渲染出图，学习VR渲染面板的设置及出图设置。
5. 运用3ds Max软件完成一幅餐厅的效果图制作。

项目 6　制作总经理办公室效果图

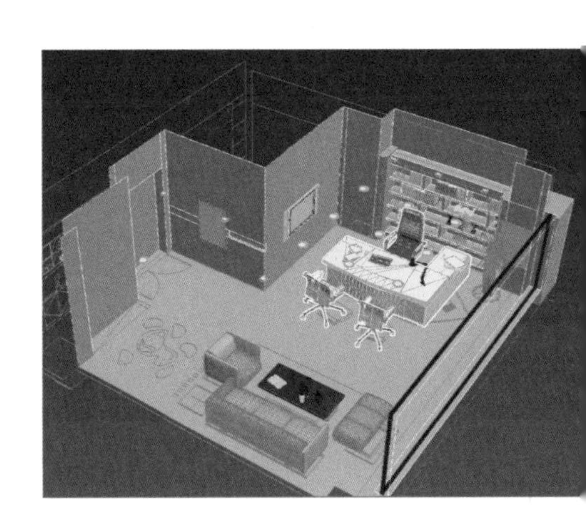

前几个项目学习了教室、家装的效果图制作，本项目将进入办公室工装的效果图制作环节。

任务 1　导入总经理办公室 CAD

① 首先设置单位为毫米，选择“文件”菜单中“导入”命令。

② 在弹出的“选择要导入的文件”对话框中，选择“文件类型”下拉列表中的“AutoCAD 图形（*.DWG，*.DXF）”格式，找到 Abook 资源中的“项目 6\CAD 文件中 \ 地面 .dwg”，单击“打开”按钮，如图 6–1 所示。

图 6–1　导入“地面 .dwg”文件

③ 切换到顶视图，在 3ds Max 窗口中可以看见房间的 CAD 图形已经导入，如图 6–2 所示。

④ 选中地面 CAD 图形，右键单击“移动”按钮，在弹出的对话框中将世界 Z 改为“0”，将它们合并成组，命名为“地面 CAD”，如图 6–3 所示。“X/Y”改为“0/0”，这样 CAD 图形就放在世界坐标中心了。

⑤ 打开“冻结命令”面板，单击“冻结选定对象”按钮。由于 CAD 在这里只是起到辅助作用，而在这个效果图里模型比较多，所以为了防止在建模时误选而造成不必要的麻烦，将它冻结。

⑥ 选择“文件”菜单中的“导入”命令，继续导入“背景立面 .dwg”文件，如图 6–4 所示。

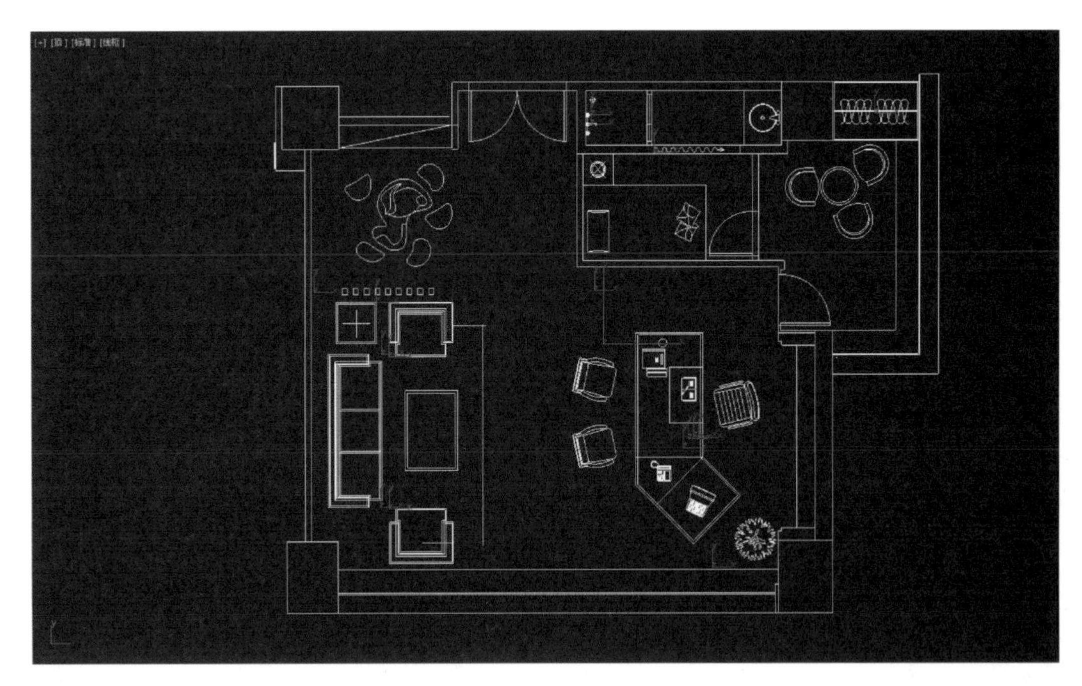

图 6–2　已导入的 CAD 图形

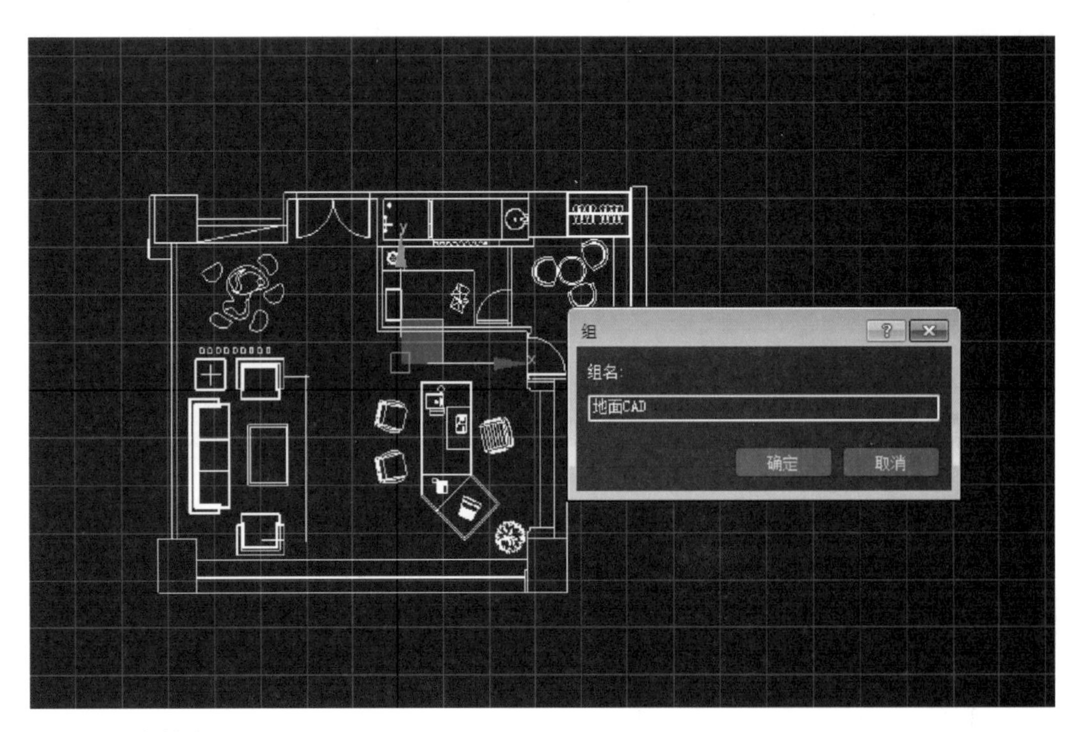

图 6–3　合并成组

⑦ 选中背景立面 CAD 图形，将它们合并成组，命名为“背景立面”。

⑧ 单击“角度捕捉”按钮，单击右键，在弹出的对话框中，将“选项”选项卡→“角度”改为“90.0”(度)，选中“捕捉到冻结对象”复选框，如图 6–5 所示。

⑨ 单击“旋转”按钮，单击鼠标右键，在弹出的对话框中将“Z”改为“90.0”，如图 6–6 所示，将“背景立面”按照 Z 轴旋转 90°。

图 6–4 导入“背景立面 .dwg”文件

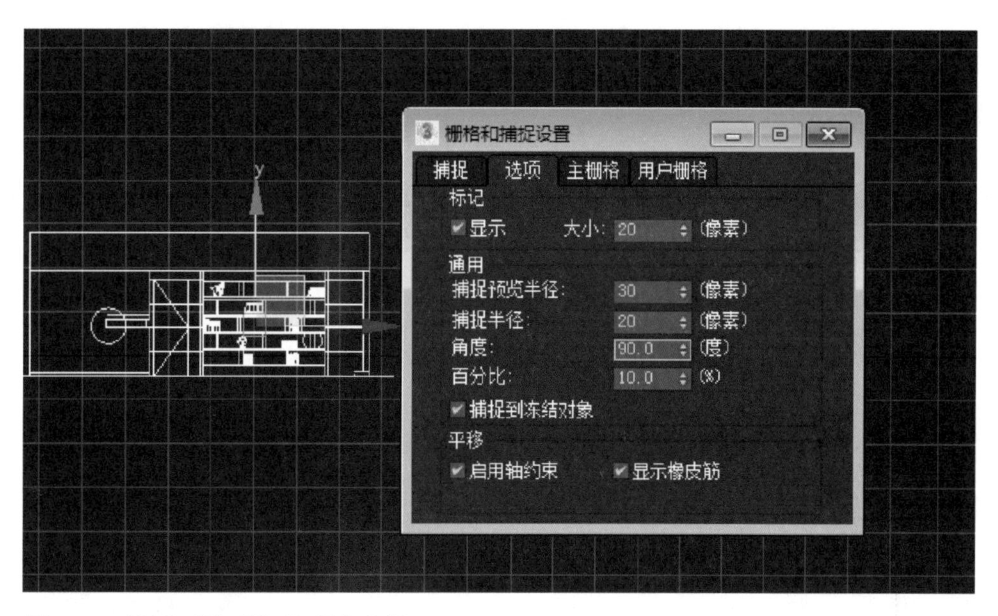

图 6–5 设置“选项”选项卡参数

⑩ 同样，将“Y”改为“90.0”，如图 6–7 所示，将“背景立面”按照 Y 轴旋转 90°。

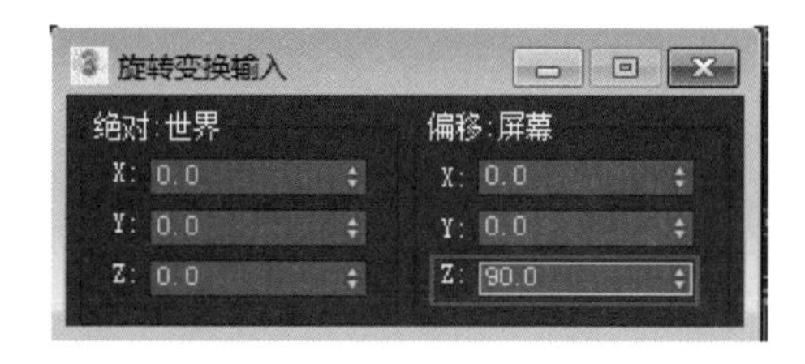

图 6–6 设置“Z”参数

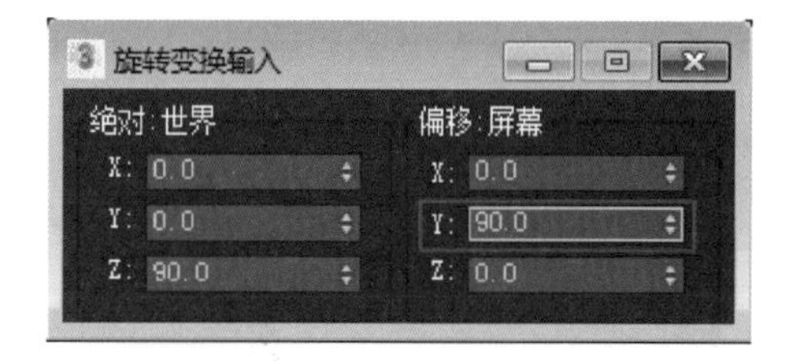

图 6–7 设置“Y”参数

⑪ 单击“镜像”按钮 ，在弹出的对话框中选择“ Y 轴”，将“背景立面”按照 Y 轴镜像。

⑫ 切换到透视视图，单击“捕捉”按钮，从 3 维捕捉切换到 2.5 维捕捉，将“背景立面”移动到总经理办公室墙面的位置，注意立面和平面要对齐，如图 6–8 所示。

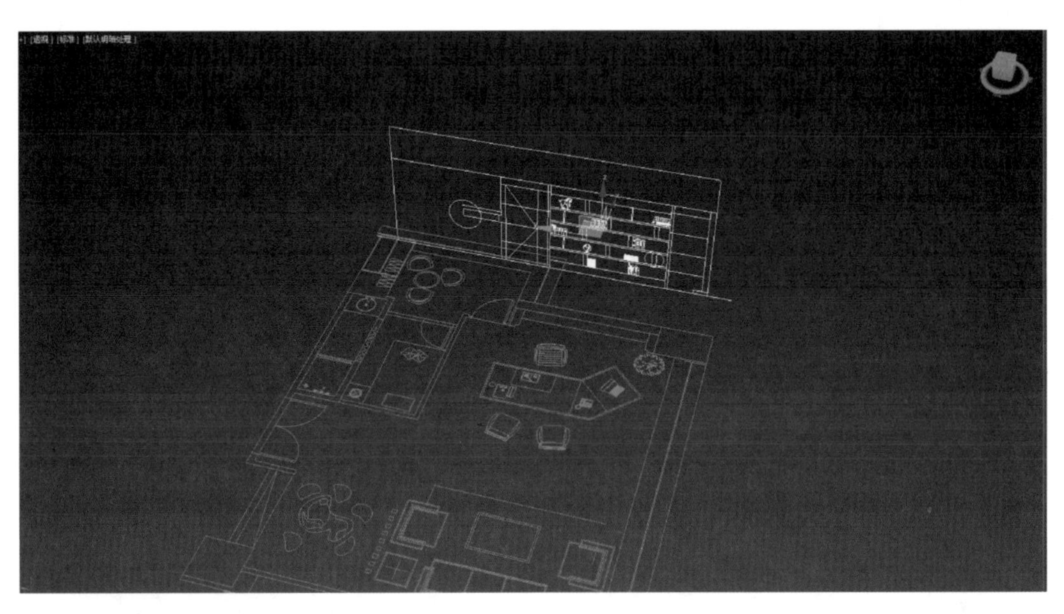

图 6–8　移动“背景立面”

⑬ 同样方法将“门立面”导入，成组，并将门立面安放到合适位置，如图 6–9 所示。

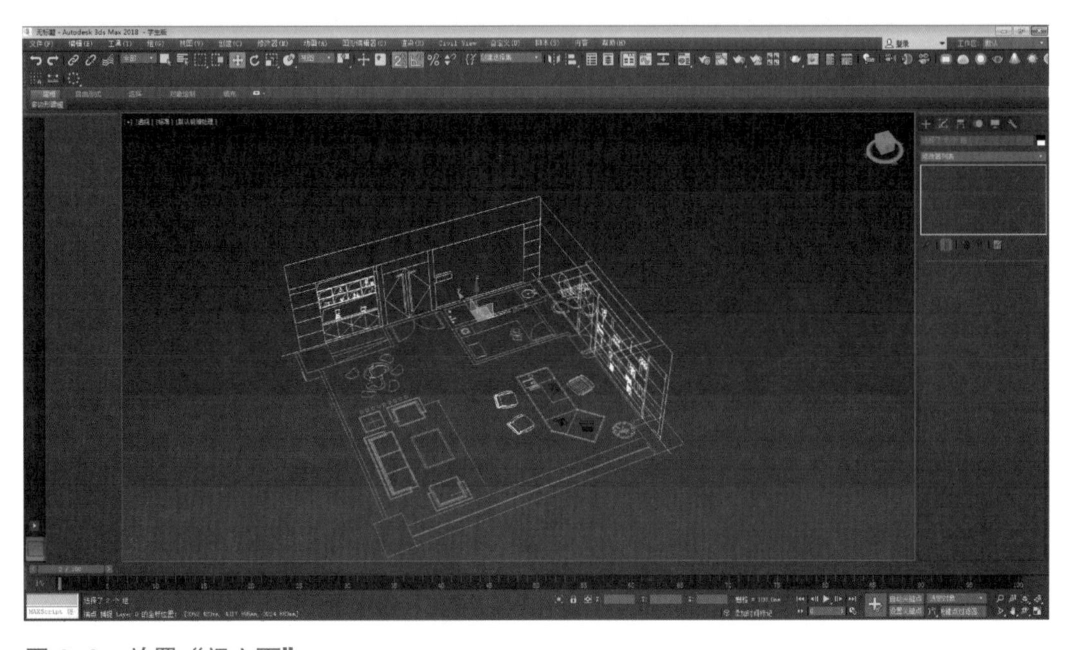

图 6–9　放置“门立面”

任务 2　创建模型

① 将两个立面隐藏，切换到顶视图，在创建命令面板中单击“线”按钮，沿总经理办公室内墙勾线，如图 6–10 所示。

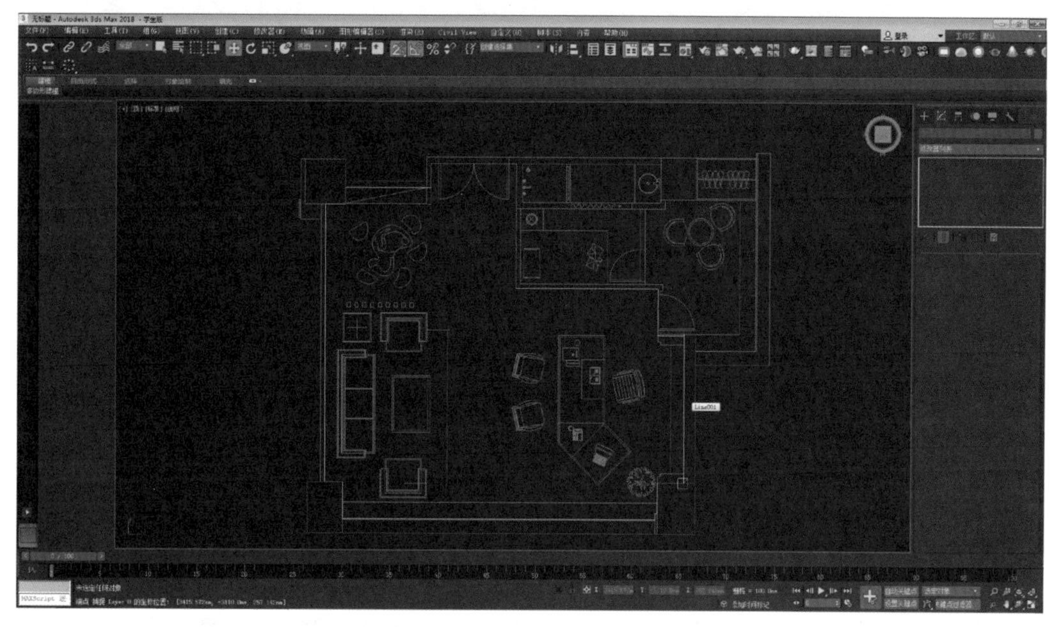

图 6–10　沿总经理办公室内墙勾线

② 单击“修改命令面板”按钮，在“修改器列表”中选择“挤出”选项，在“参数”卷展栏中设置“数量”为“3 280.0 mm”，使房子有一定高度，如图 6–11 所示，命名为“房子墙体”，并将颜色设置为“白色”。

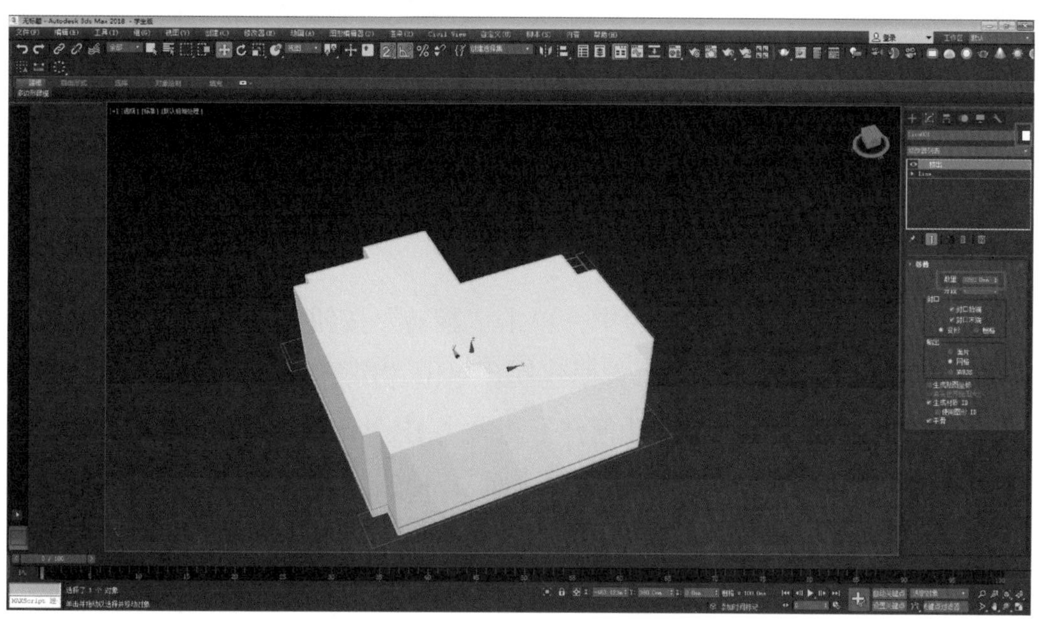

图 6–11　设置“数量”参数

③ 选中房子墙体，单击右键，在弹出的快捷菜单中选择“转换为：”→“转换为可编辑多边形”命令，如图 6–12 所示。

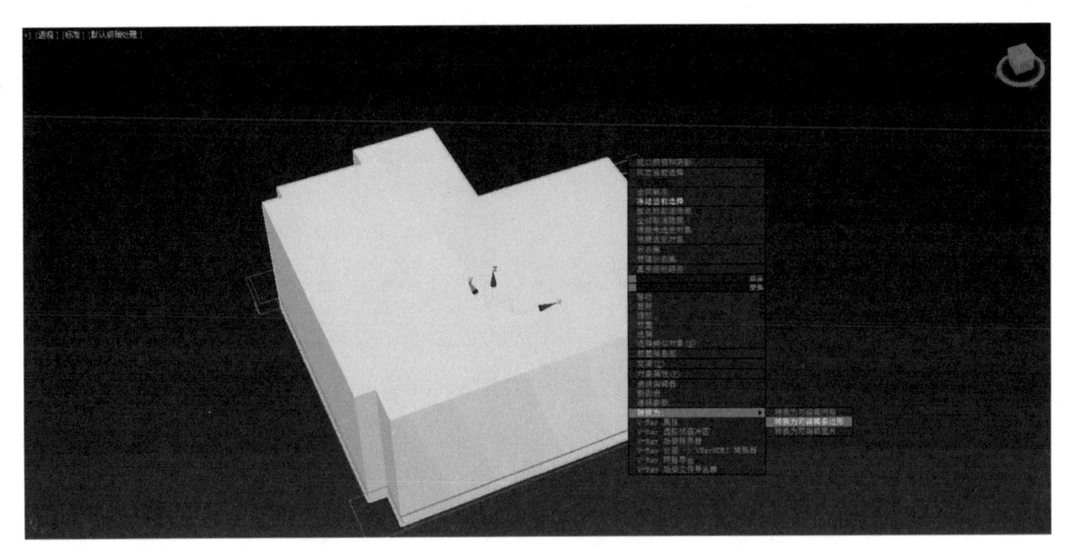

图 6–12　选择“转换为可编辑多边形”命令

④ 按〈4〉键，选中要编辑的多边形，选中“房子墙体”所有的面，选中的面呈红色，如图 6–13 所示。

图 6–13　选中“房子墙体”所有的面

⑤ 在“编辑多边形”卷展栏中，单击“翻转”按钮，将房子模型的面翻转，这样就可以看见里面的对象了，方便建模。单击“房子墙体”的地面部分，选中的地面部分呈红色。在“编辑几何体”卷展栏中单击“分离”按钮，在弹出的“分离”对话框中将“分离为”设为“地面”，单击“确定”按钮，这样“地面”就从“房子墙体”中分离出来了，如图 6–14 所示。

⑥ 按〈 F10〉键打开渲染面板，在“渲染器”下拉列表中选择“ V–Ray Adv 3.60.03”选项，如图 6–15 所示。

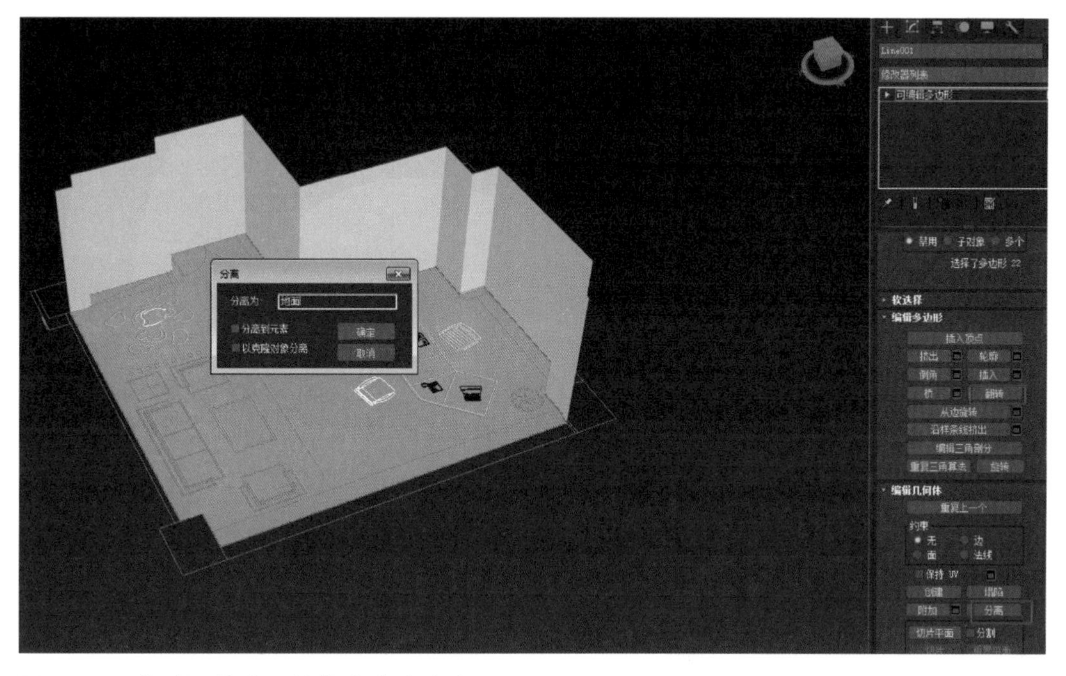

图 6–14　将地面从房子墙体中分离出来

⑦ 出现“V–Ray”选项卡，如图 6–16 所示。这样才可以在“材质编辑器”对话框→“材质”选项区设置 V–RayMtl 材质。

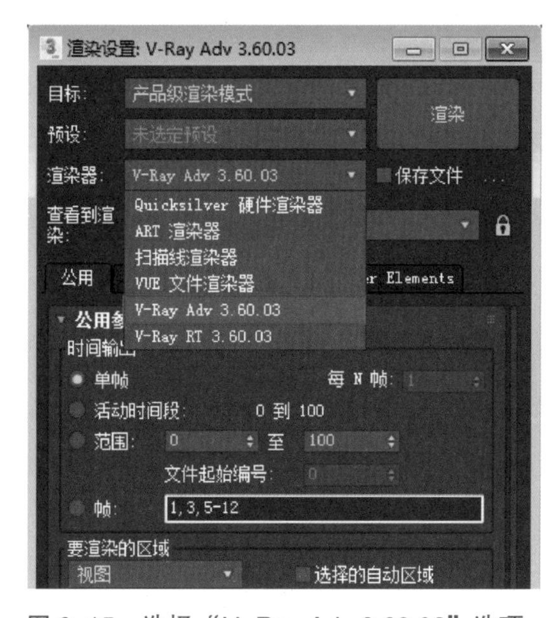

图 6–15　选择“V–Ray Adv 3.60.03”选项

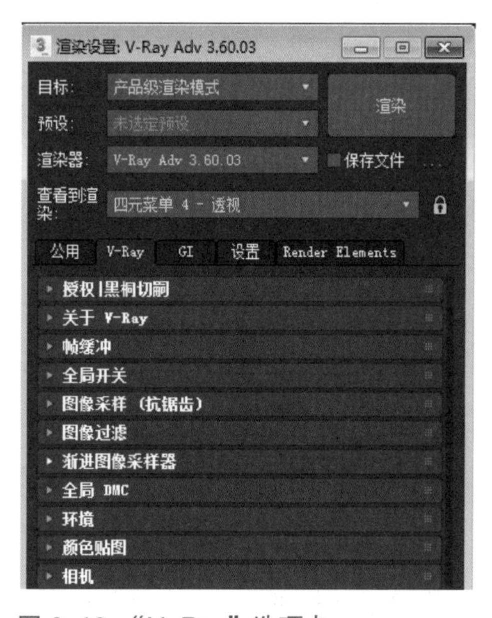

图 6–16　“V–Ray”选项卡

⑧ 打开“材质编辑器 – 地面材质”对话框，将第 1 个材质球命名为“地面”，并赋予“地面”。单击“物理材质”按钮，在弹出的“材质 / 贴图浏览器”对话框中选择“材质”→“V–Ray”→“VRayMtl”，如图 6–17 所示。地面采用 600 mm × 600 mm 米黄色抛光砖，下面详细设置这个材质。

图 6–17 选择“VRayMtl”材质

⑨ 选择“基本参数”卷展栏，将“漫反射”颜色改为米黄色（红 255、绿 240、蓝 220），如图 6–18 所示。

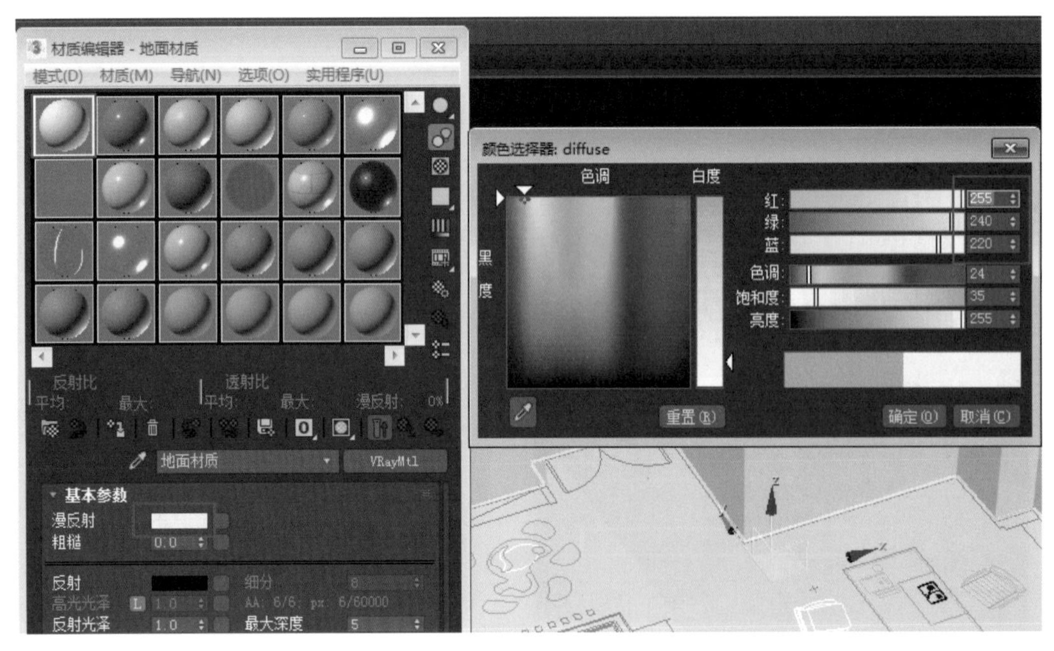

图 6–18 设置“漫反射”颜色

⑩ 将顶面分离出来，命名为“顶”。打开“材质编辑器”窗口，将第 2 个材质球命名为“乳胶漆”，并赋予“顶”。同样，将该材质赋予“房子墙体”。

⑪ 隐藏“地面”和“顶”，按〈 P 〉键，切换到透视视图，将视图旋转到如图 6–19 所示的位置。

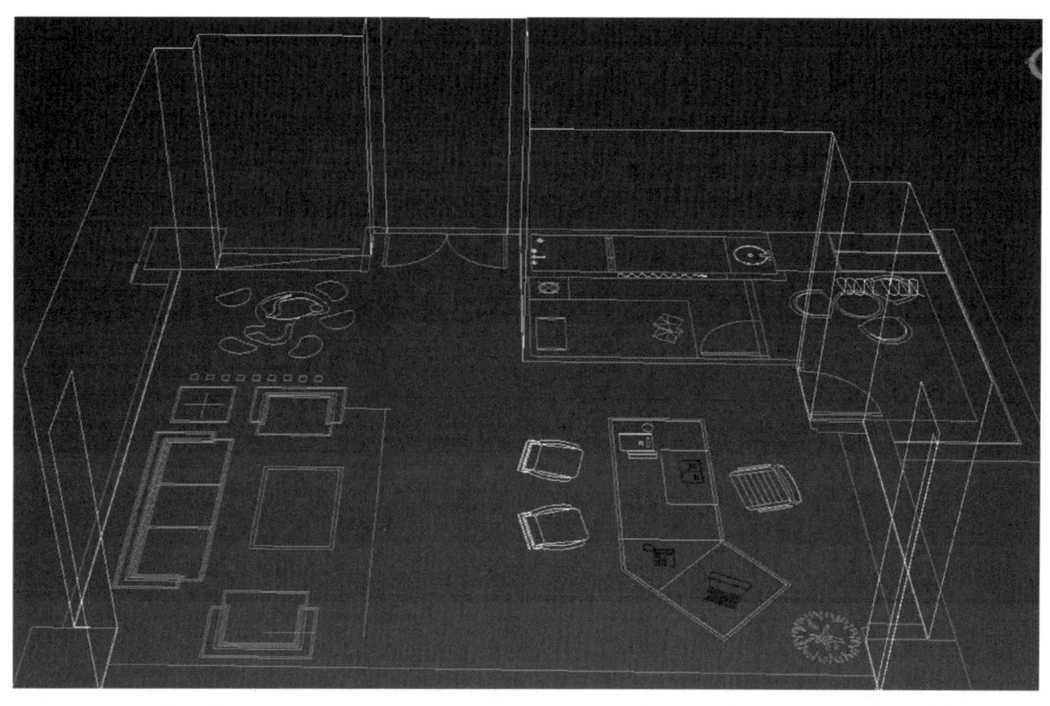

图 6-19　旋转视图

⑫ 右键单击透视视图左上角的标签，选择“线框”命令，进入修改命令面板，按〈2〉键，在“选择”卷展栏中单击“边”按钮。单击如图 6-20 所示的两条线，选中的线呈红色。

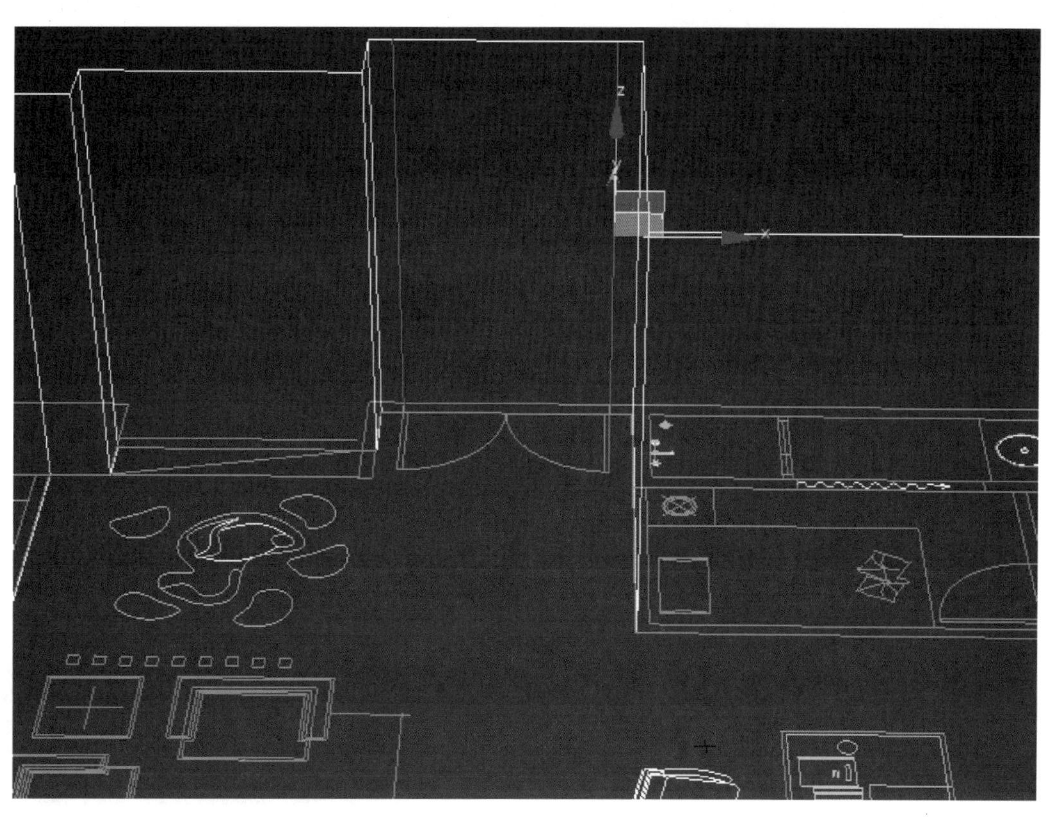

图 6-20　选中两条线

⑬ 在“编辑边”卷展栏中单击“连接”按钮，在弹出的“连接边”对话框中将“连接边—分段”设为“1”，单击“确定”按钮，在刚才选中的两条线间再连接一条线，将面分成两部分，如图 6–21 所示。

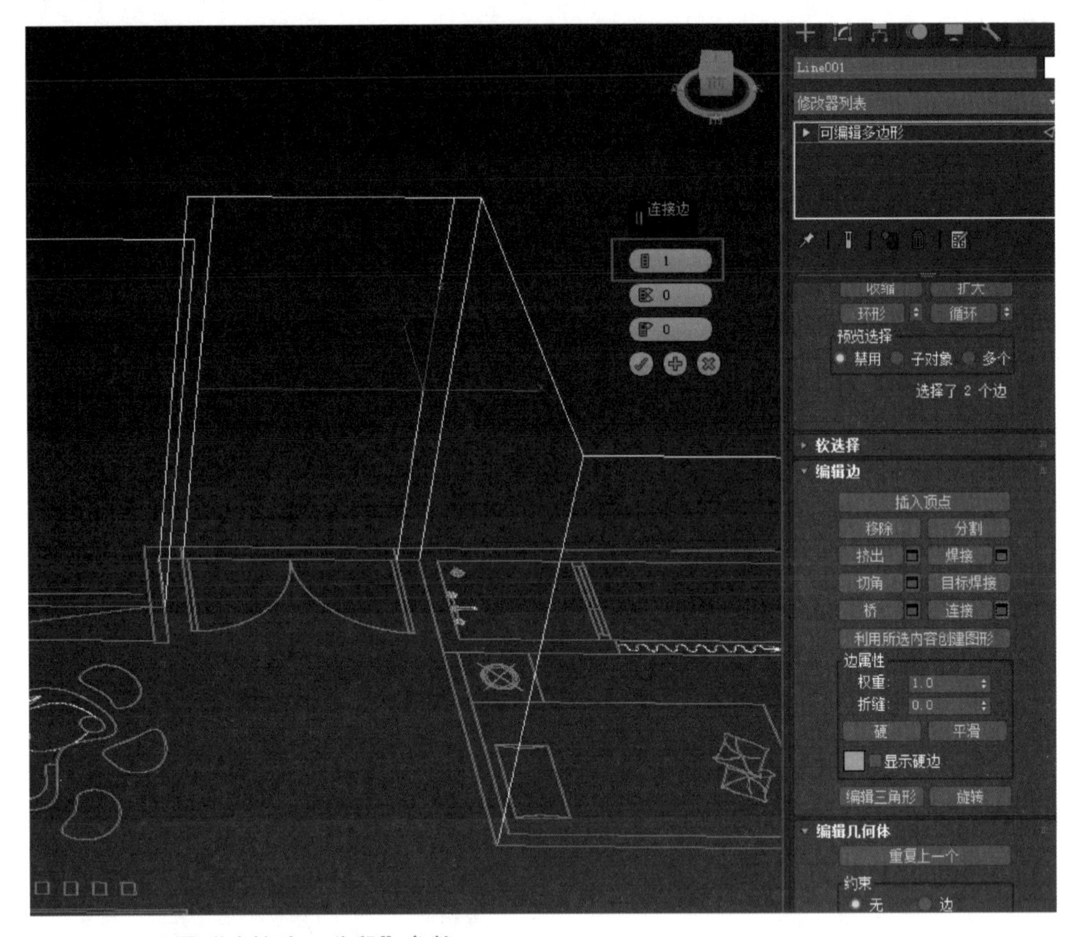

图 6–21　设置“连接边—分段”参数

⑭ 选中刚刚连接的那条线，单击工具栏上的“对齐”按钮，在视图中选中“房子墙体”，弹出“对齐子对象当前选择”对话框。在对话框中将选中的线和“房子墙体”的对齐位置设置为“Z 位置—最小”，单击“确定”按钮，使线与墙体最低点对齐。

⑮ 右键单击工具栏上的“移动”按钮，弹出“移动变换输入”对话框，在“偏移 : 世界”选项区中将“Z”改为“2 400.0 mm”，如图 6–22 所示。

⑯ 按〈4〉键或者单击“选择”卷展栏中的“多边形”按钮，选中两条线之间的面，在“编辑多边形”卷展栏中单击“挤出”按钮，在弹出的“挤出多边形”对话框中将“挤出多边形—挤出高度”设为“ –280.0 mm”，单击“确定”按钮，如图 6–23 所示。

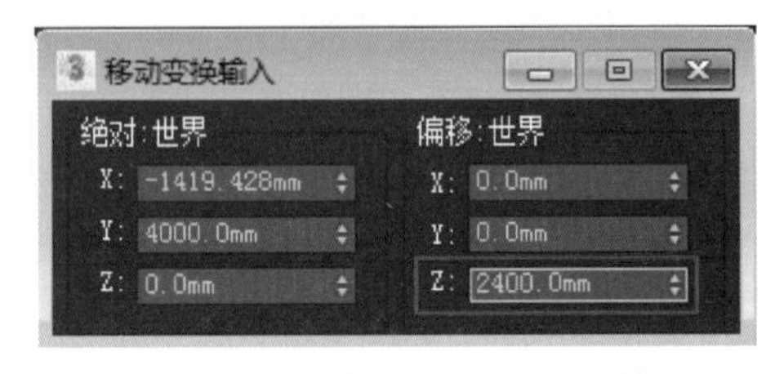

图 6–22　“移动变换输入”对话框

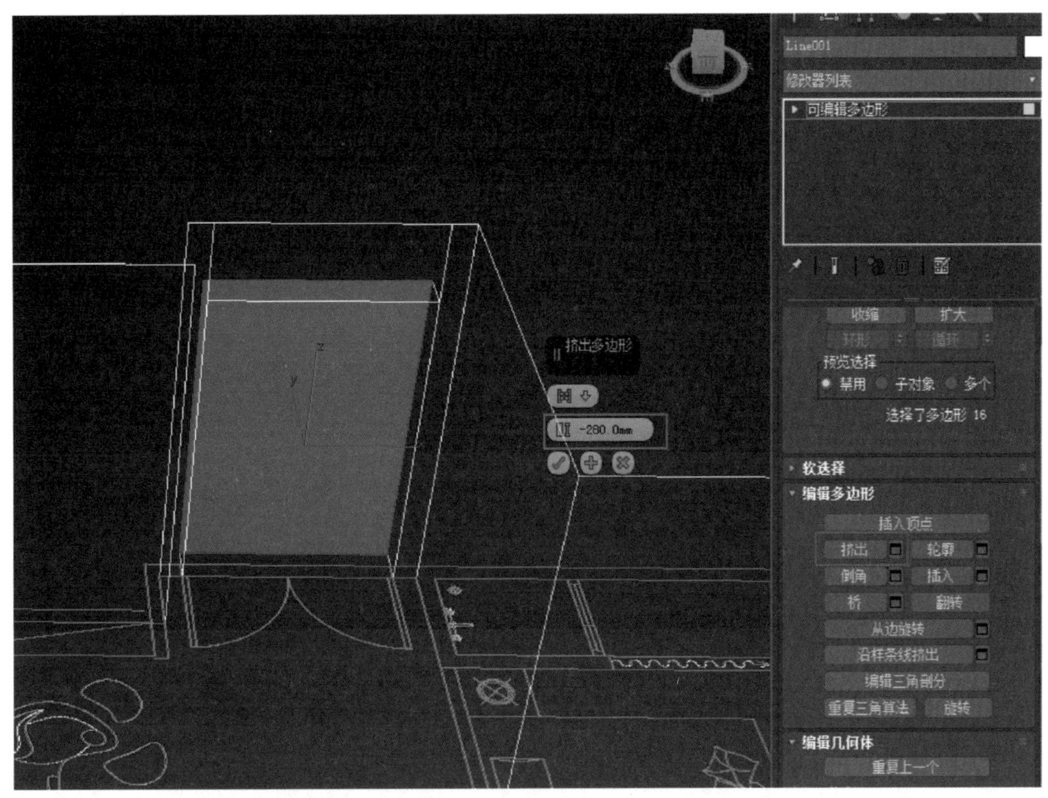

图 6-23　设置“挤出多边形—挤出高度”参数

⑰ 隐藏所有对象，在显示面板的“隐藏”卷展栏中单击“按名称取消隐藏”按钮，在弹出的对话框中选择“背景立面”，如图 6-24 所示。

图 6-24　取消隐藏“背景立面”

⑱ 切换到左视图，将“背景立面”最大化。根据立面 CAD 把书架上的横隔板创建出来，命名为“横隔板 1”，长、宽、高分别设为“40.0 mm”“2 880.0 mm”“300.0 mm”，如图 6–25 所示，然后复制出 3 个横隔板。

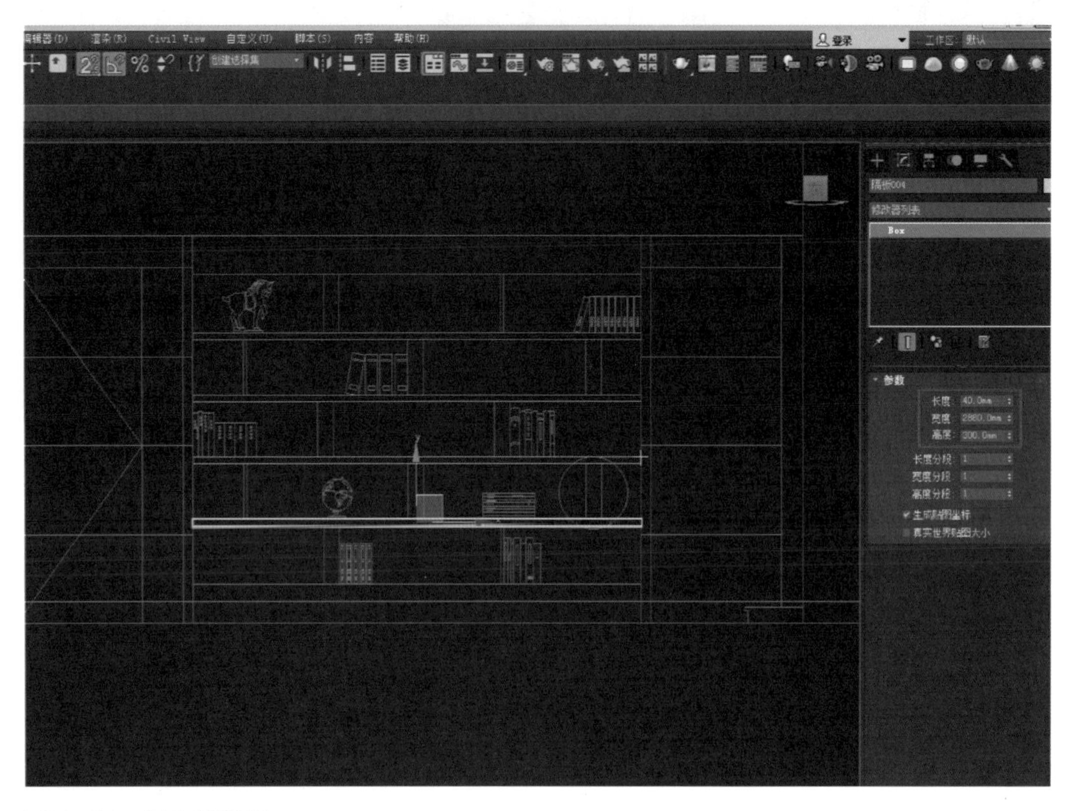

图 6–25　制作横隔板

⑲ 同样创建上下书架的顶和底、竖隔板。隐藏图形，选中所有隔板，合并成组，并命名为“书架”。打开“材质编辑器”窗口，将第 3 个材质球命名为“水曲柳板材”，并赋予“书架”，如图 6–26 所示。

⑳ 取消所有隐藏，隐藏除地面 CAD 外的所有 CAD 图形，切换到透视视图，将“书架”移动到合适位置，如图 6–27 所示。

㉑ 隐藏其他模型和图形，只显示“地面”。切换到顶视图，用线勾勒出书架边上的白橡饰面的假墙，在“样条线”对话框中单击“是”按钮，如图 6–28 所示。进入修改命令面板，挤出 3 000 mm，命名为“白橡假墙 1”。

㉒ 同样，将书架另外一端的白橡饰面的假墙勾勒出来，挤出 3 000 mm，命名为“白橡假墙 2”。打开“材质编辑器”窗口，将第 4 个材质球命名为“白橡”，并赋予“白橡假墙 1”和“白橡假墙 2”。

㉓ 隐藏“书架”、两个“白橡假墙”和“地面”，打开背景立面，切换到透视视图，旋转到如图 6–29 所示的视角。

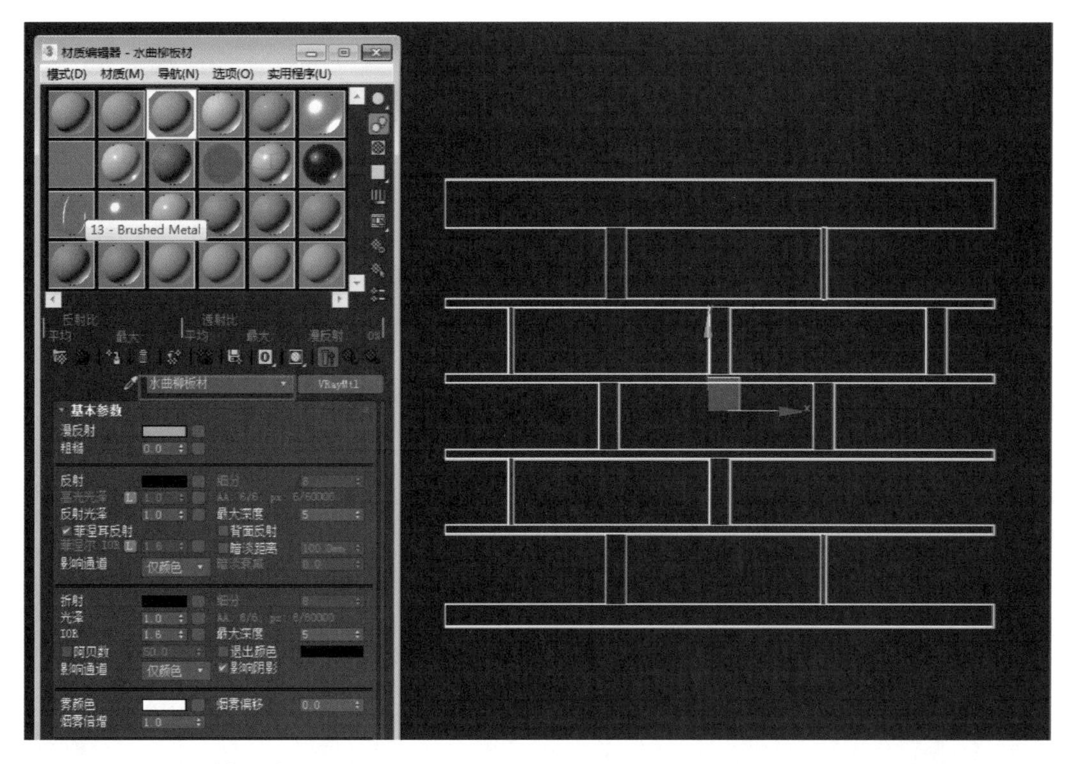

图 6–26　制作“书架”

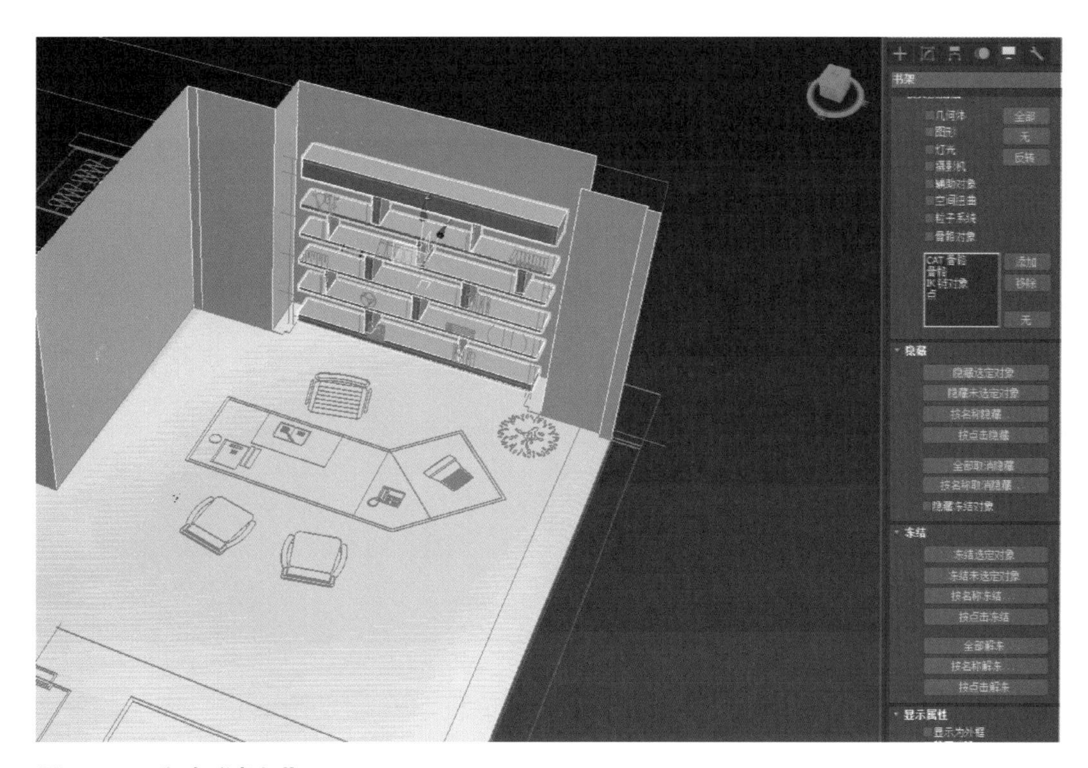

图 6–27　移动“书架”

㉔ 按〈2〉键，在“选择”卷展栏中单击“边”按钮。单击视图，选中如图 6–30 所示的两条线，此时，线呈红色。

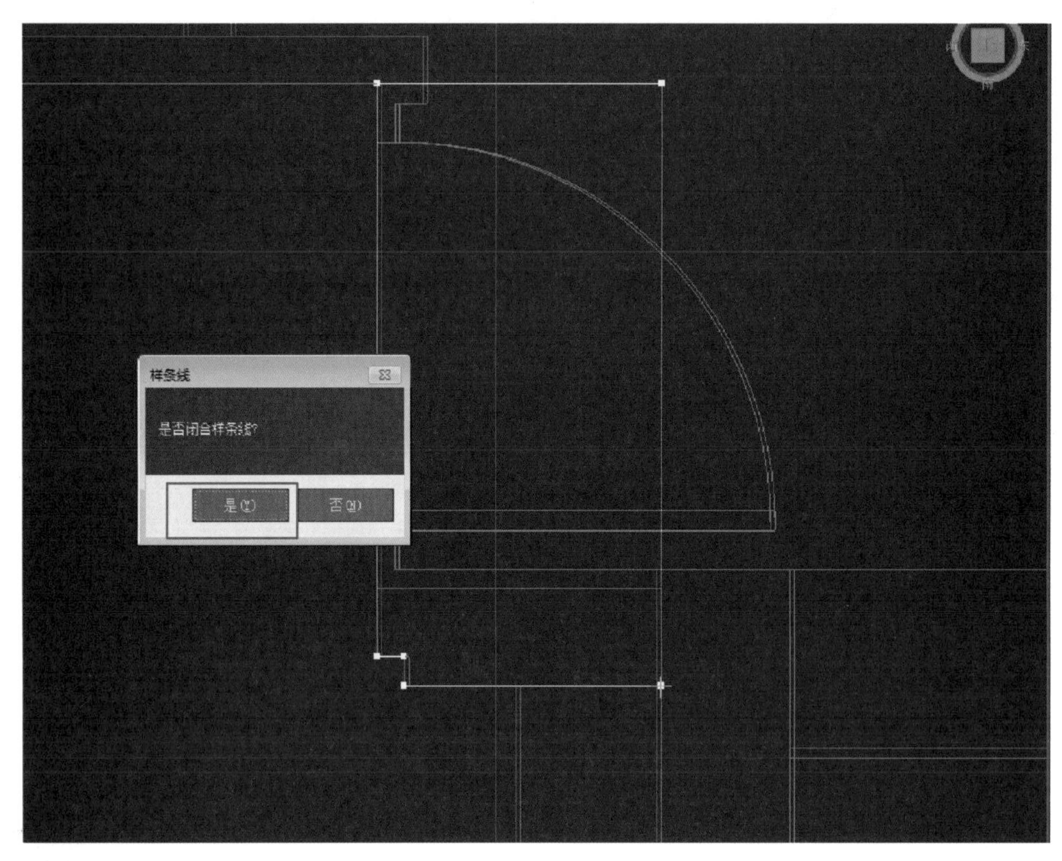

图 6–28 “样条线”对话框

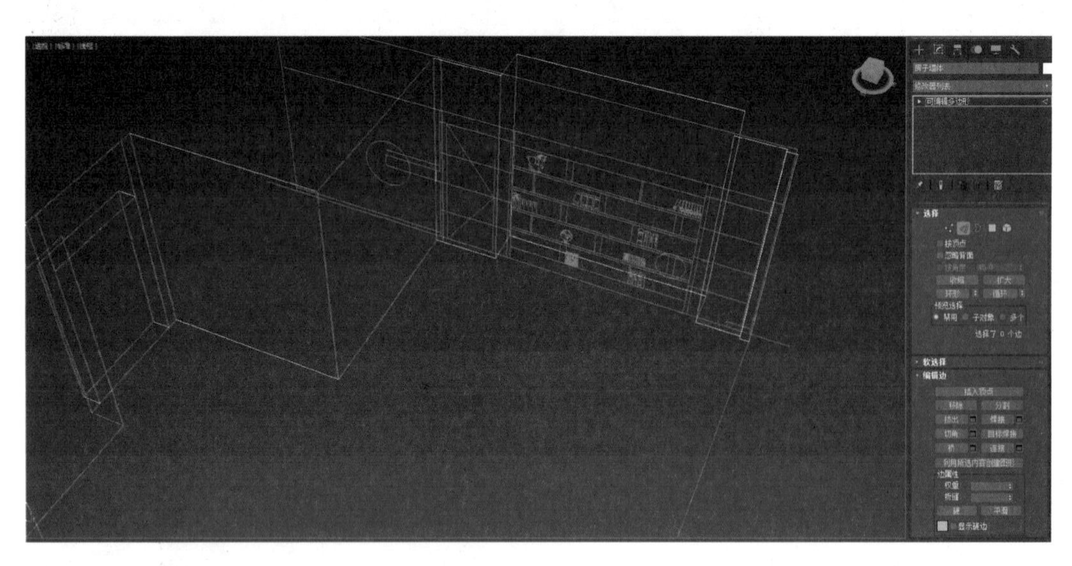

图 6–29 旋转

㉕ 在“编辑边”卷展栏中单击“连接”按钮，在弹出的“连接边”对话框中将“连接边—分段”改为“2”，单击“确定”按钮。在刚才选中的两条线上连接两条线，将面分成三个部分。然后切换到左视图，打开捕捉功能，将两条线移动到背景立面左边墙面开长方形洞的上下两条线的位置，如图 6–31 所示。

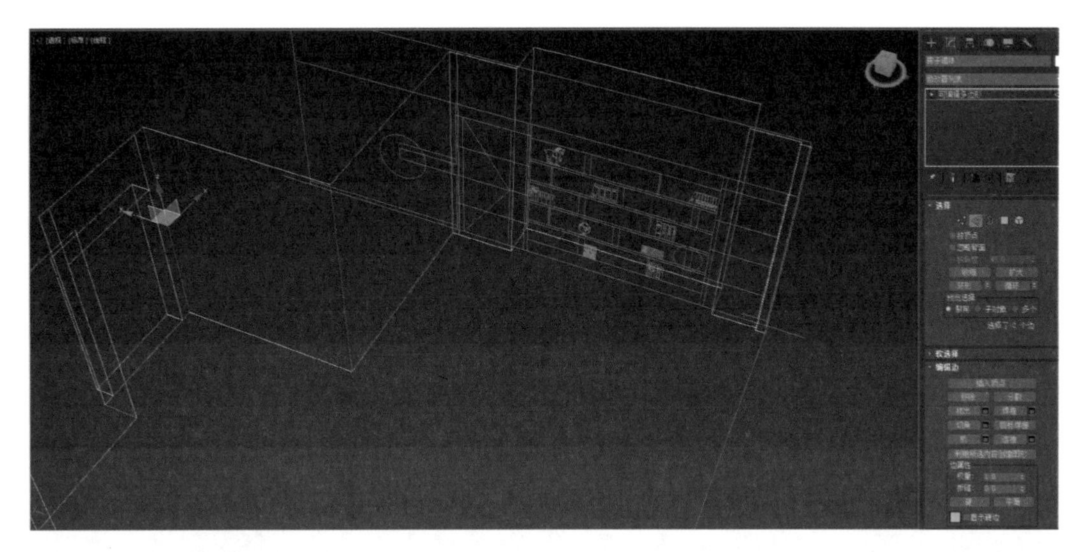

图 6–30　选中两条边

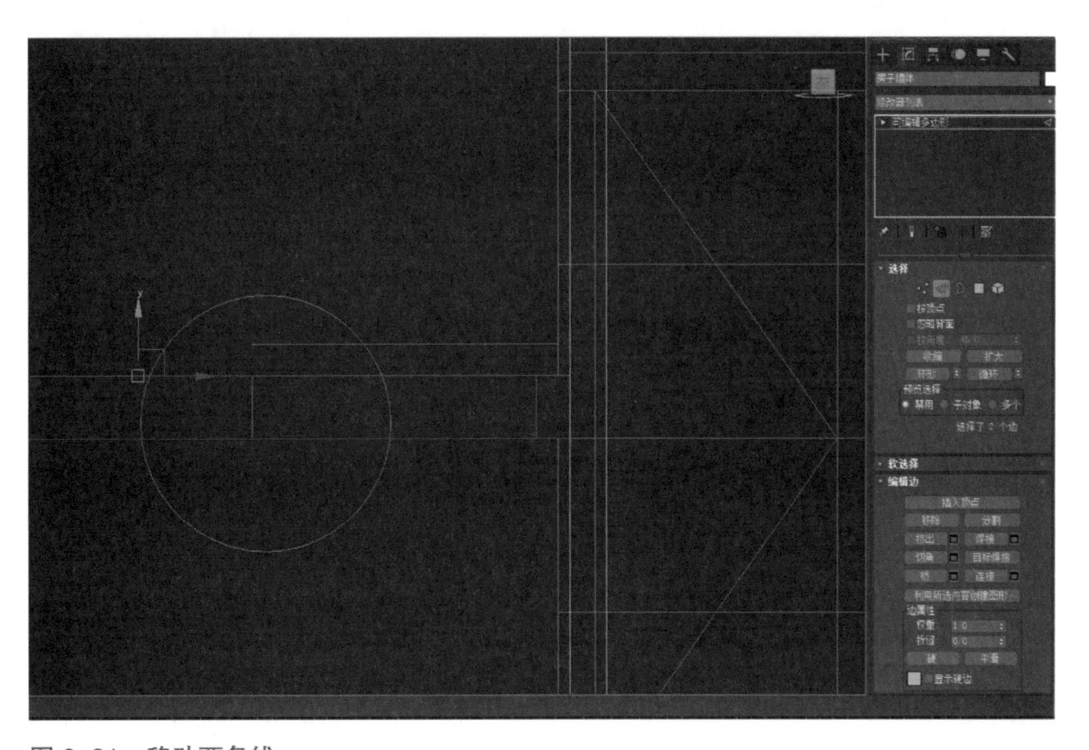

图 6–31　移动两条线

㉖ 选中这两条线，按〈2〉键，在“编辑边”卷展栏中单击“连接”按钮，在弹出的“连接边”对话框中将“连接边—分段”改为“1”，单击“确定”按钮。在刚才选中的两条线上连接一条线，将面分成两个部分。然后打开捕捉功能，沿背景立面移动新连接的这条线到长方形洞左边的边线，如图 6–32 所示。

㉗ 隐藏背景立面，切换到透视视图，旋转到如图 6–33 所示的视角，按〈4〉键，选中需要向内挤出的面。

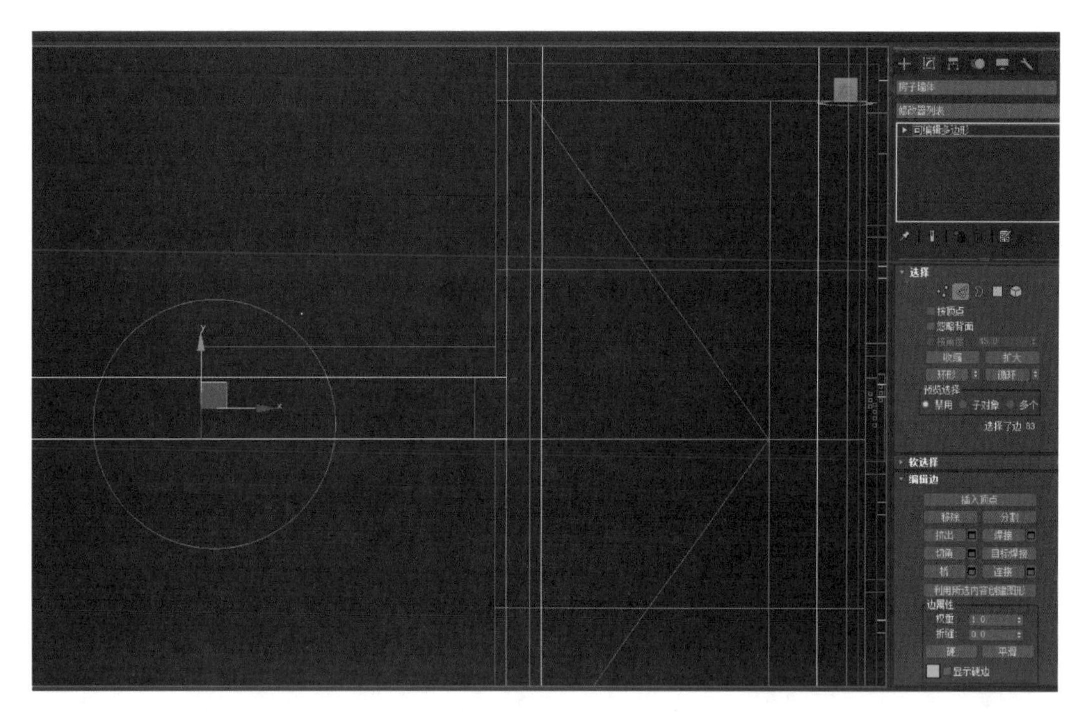

图 6–32　移动一条线

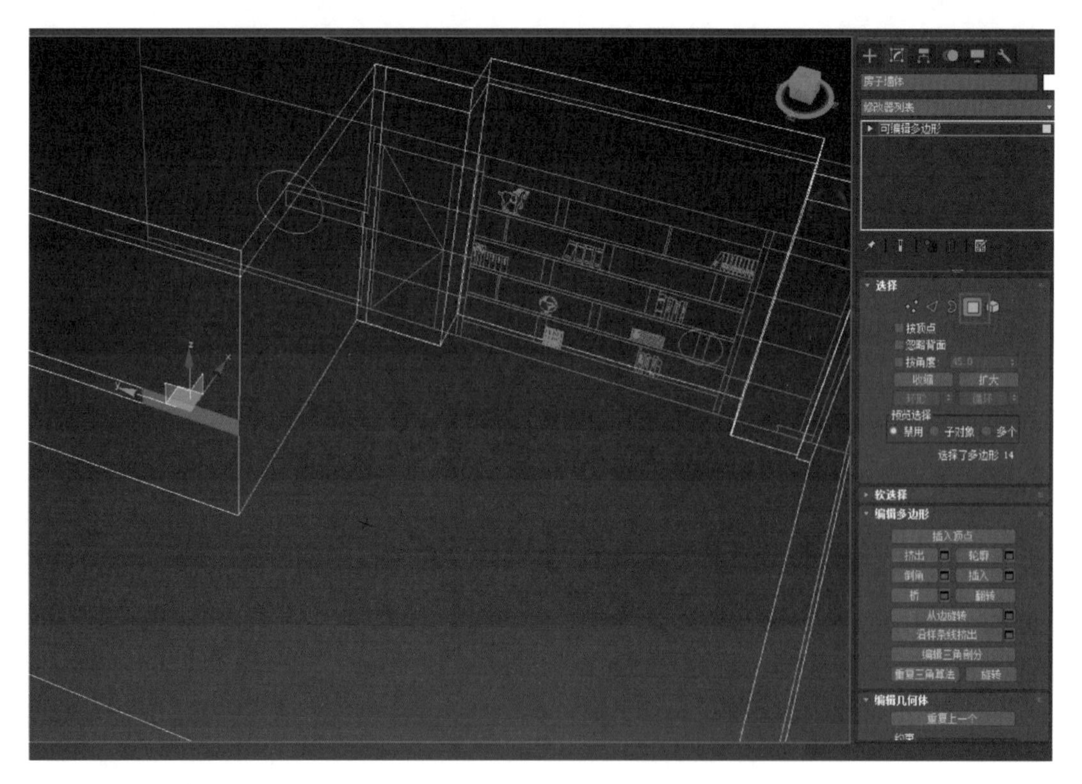

图 6–33　旋转

㉘ 然后在“编辑多边形”卷展栏中单击“挤出”按钮，然后在弹出的“挤出多边形”对话框中将“挤出多边形—挤出高度”设为“ –70.0 mm”，单击“确定”按钮，如图 6–34 所示。

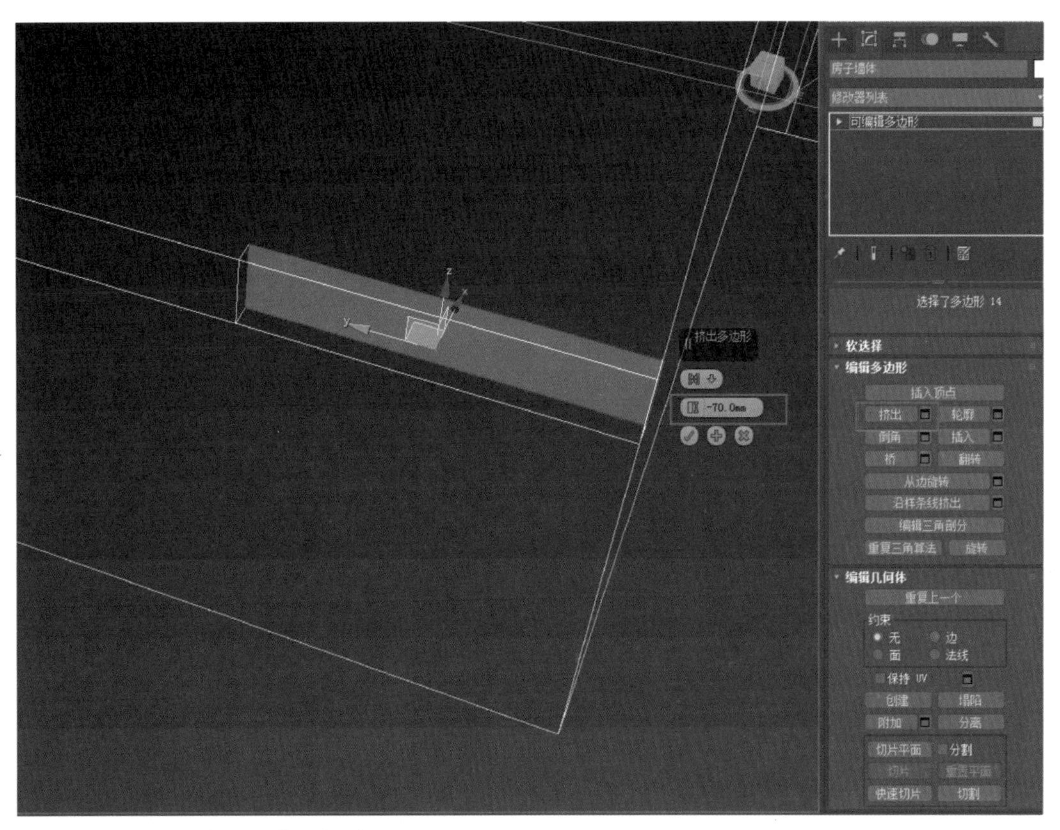

图 6-34　“挤出多边形”对话框

㉙ 旋转视角，把视图转换为落地玻璃窗的视角，创建总经理办公室的落地玻璃窗口。按〈2〉键，在“选择”卷展栏中单击“边”按钮，单击落地玻璃窗的两条线，选中的线呈红色，如图 6-35 所示。

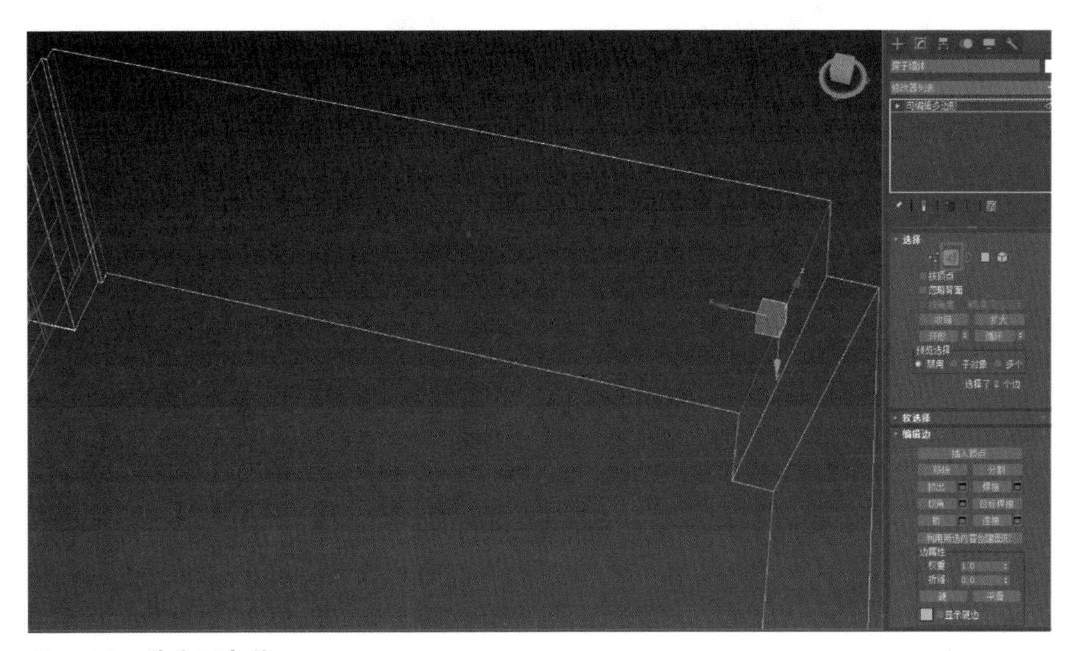

图 6-35　选中两条线

㉚ 在“编辑边”卷展栏中单击“连接”按钮，在弹出的“连接边”对话框

中将“连接边—分段”改为“2”，单击“确定”按钮，在刚刚选中的两条线上连接两条线，将面分成 3 个部分。

㉛ 选中刚连接的两条线中下面的那条线，单击工具栏上的“对齐”按钮，在视图中选中“房子墙体”，在弹出的“对齐子对象当前选择”对话框中将线和“房子墙体”的对齐位置设置为“Z 位置—最小”，单击“确定”按钮，使线与“房子墙体”最低点对齐。

㉜ 右键单击工具栏上的“移动”按钮，在弹出的“移动变换输入”对话框中，在“偏移 : 世界”选项区中将“Z”改为“400.0 mm”。

㉝ 选中刚连接的两条线中上面的那条线，单击工具栏上的“对齐”按钮，在视图中选择“房子墙体”，在弹出的“对齐子对象当前选择”对话框中将线和“房子墙体”的对齐位置设置为“Z 位置—最小”，单击“确定”按钮，使线与“房子墙体”最低点对齐。右键单击工具栏上的“移动”按钮，在弹出的“移动变换输入”对话框中，在“偏移 : 世界”选项区中将“Z”改为“2 400.0 mm”。

㉞ 按〈4〉键或者单击“选择”卷展栏中的“多边形”按钮，选中两条线之间的面，然后在“编辑多边形”卷展栏中单击“挤出”按钮，在弹出的“挤出多边形”对话框中将“挤出多边形—挤出高度”设为“ -280 mm”，单击“确定”按钮，如图 6-36 所示。

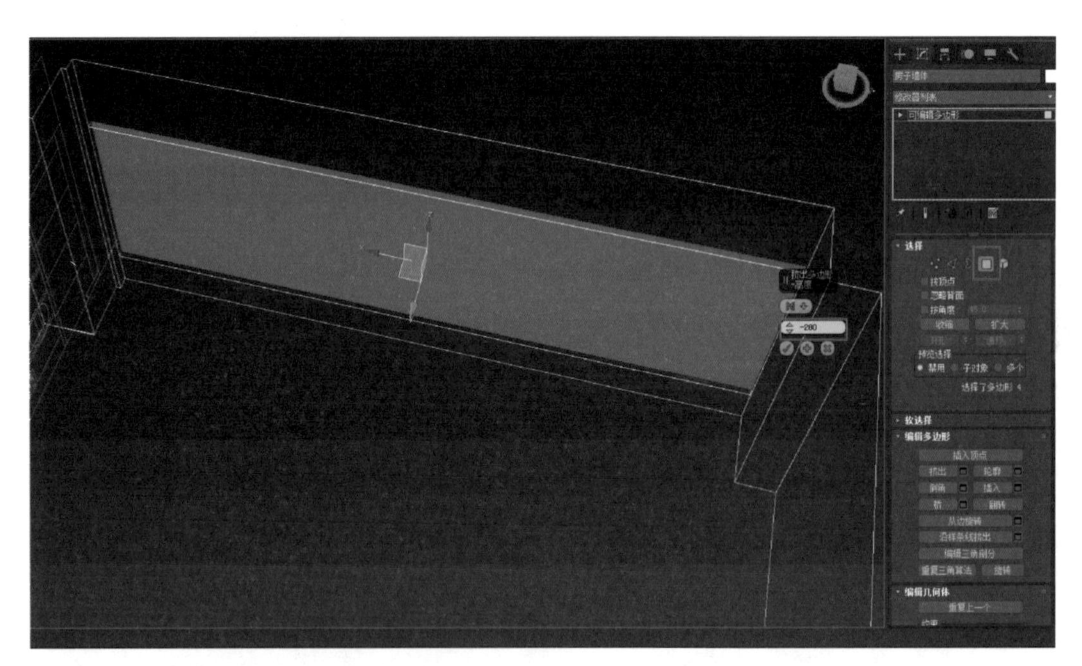

图 6-36　设置“挤出多边形—挤出高度”参数

㉟ 按〈 Delete 〉键删除挤出的面，这样，需要的落地窗窗口就开好了。用“捕捉”→“长方形”→“编辑样条线”→“轮廓”→“挤出”给窗做一个窗框移动到窗洞中间。

任务 3　导入材质和家具

① 选择“文件”菜单中的“合并”命令，在弹出的对话框中选择 Abook 资源中的“项目 6\模型\沙发 .max”文件，单击“打开”按钮，选择“沙发组 .max”，将沙发组合并到总经理办公室模型内。

② 单击“最大化显示对象”按钮，将沙发组移动到如图 6–37 所示的位置。

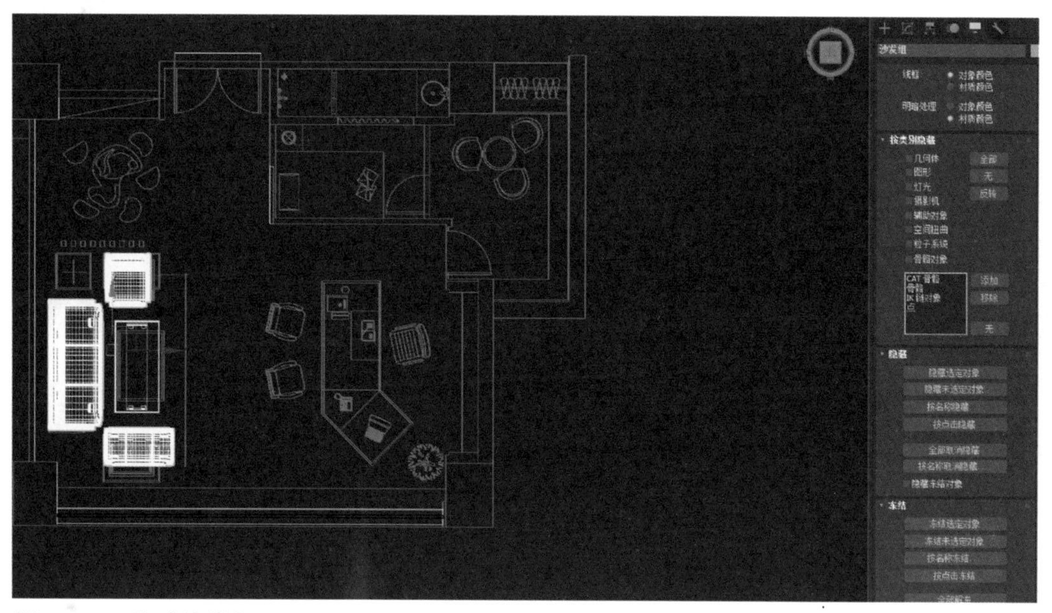

图 6–37　移动沙发组

③ 切换到前视图，将沙发组移动到地面上。

④ 选中“沙发组”，隐藏其他所有模型和图形，切换到透视视图，将“沙发组”模型最大化，效果如图 6–38 所示。

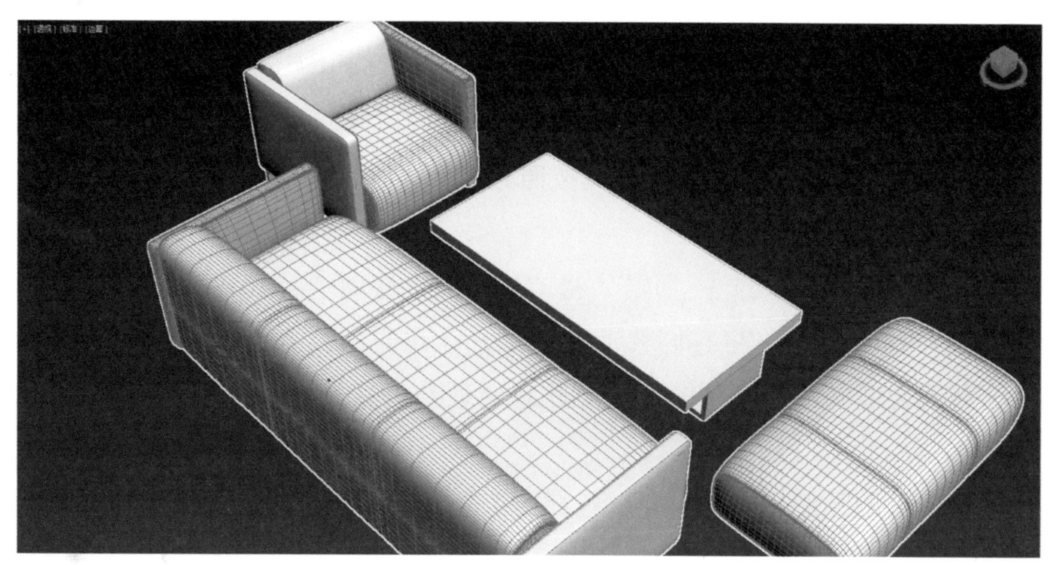

图 6–38　将“沙发组”模型最大化

⑤ 打开“材质编辑器”窗口，选择第 5 个材质球，然后用吸管拾取沙发材质，将它命名为“沙发材质”。将“高光光泽”设为“0.55”，“反射光泽”设为“0.7”，“细分”设为“24”。单击“贴图”卷展栏中“漫反射”复选框右边的“无贴图”按钮，在弹出的对话框中选择“ Falloff”。将黑色部分给一个贴图，选择 Abook 资源中的“项目 6\ 材质 \ 棉布 1–1.jpg”文件，如图 6–39 所示。

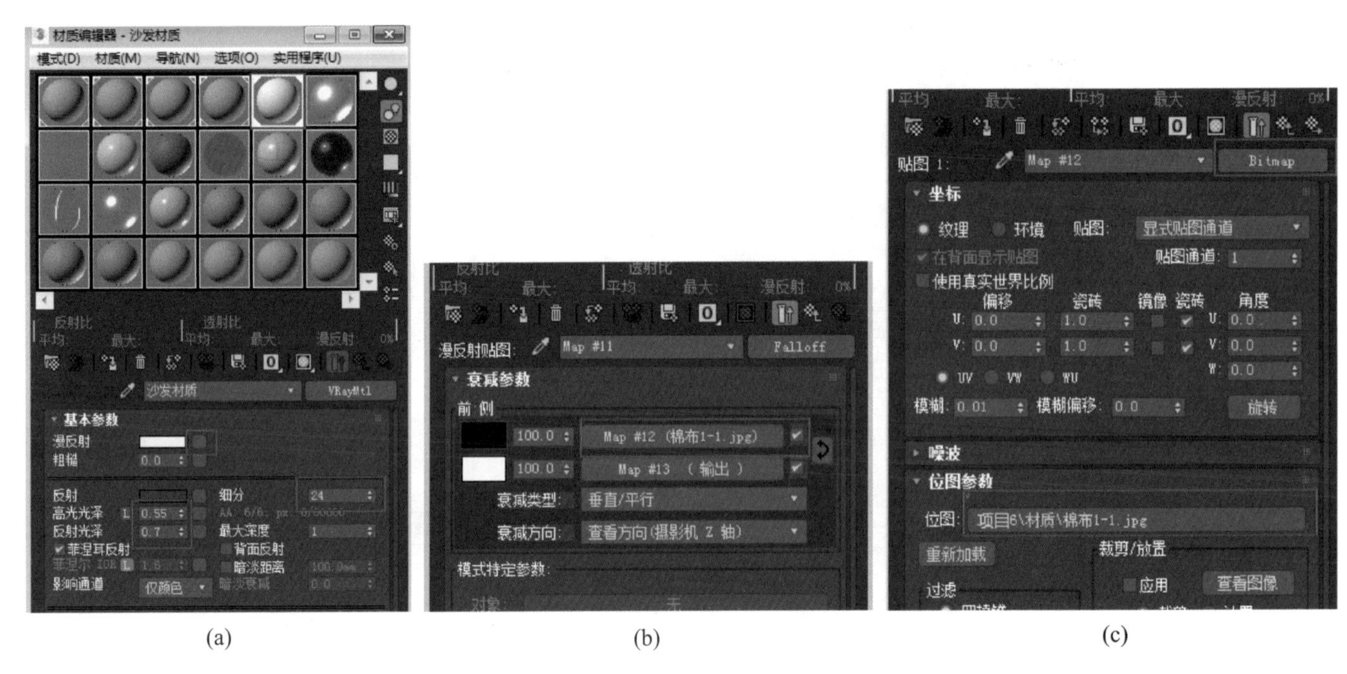

(a) (b) (c)

图 6–39 将棉布材质赋予沙发布面

⑥ 解开沙发组，第 6、7 个材质球分别选用 VR 材质里“清漆木头”和“金属”，分别是沙发组茶几的木材质和沙发脚的金属材质，沙发茶几的材质是位于 Abook 资源中的“项目 6\ 材质 \ 木饰面 .jpg”文件。

⑦ 同样，合并总经理办公室的其他家具、灯具和摆设，模型为位于 Abook 资源中的“项目 6\ 模型 \ 经理室家具和摆设 .max”。

⑧ 在顶视图中将合并的所有家具按照 CAD 图所示移动到相应位置，如图 6–40 所示。

⑨ 切换到前视图，选中“顶”，将“顶”往下移动“–880 mm”。

⑩ 选中所有顶灯，将它们移动到顶部，注意露出发光部分。切换到透视视图，旋转到合适视角，隐藏图形，至此总经理办公室的所有模型全部安放完毕，如图 6–41 所示。

⑪ 打开“材质编辑器”窗口，选择第 1 个材质球，设置地面的材质，地面是米黄的抛光砖，有一定的漫反射。单击“材质编辑器”窗口中的“物理材质”按

钮，在弹出的“材质 / 贴图浏览器”对话框中选择“VRayMtl”，如图 6-42 所示。

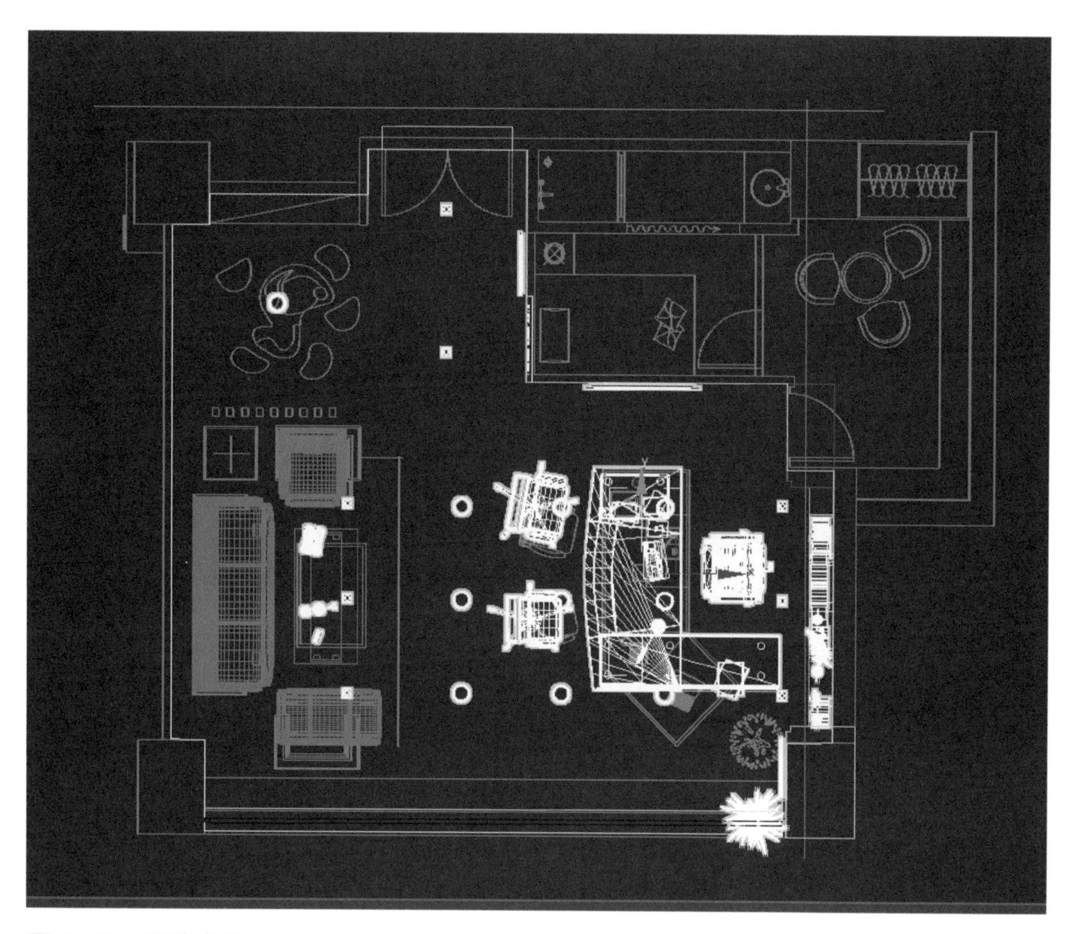

图 6-40　移动家具

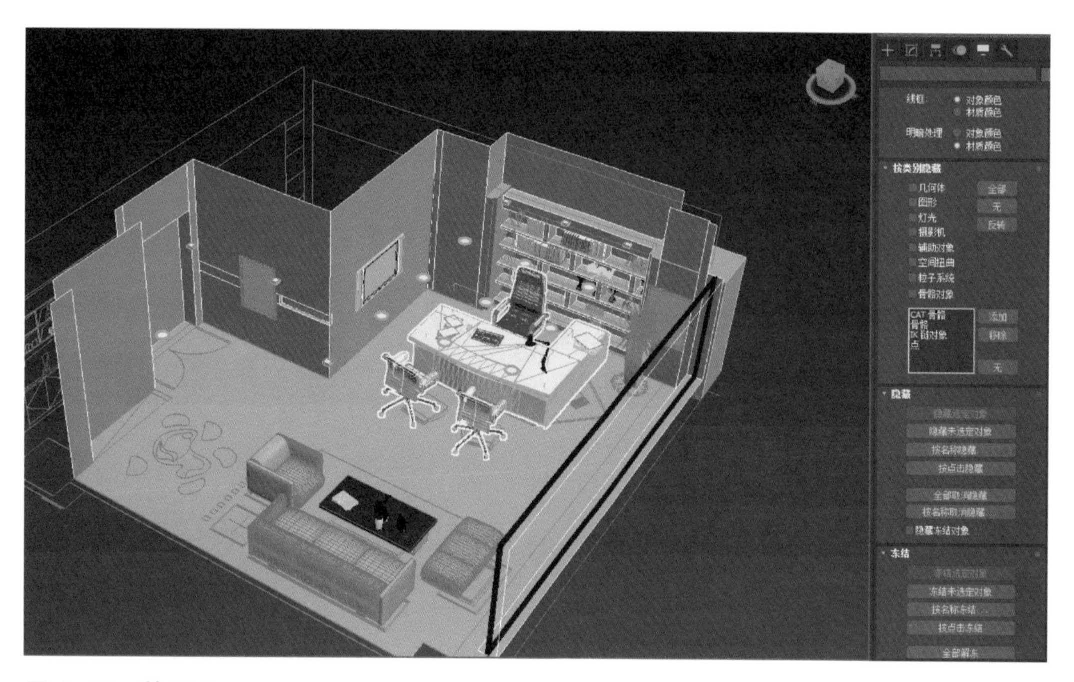

图 6-41　效果图

图 6–42 设置地面材质

⑫ 在 VRayMtl 的“基本参数”卷展栏中，单击“漫反射”右边的颜色，在弹出的“颜色选择器”对话框中将颜色改为米黄色（红 250、蓝 240、绿 220），如图 6–43 所示。

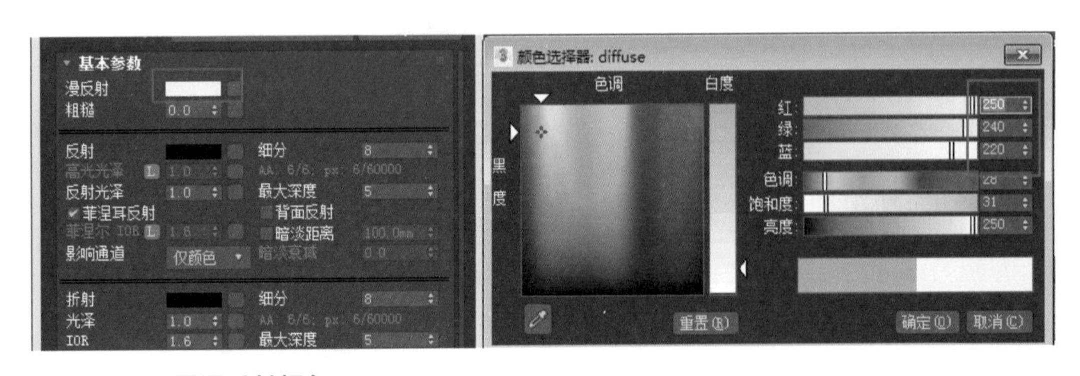

图 6–43 设置漫反射颜色

⑬ 由于地砖能反射光线，需在“反射”中设置，反射的强度由反射右边的颜色控制，黑色为无反射，白色为全反射，单击“反射”右边的黑色，在弹出的“颜色选择器”对话框中将反射颜色设置为灰色（红 43、蓝 43、绿 43），并设置“反射光泽”为“0.9”，如图 6–44 所示。

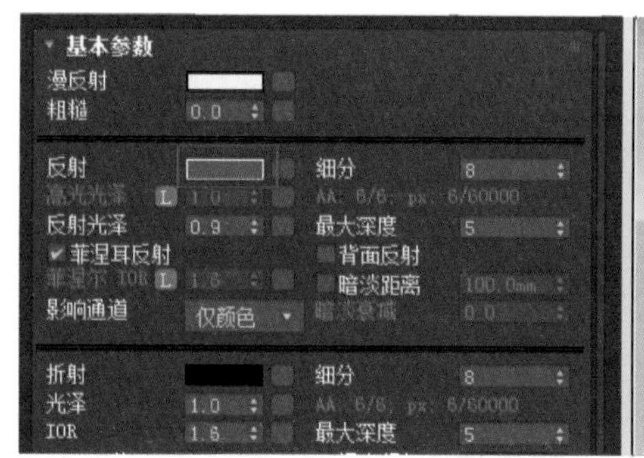

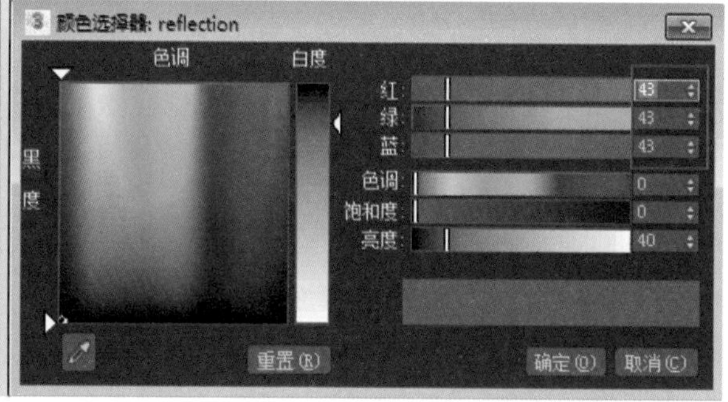

图 6-44　设置地砖反射光泽与颜色

⑭ 进入“贴图”卷展栏，单击“凹凸贴图”复选框右边的“无贴图”按钮，添加准备好的地面凹凸贴图（Abook 资源中的“项目 6\ 材质 \ 墙地凹凸 .jpg”），如图 6–45 所示。

⑮ 由于地面抛光砖的大小为 800 mm × 800 mm，因此需要修改贴图。选中地面，进入“修改命令”面板，在“修改器列表”中选择“UVW 贴图”选项，在“参数”卷展栏中单击“长方体”按钮，同时将“长度”“宽度”和“高度”均设为“800 mm”。

⑯ 选择第 2 个材质球，命名为“乳胶漆”，单击“材质编辑器”窗口中的“Standard”按钮，在弹出的“材质 / 贴图浏览器”对话框中选择“VRayMtl”。在 VRayMtl 的“基本参数”卷展栏中，单击“漫反射”右边的颜色，由于墙壁的白并不是纯白，在弹出的“颜色选择器”对话框中将颜色改为灰白色（红 247、绿 247、蓝 247）。设置“反射光泽”为“0.98”，“细分”为“20”，并选中“菲涅耳反射”复选框，如图 6–46 所示。

⑰ 选择第 3 个材质球，命名为“水曲柳板材”，单击“材质编辑器”窗口中的“物理材质”按钮，在弹出的“材质 / 贴图浏览器”对话框中选择“VRayMtl”。单击“反射”右边的黑色，在弹出的“颜色选择器”对话框中将反射颜色设为灰色（红 25、绿 25、蓝 25），并设置“反射光泽”为“0.9”，“最大深度”为“20”，如图 6–47 所示。

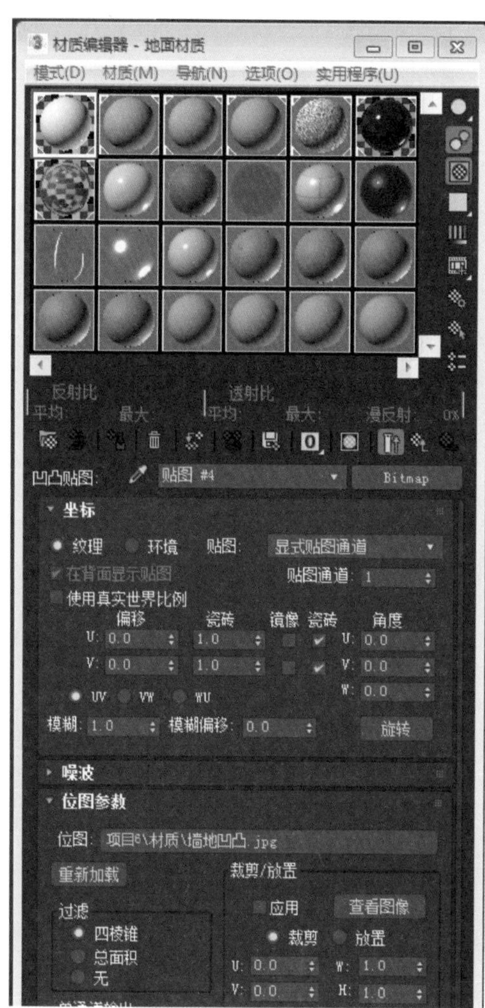

图 6–45　设置“凹凸贴图”参数

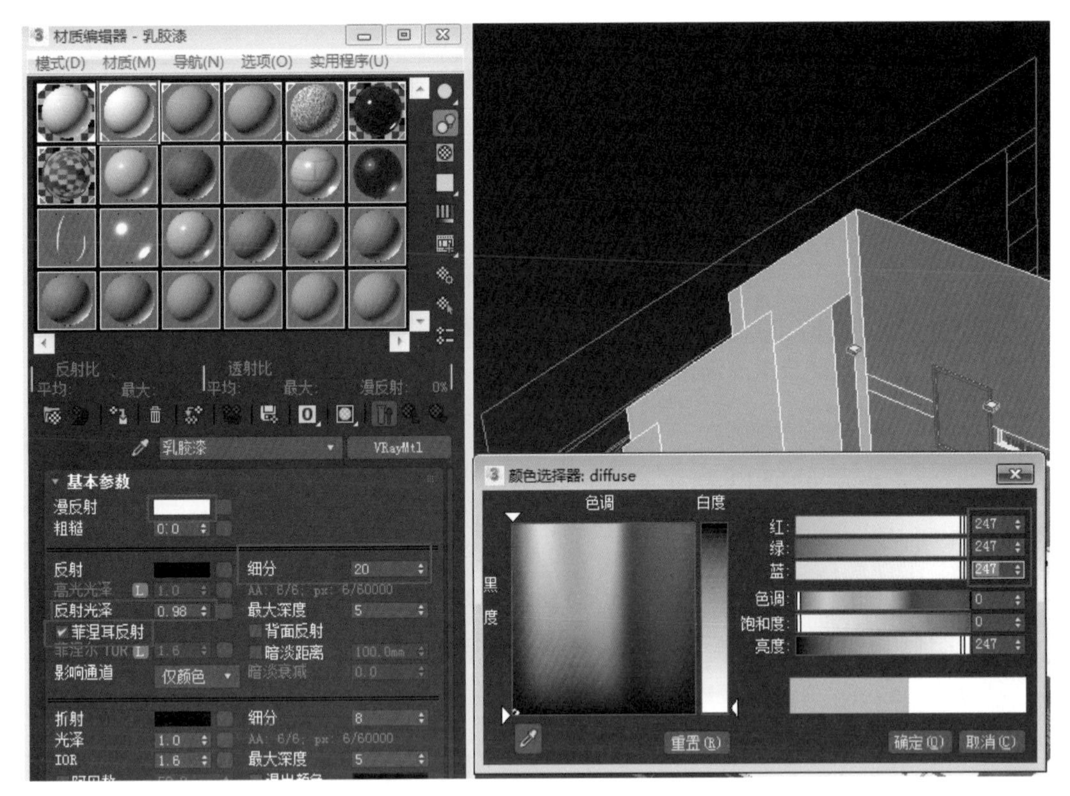

图 6-46 设置“乳胶漆”材质参数

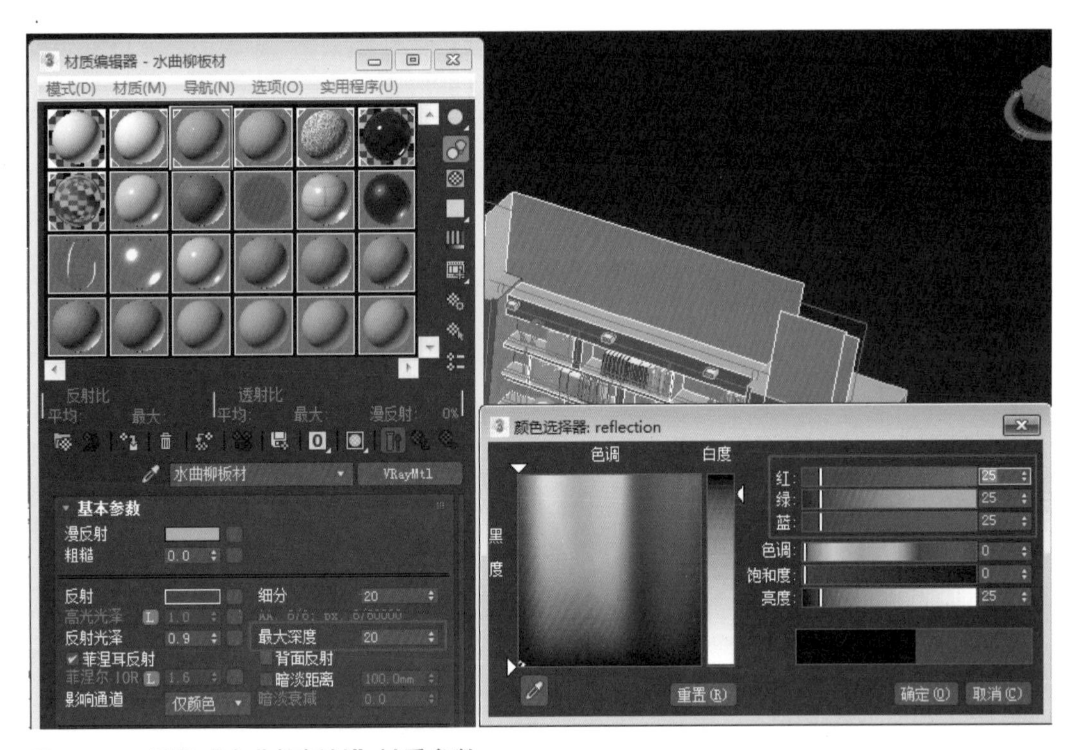

图 6-47 设置“水曲柳板材”材质参数

⑱ 进入“贴图”卷展栏，单击“漫反射”复选框右边的“无贴图”按钮，添加准备好的水曲柳贴图（Abook 资源中的“项目 6\材质\水曲柳.jpg”），如图 6-48 所示。

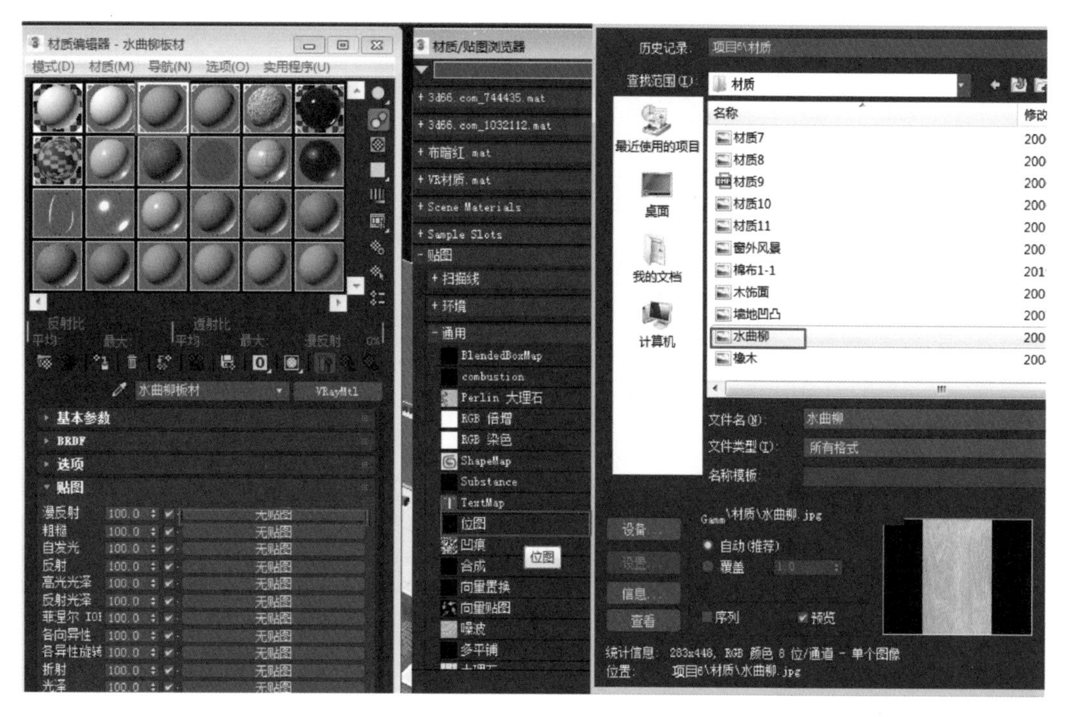

图 6–48　添加水曲柳贴图

⑲ 选中“书架”，隐藏其他对象，进入“修改命令”面板，在“修改器列表”中选择“ UVW 贴图”选项，在“参数”卷展栏中选中“长方体”单选钮，同时将“长度”“宽度”和“高度”设为“500.0 mm”“1 000.0 mm”“1 000.0 mm”，如图 6–49 所示。

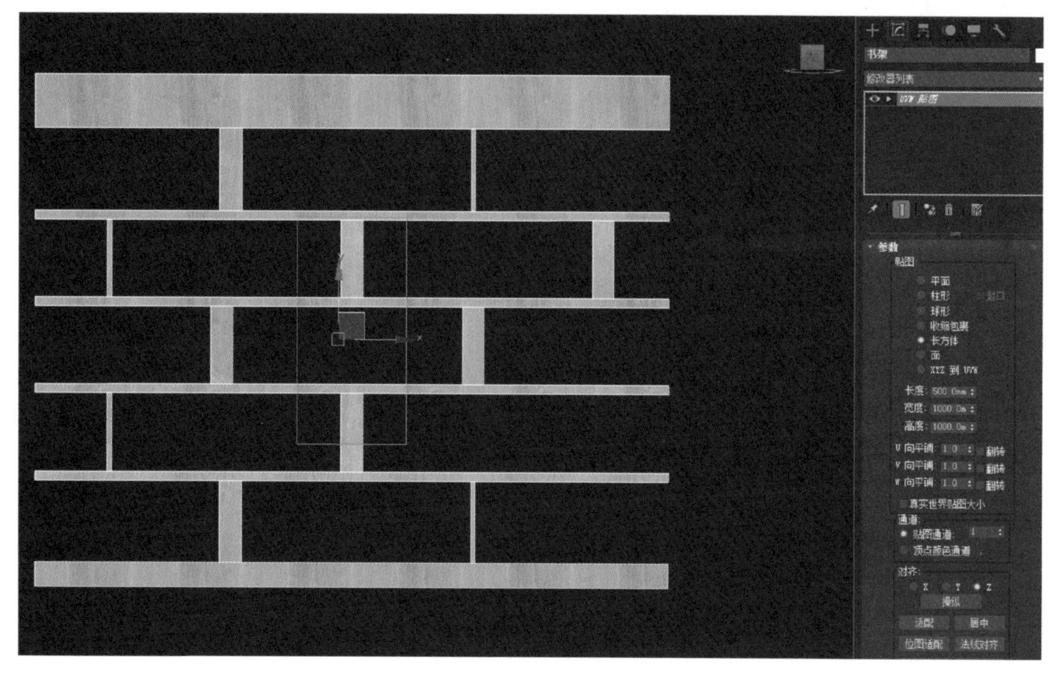

图 6–49　设置长、宽、高参数

⑳ 全部取消隐藏，选择第 4 个材质球，命名为“白橡”，单击“材质编辑器”窗口中的“Standard”按钮，在弹出的“材质 / 贴图浏览器”对话框中选择“VRayMtl”。单击“反射”右边的黑色，在弹出的“颜色选择器”对话框中设置颜色为灰白色（红 25、绿 25、蓝 25），并将“反射光泽”改为“0.9”，“细分”为“20”。

㉑ 进入“贴图”卷展栏，单击“漫反射”复选框右边的“无贴图”按钮，添加准备好的白橡贴图（Abook 资源中的“项目 6\ 材质 \ 橡木 .jpg”），如图 6–50 所示。

图 6–50　添加橡木贴图

㉒ 选中“白橡假墙 1”和“白橡假墙 2”，进入“修改命令”面板，在“修改器列表”中选择“UVW 贴图”选项，在“参数”卷展栏中选中“长方体”单选钮，同时将“长度”“宽度”和“高度”改为“2 400 mm”“700 mm”“700 mm”。至此，主要材质设置完成。

任务 4　设置照相机和灯光

① 切换到 4 视口，分别为顶视图、前视图、左视图和透视视图。在顶视

图中放置 24 mm 镜头的相机，并在各视图中调整相机位置，将相机调整到如图 6–51 所示的位置。单击右键打开“应用摄像机矫正修改器”。

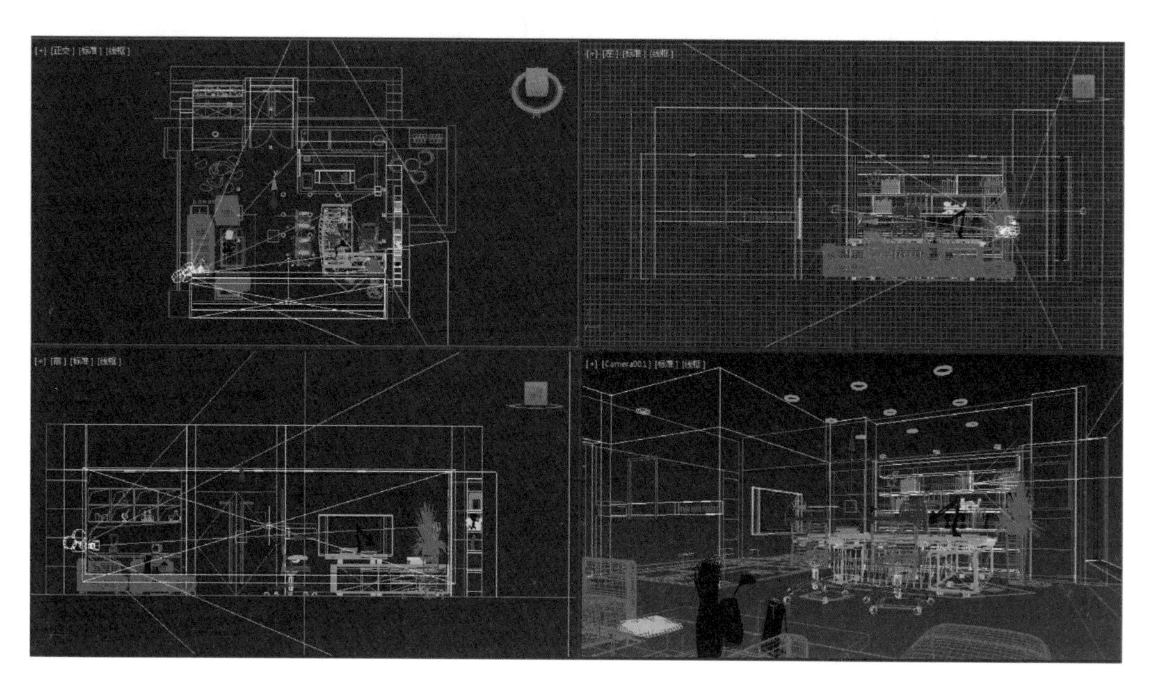

图 6–51　放置相机

② 切换到前视图，在灯光面板中选择 VRay，在“对象类型”卷展栏中单击“VRayLight”按钮，如图 6–52 所示。

图 6–52　单击“VRayLight”按钮

③ 在落地玻璃窗窗口创建一个“半长”为 3 800 mm、“半宽”为 1 500 mm 的 VR 灯光。将“倍增器”改为“0.5”，灯光颜色一般设置为淡蓝色（天空颜色，红 200、绿 215、蓝 240）。在“选项”卷展栏中选中“不可见”和“存储发光图”复选框（为了加快渲染速度），将采样“细分”设为“20”（为了将画面噪点减少到最小），如图 6–53 所示。

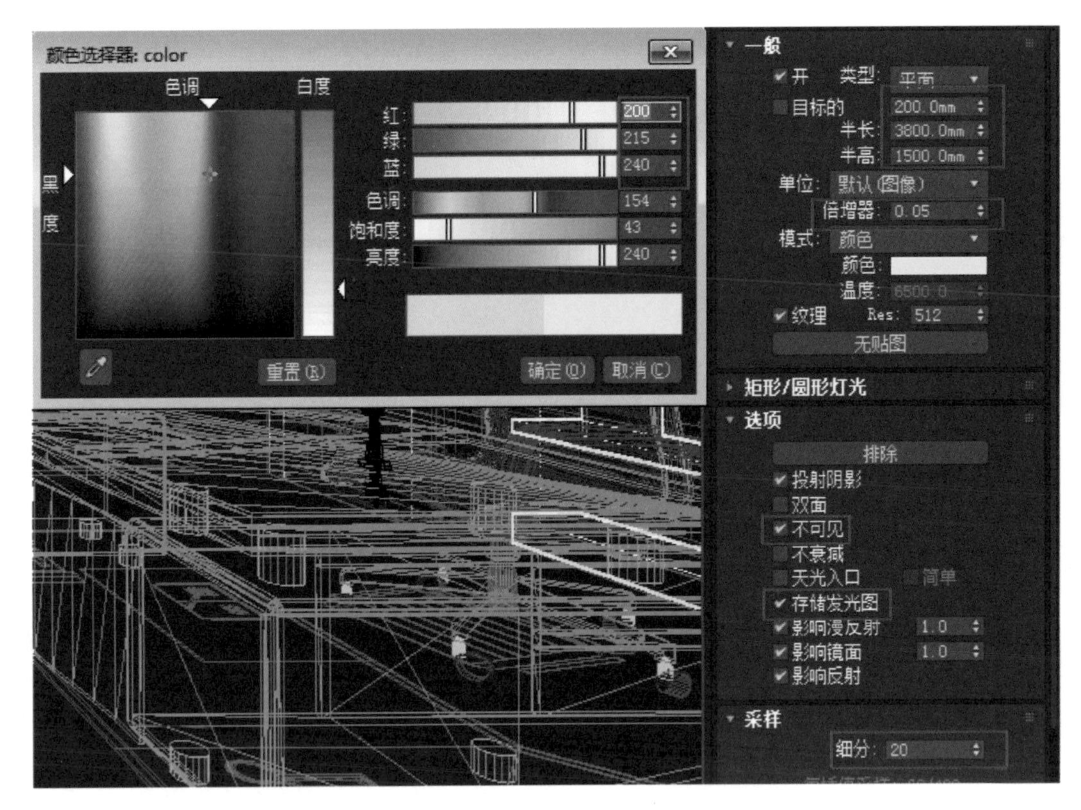

图 6–53　设置灯光参数

④ 切换到顶视图，将 VR 灯光移至窗外，如图 6–54 所示。

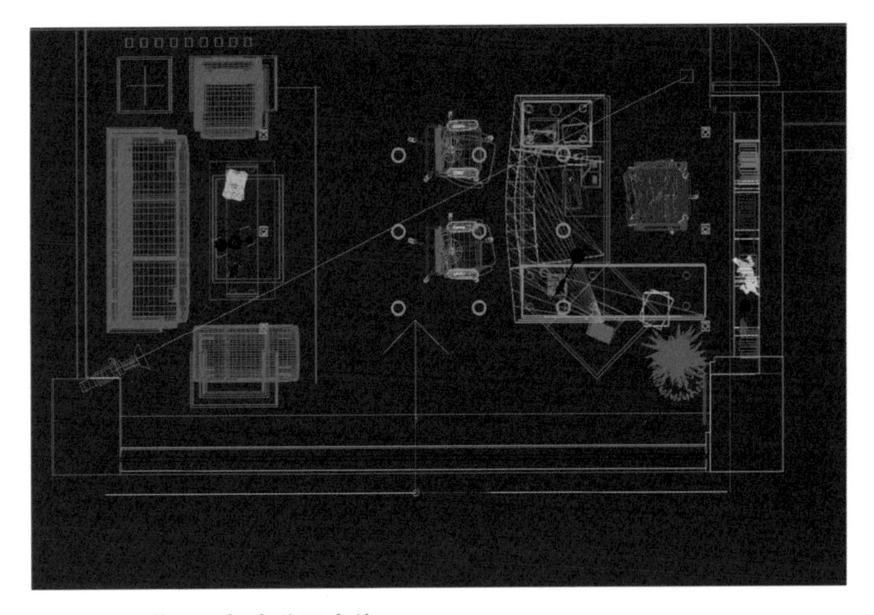

图 6–54　将 VR 灯光移至窗外

⑤ 切换到前视图，在“灯光”面板中选择“光度学”选项，在“对象类型”卷展栏中单击“目标灯光”按钮，并在筒灯上设置一个目标点光源。切换到顶视图，在每个筒灯位置实例复制一个目标点光源，如图 6–55 所示。

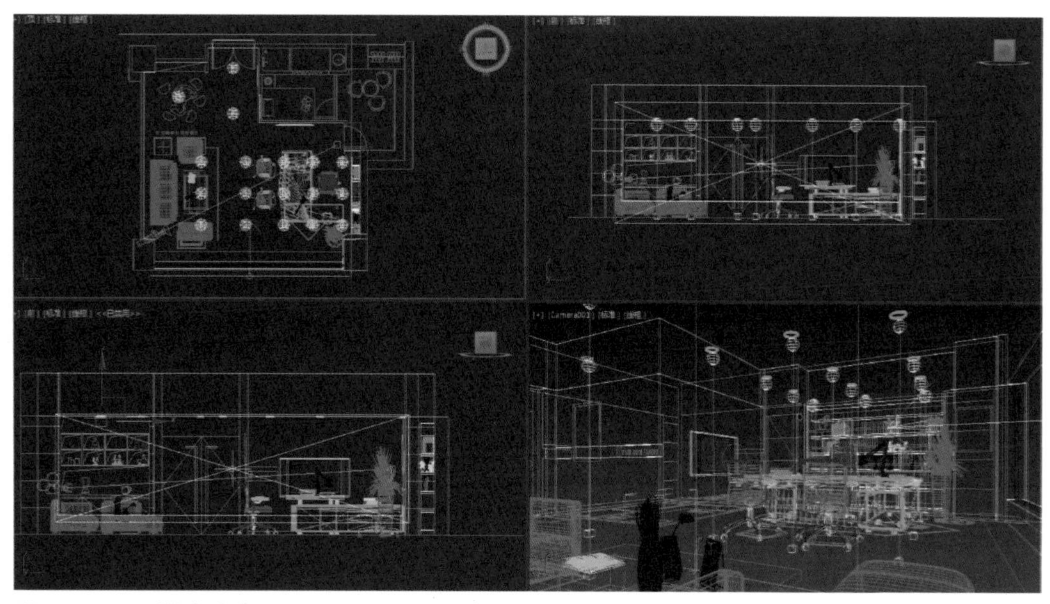

图 6–55　设置点光源

⑥ 选中其中的一个目标点光源，进入“修改命令”面板，在“阴影”选项区中选中“启用”复选框，将阴影种类设置为“ VRay 阴影贴图”，选择“灯光分布（类型）”下拉列表中的“光度学 Web”选项，在“分布（光度学 Web）”卷展栏中单击“ Web 文件”右边的按钮，找到 Abook 资源中的“项目 6\ 中间亮 .ies”文件，将强度改为“1 500.0 cd”，将灯光颜色改为“橘红色”，如图 6–56 所示。

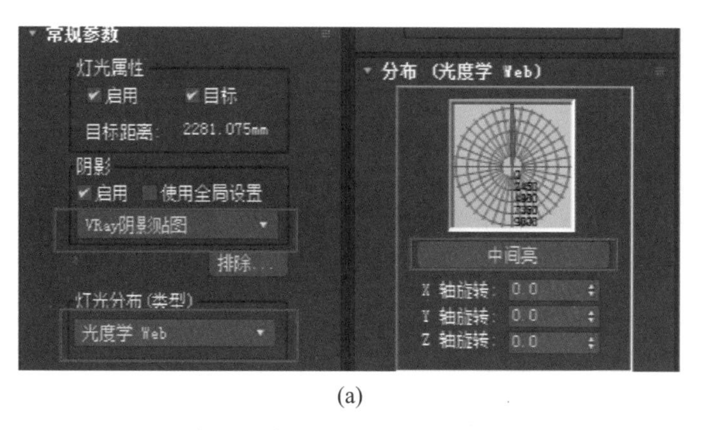

(a)　(b)

图 6–56　设置点光源参数

任务 5　设置渲染

① 切换到相机视图，按〈F10〉键打开渲染面板，在“选择渲染器”对话框中，将渲染器转换为“V–Ray Adv 3.60.03”，如图 6–57 所示。

② 切换到“V–RAY”选项卡，将右侧默认模式改为“高级模式”，将“默认灯光”关闭，如图 6–58 所示。

图 6–57　选择 V–Ray Adv 3.60.03 渲染器

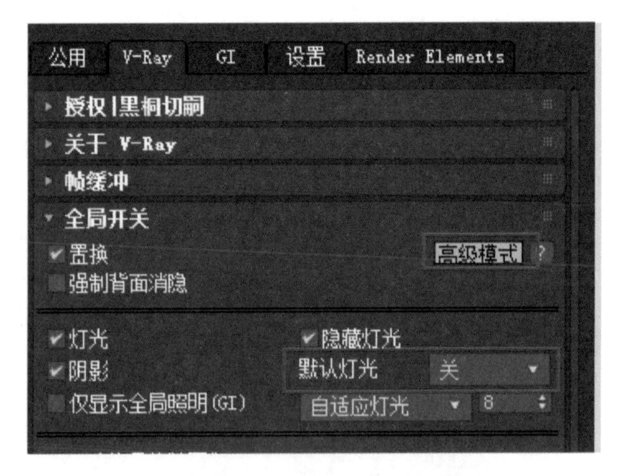

图 6–58　设置“V–Ray”选项卡参数之一

③ 在“图像采样（抗锯齿）”卷展栏中，将“类型”改为“块”，在“图像过滤”卷展栏将“过滤器”改为“Catmull–Rom”，如图 6–59 所示。

④ 切换到“ GI”选项卡，在“全局光照”卷展栏中选中“启用 GI”复选框，切换到“专家模式”，然后将“二次引擎”的“倍增”改为“0.65”。将二次引擎设为“灯光缓冲”，如图 6–60 所示。

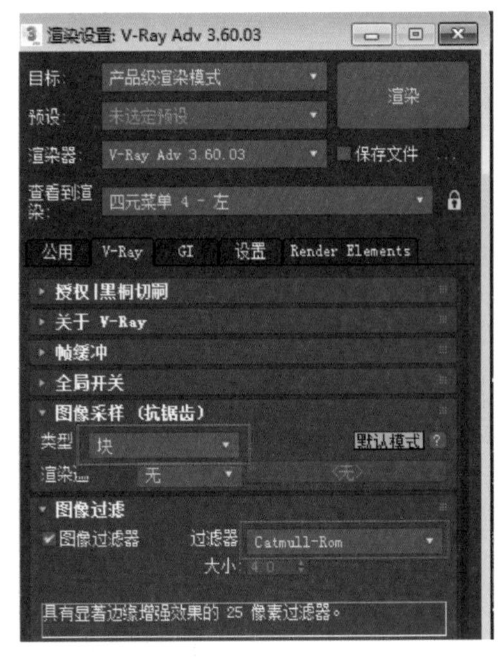

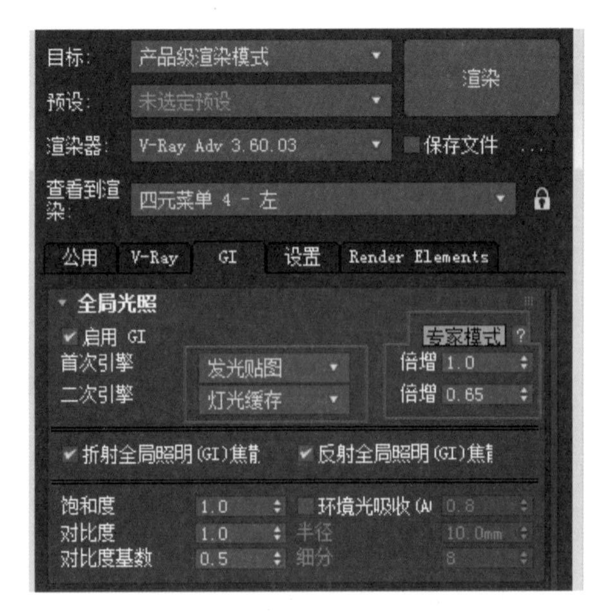

图 6–59　设置“V–Ray”选项卡参数之二

图 6–60　设置“GI”选项卡

⑤ 可根据计算机硬件配置调整相关参数。先切换到专家模式，在“发光贴图”卷展栏中将“当前预置”改为“低”，选中“自动保存”“切换到保存的贴图”复选框，如图 6–61 所示，这样“跑光子”结束后，就可以直接改大渲染尺寸，出正图了。

⑥ 在“灯光缓存”卷展栏中将模式改为“专家模式”，“细分”改为“1 000”。同样将渲染后的光子自动保存，并选中“切换到被保存的缓冲”复选框，如图 6–62 所示。

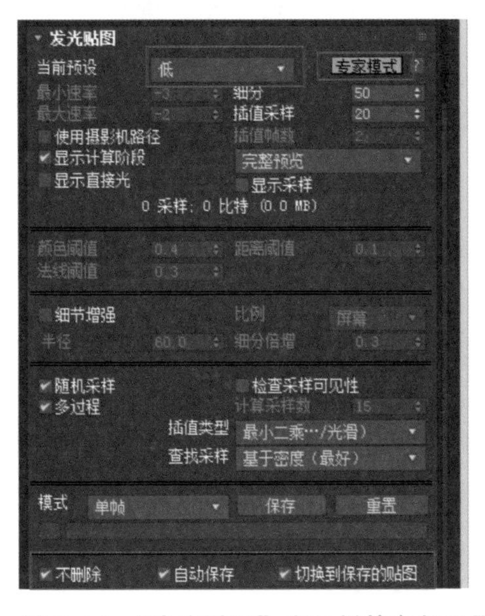

图 6–61 “发光贴图”卷展栏等参数设置

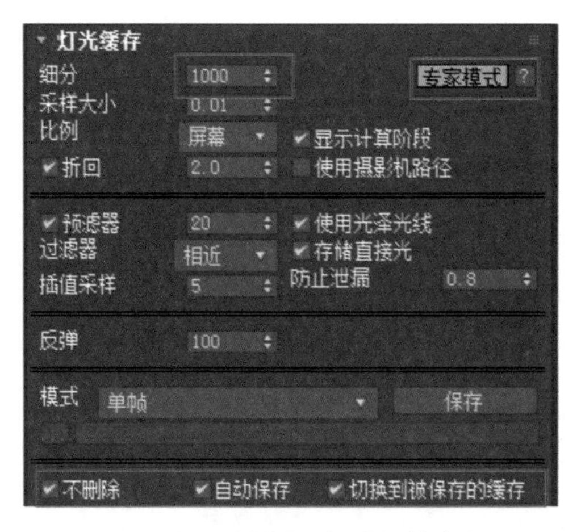

图 6–62 “灯光缓存”卷展栏等参数设置

⑦ 在“V–RAY”选项卡→“颜色贴图”卷展栏中，选择“类型”下拉列表中的“指数”选项，并将“暗部倍增”改为“1.25”，如图 6–63 所示。

⑧ 在“相机”卷展栏中，将“类型”设置成“默认”，如图 6–64 所示。

⑨ 选择“公用”选项卡，在“公用参数”卷展栏中将“输出大小”选项区中的“宽度”和“高度”改为“480”和“320”，如图 6–65 所示。

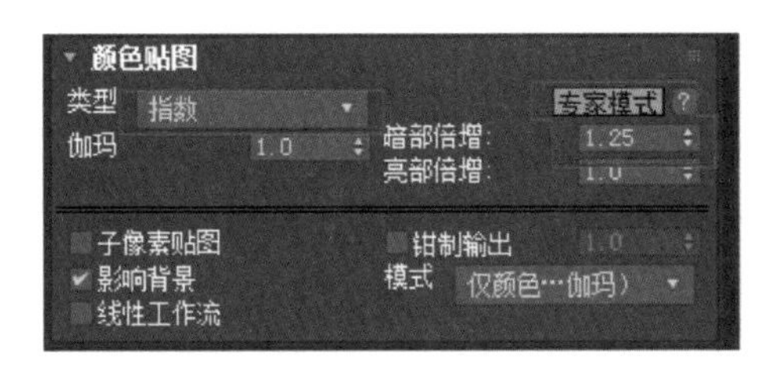

图 6–63 设置“颜色贴图”卷展栏

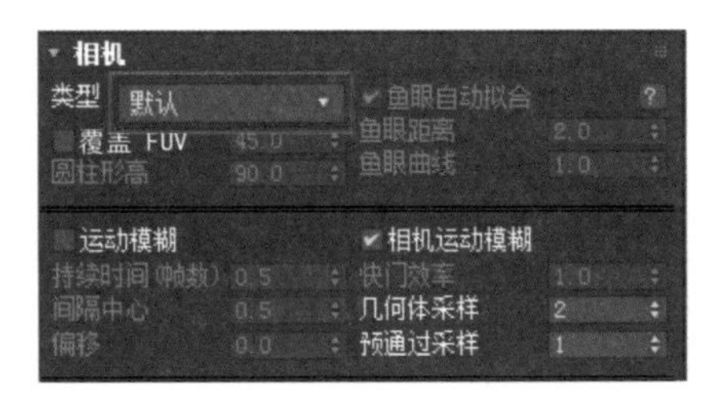

图 6–64 设置“相机”卷展栏

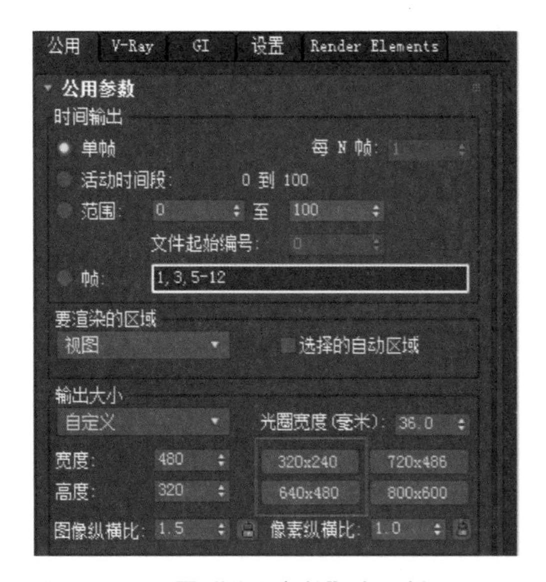

图 6–65 设置“公用参数”卷展栏

⑩ 单击“渲染”按钮，渲染图像，效果如图 6–66 所示。

图 6–66　渲染效果

⑪ 在“公用”选项卡→“公用参数”卷展栏中将“输出大小”选项区中的“宽度”和“高度”改为“1 600”和“1 200”，同时将文件保存到相应文件夹中，渲染出成图。

任务 6　使用 Photoshop 进行后期处理

① 打开经过渲染的图片，选择“图像”→“调整”→“曲线”命令，按图 6–67 所示做调整，使画面稍微调亮一点（用曲线调整可以调亮画面）。

② 选择“图像”→“调整”→“亮度 / 对比度”命令，调整对比度为“15”，如图 6–68 所示。

③ 选择“图像”→“调整”→“色彩平衡”命令，将“色彩平衡”相关参数做如图 6–69 所示的调整。

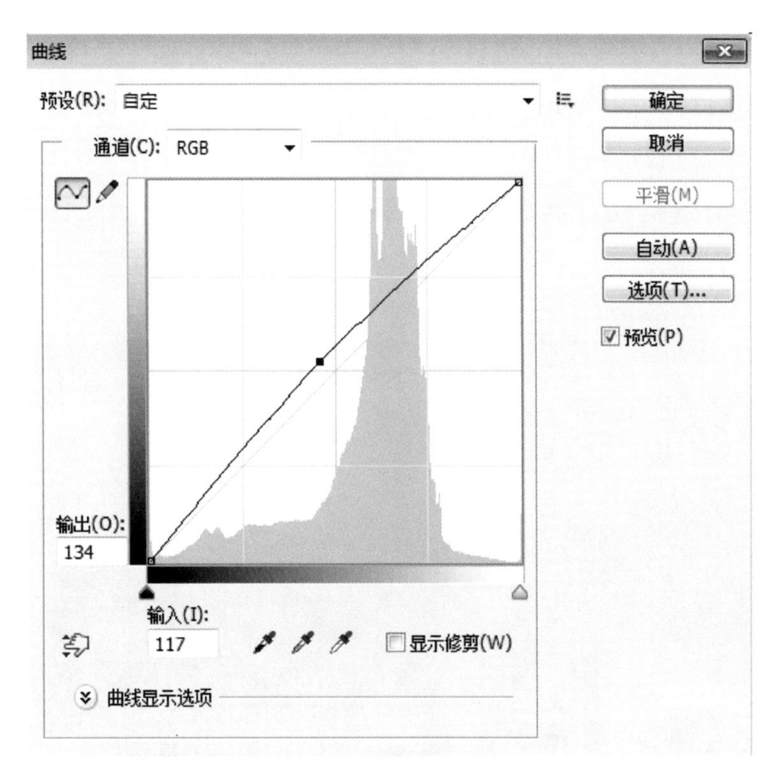

图 6-67　调整图片亮度

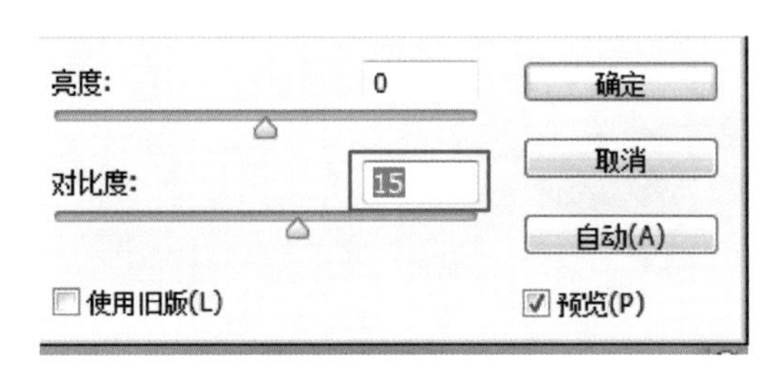

图 6-68　调整对比度

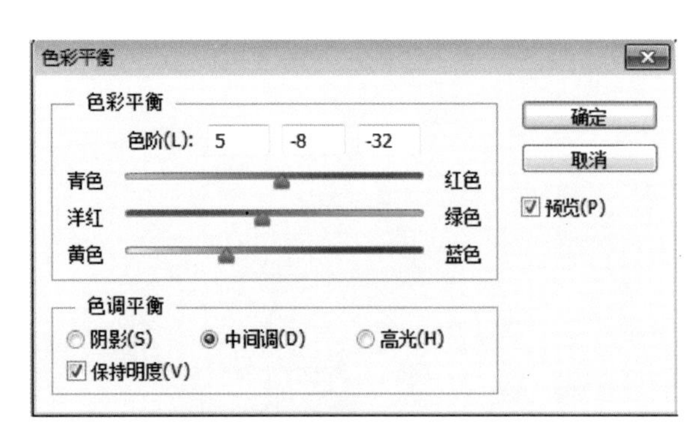

图 6-69　调整色彩平衡

④在“图层”窗口，双击背景图层，将背景图层转换为“图层 0”。按〈W〉键，激活“魔术棒”，在图像窗口的黑色处单击，选择黑色，按〈Delete〉键删除黑色。

⑤ 选择 Abook 资源中的“项目 6\ 材质 \ 窗外风景 .jpg”文件，将它打开。

⑥ 将它复制到总经理办公室图像内，将它所在的图层放到图层 0 下面，并移动到窗口中的合适位置。

⑦ 将风景稍微提亮，然后保存图像，总经理办公室效果图制作完成，如图 6-70 所示。

图 6-70　最终效果图

课后练习

1. 参考书中实例完成经理室的 CAD 导入、单面建模、经理室基础家具建模、材质设置。
2. 参考书中实例完成经理室家具导入、摆放、VR 材质设置。
3. 参考书中实例完成 VR 灯光的设置、VR 渲染出图、后期 PS 处理。
4. 运用 3ds Max 软件完成一幅办公室的效果图制作。

项目 7　制作大厅效果图

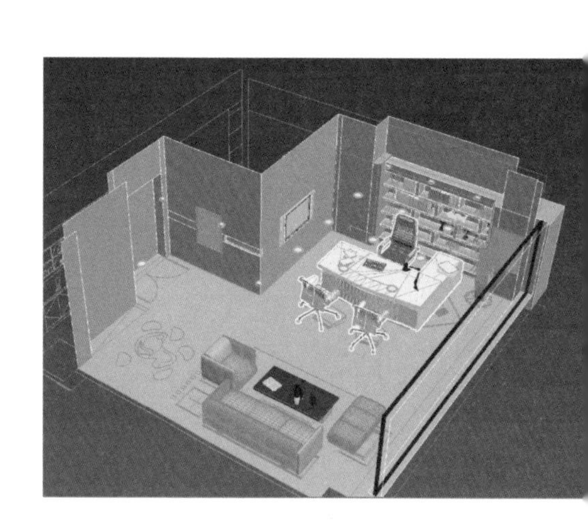

本项目介绍大厅效果图的表现方法。大厅的空间较大，如何有效地布置灯光、快速地渲染出大厅的实际效果是本项目需掌握的内容。

任务 1 设置大厅灯光

① 在布置场景灯光时，首先应该对场景的光照效果进行分析，然后依次创建主光源、次光源，最后通过渲染测试再决定是否继续补光。

② 打开 Abook 资源中的“项目 7\模型\大厅模型 .max”文件，如图 7-1 所示，这是一个已创建完成的大厅场景模型。下面设置大厅场景灯光的测试渲染参数以及吊灯、筒灯、灯带的光源。

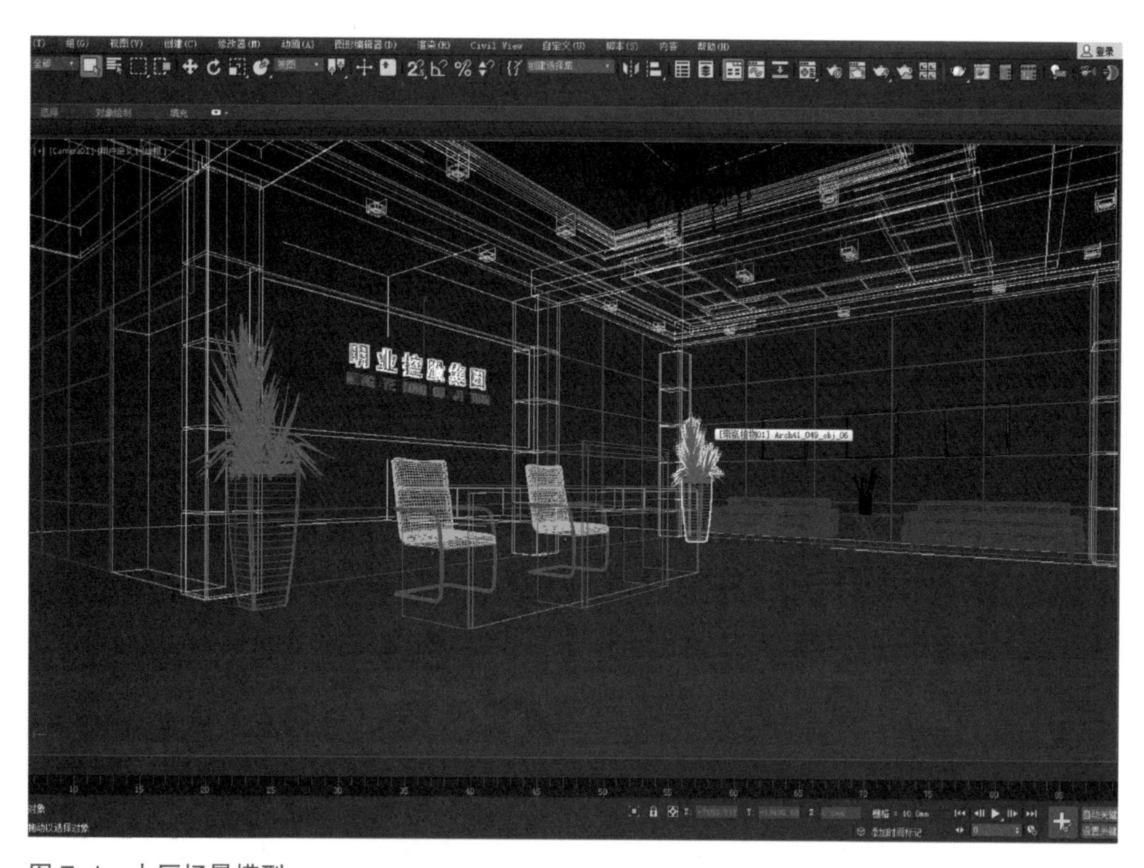

图 7-1 大厅场景模型

③ 按〈 F10〉键打开“渲染场景”对话框，在“公用”选项卡中将“输出大小”相关参数调小，以加快测试速度，如图 7-2 所示。

④ 选择“ V-Ray”选项卡，在“全局开关”卷展栏中设置全局参数，如图 7-3 所示。

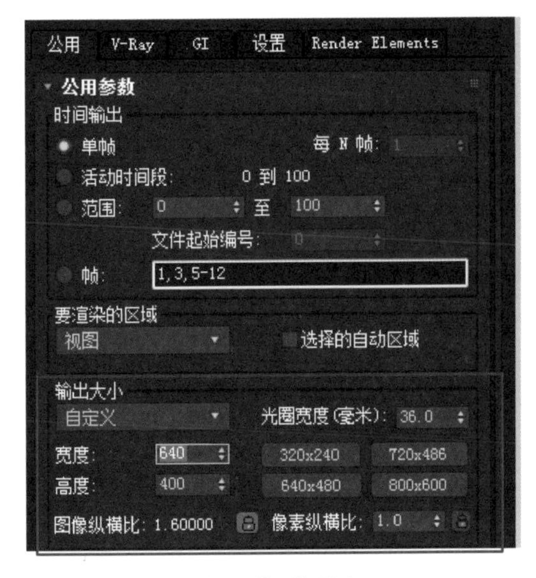

图 7-2　设置“公用”选项卡

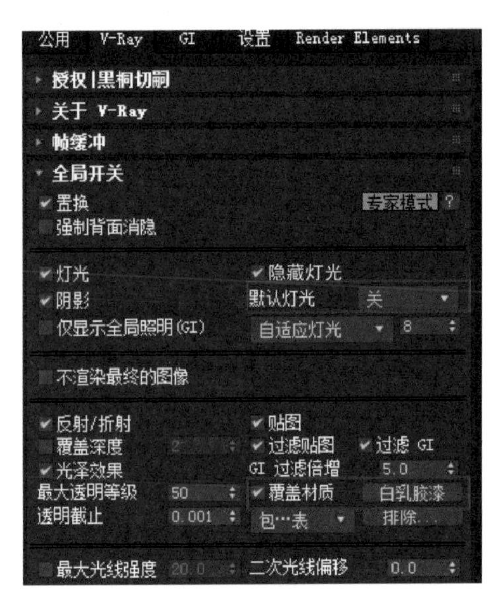

图 7-3　“V-Ray”选项卡

⑤“全局开关”卷展栏主要是对场景的灯光、材质、置换等进行全局设置，例如，是否使用默认灯光，是否打开阴影、模糊等，而在“覆盖材质”复选框右边设置为“白乳胶漆”，这是为了进行快速的灯光测试。具体方法为：打开“材质编辑器”窗口，把白乳胶漆材质球拖曳到“覆盖材质”右边的按钮上，如图 7-4 所示。

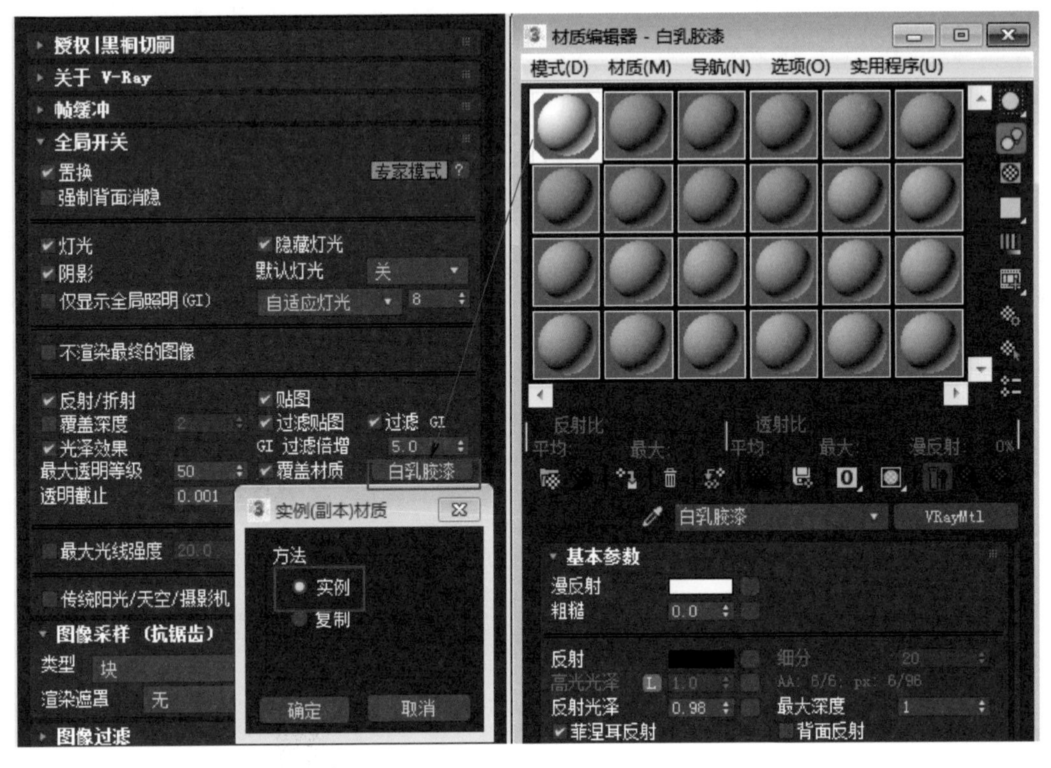

图 7-4　设置“覆盖材质”参数

⑥ 在“图像采样抗锯齿”卷展栏中，将“类型”设为“自适应准蒙特卡洛”，如图 7-5 所示。

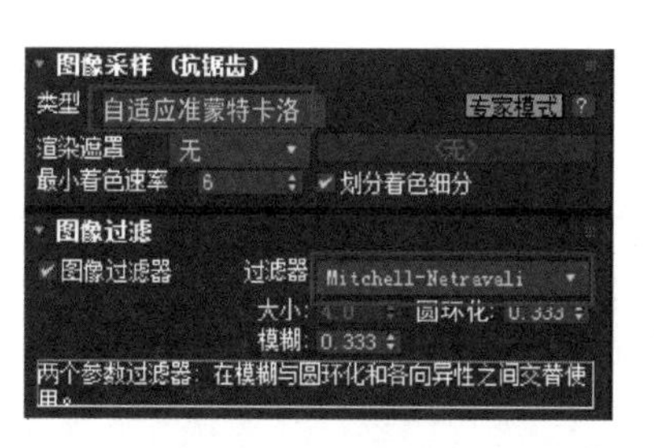

图 7-5　设置“类型”参数

⑦ 在“GI”选项卡→“全局光照”卷展栏中，设置“首次引擎”为“发光贴图”；设置“二次引擎”为“灯光缓冲”，倍增设为“0.65”，如图 7-6 所示。

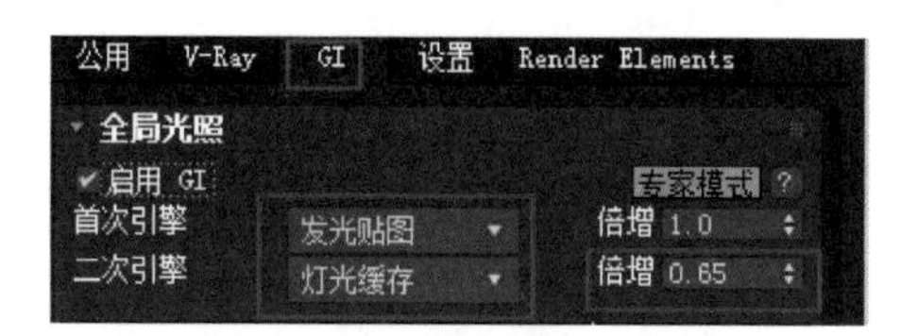

图 7-6　设置“首次引擎”和“二次引擎”参数

⑧ 在“发光贴图”卷展栏中，将“当前预置”设置为“非常低”，设置“细分”为“30”，设置“插值采样”为“20”，如图 7-7 所示。

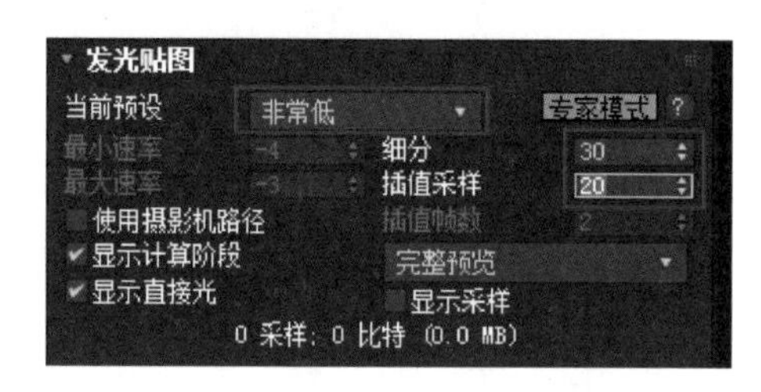

图 7-7　设置“发光贴图”参数

⑨ 在“灯光缓存”卷展栏中，设置“细分”为“300”，具体参数如图 7-8 所示。灯光缓存使用近似计算机场景中的全局光照信息，在相机中可见部分跟踪光线的发射和衰减，然后把灯光的信息存储到一个三维数据结构中。

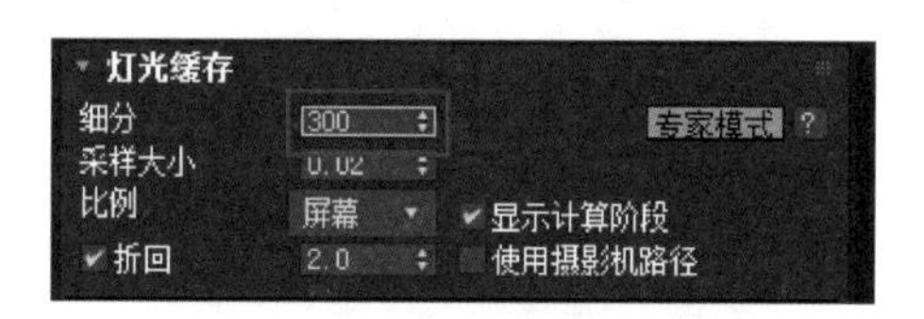

图 7-8　设置“灯光缓存”参数

⑩ 在“颜色贴图”卷展栏中，设置“类型”为“指数”，“暗部倍增”为“1.25”，“亮部倍增”为“1”，如图 7-9 所示。这种曝光方式可以降低靠近光源表面的曝光效果，同时降低颜色饱和度。

图 7-9　设置“颜色贴图”参数

⑪ 布置灯光应该注意次序，首先布置对场景影响最大的光源，然后依次布置。所以，首先在场景中最大的两扇窗和门的位置创建 VR 灯光，用这个灯模拟室外天光对整体场景的影响，具体设置参见图 7-10。

⑫ 灯光设置完成后直接进行渲染测试，可以看见整个场景都被照亮了，光线由外到内有一个由强到弱的变化，如图 7-11 所示。画面中有些小的噪波，那是由于渲染参数设置得过低造成的，可以在最终渲染时将参数设置得高一些。

⑬ 创建吊顶中暗藏的灯光光源，单击“创建命令”面板中的“灯光”按钮，在打开的卷展栏中再单击 VRay 类型中的“VR 灯光”按钮，将灯光的类型设置为面光源，然后在顶视图中按照大小创建灯光，如图 7-12 所示。

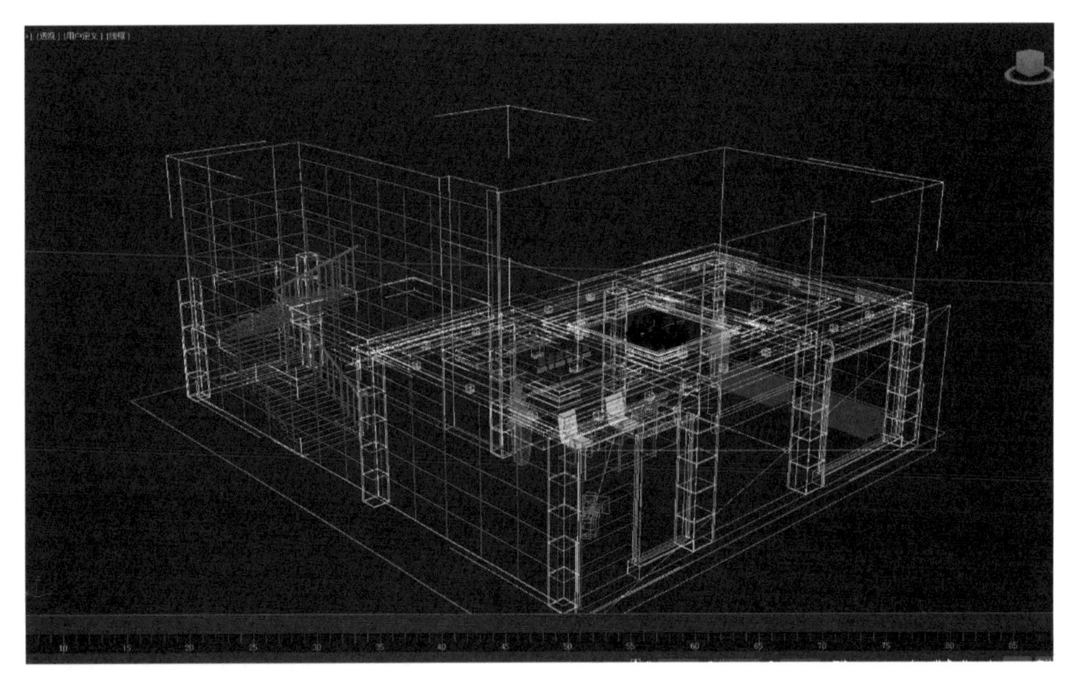

图 7-10　设置 VR 灯光

图 7-11　渲染效果

⑭ 切换到前视图，将所有 VR 灯光移动到顶部灯槽上，注意不要把 VR 灯光放在模型里。进入“修改命令”面板，设置“颜色”为“浅黄色”，“倍增器”为“6.0”，具体参数设置如图 7-13 所示。所有暗藏的 VR 灯光都使用这些参数。

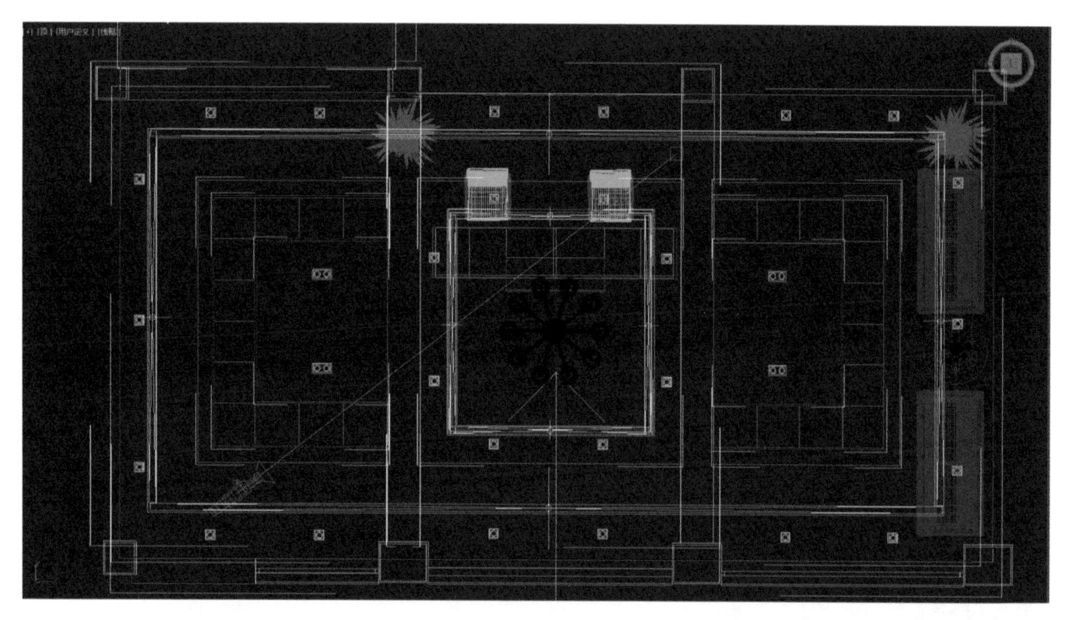

图 7-12　设置面光源位置

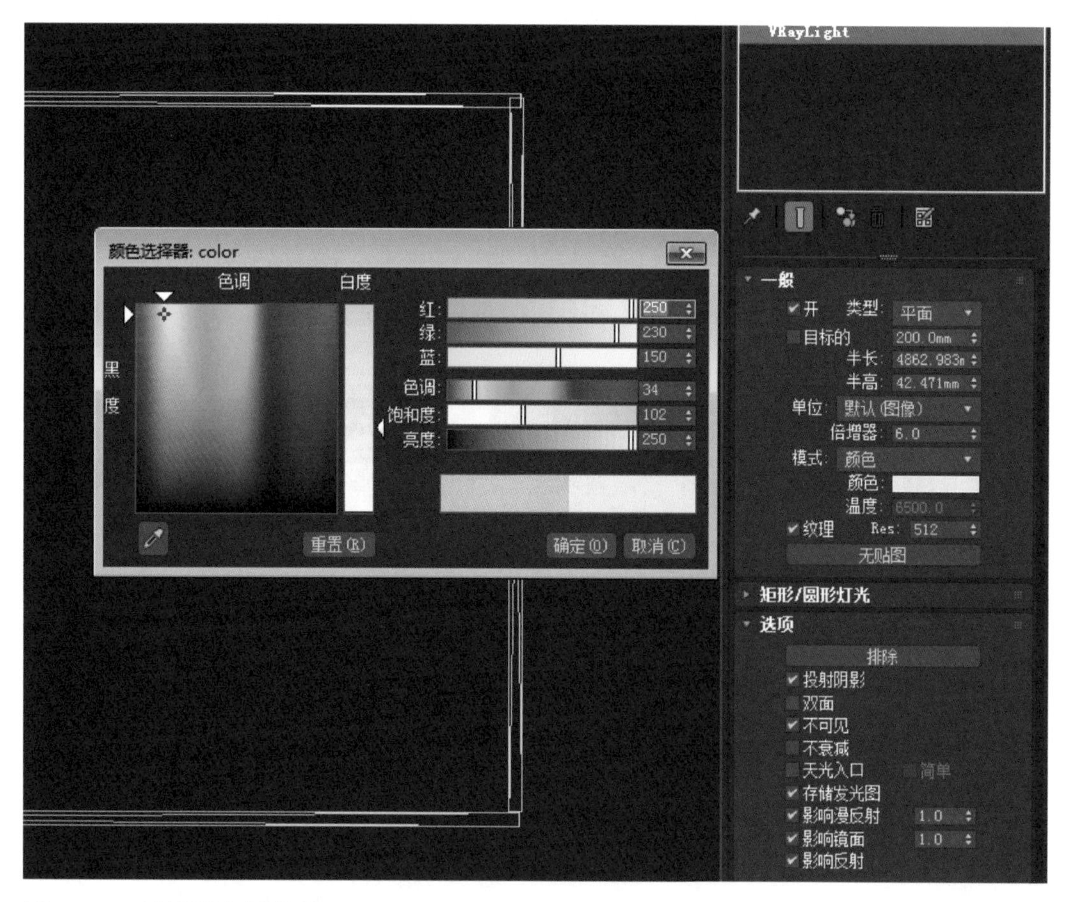

图 7-13　设置面光源参数

⑮ 灯光设置完成后直接进行渲染测试，可以看见隐藏灯光的效果出来了，如图 7-14 所示。

图 7–14　加入面光源后的渲染效果

⑯ 单击“创建命令”面板中的“灯光”按钮，在打开的卷展栏中选择“光度学”选项，单击“目标灯光”按钮，然后在视图中的射灯位置创建灯光。

⑰ 在视图中拾取已创建的灯光对象，按〈Shift〉键进行关联复制，创建出所有的射灯光源，完成后的效果如图 7–15 所示。

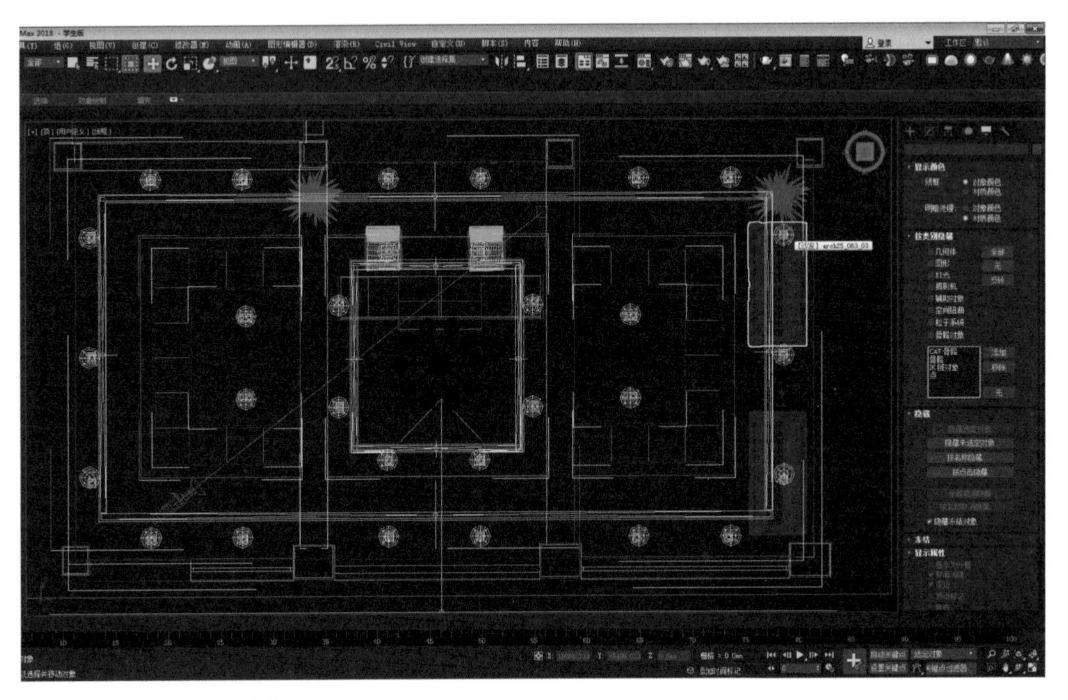

图 7–15　加入射灯光源

⑱ 前视图中的灯光位置如图 7-16 所示。

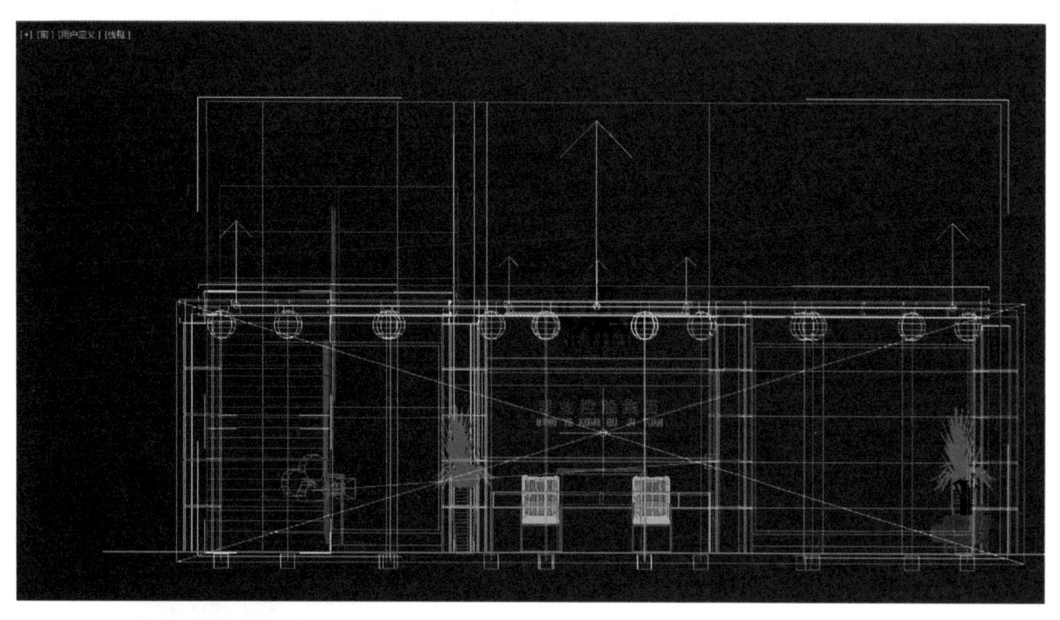

图 7-16　前视图中的灯光位置

⑲ 左视图中的灯光位置如图 7-17 所示。

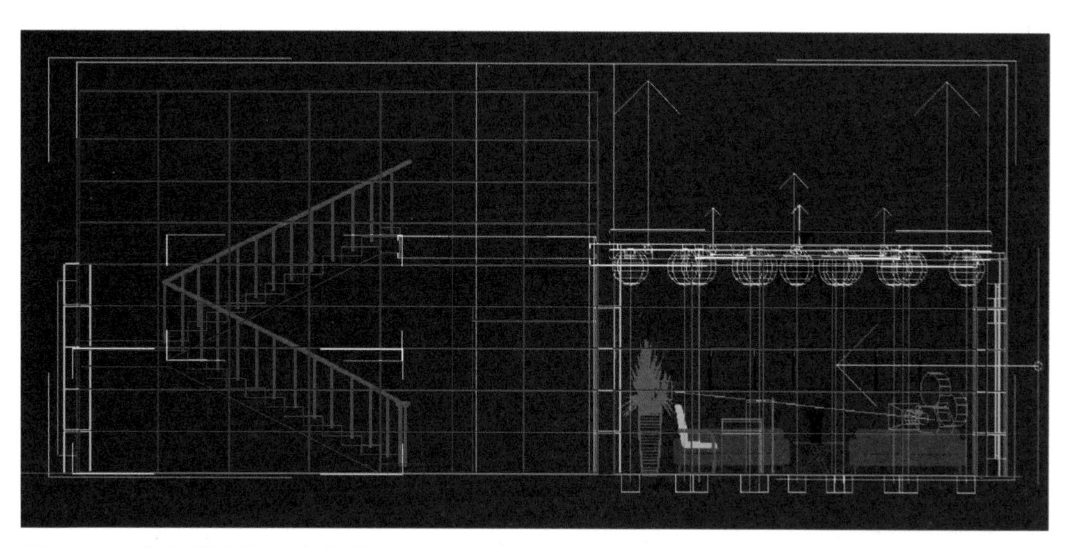

图 7-17　左视图中的灯光位置

⑳ 进入“修改命令”面板，在“强度 / 颜色 / 分布”卷展栏中，选择“灯光分布（类型）”下拉列表中的“光度学 Web”选项，然后进入“分布（光度学 Web）”卷展栏，单击“ Web 文件”右侧的按钮，为其指定光域网文件，选择 Abook 资源中的“项目 7\ 中间亮 .ies”文件，具体参数设置如图 7-18 所示。Web 光域网是一个光源灯光强度分布的 3D 表示。平行光分布信息以 IES 格式存储在光度学数据文件中，而对于光度学数据采用 LTLI 或 CIBSE 格式。可以将各个制造商提供的光度学数据文件加载为 Web 参数。

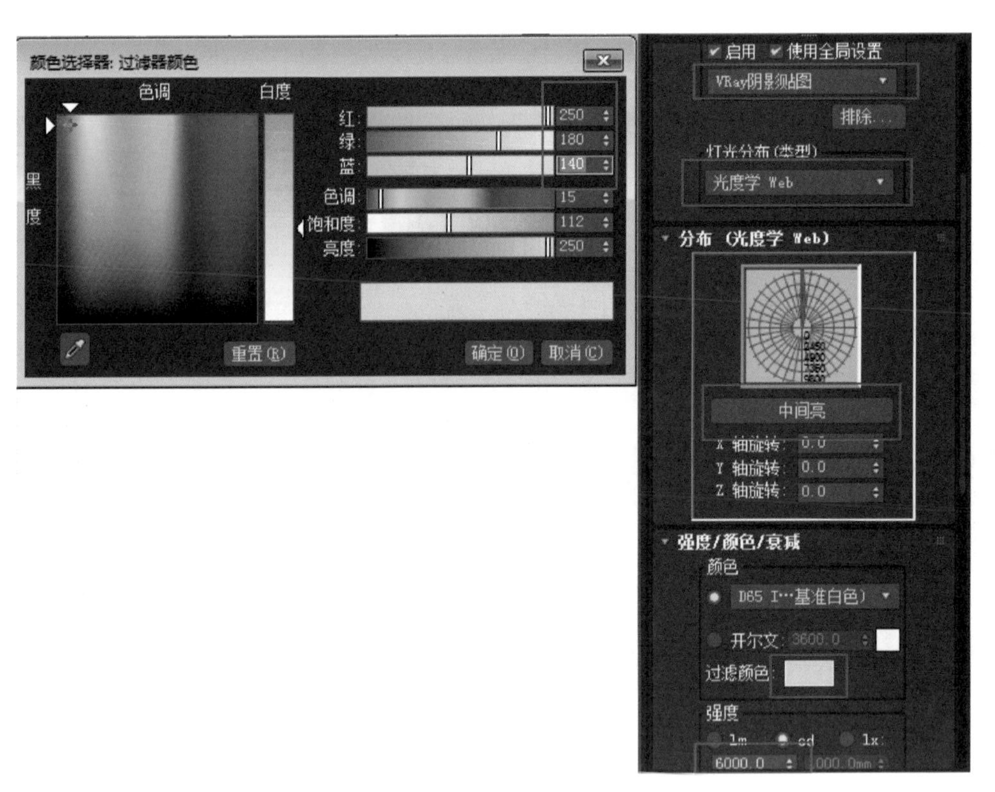

图 7–18　设置相关参数

㉑ 切换到相机视图，按〈F9〉键进行快速渲染，可以看到已经有射灯的效果了，如图 7–19 所示。

图 7–19　射灯效果

㉒ 这时可以发现图像的左侧比较暗，需要在那里进行补光。

㉓ 切换到前视图，在模型左侧拖曳出一个 700 mm × 700 mm 的 VR 灯光作为面光，切换到顶视图，将 VR 面光旋转到如图 7-20 所示的位置。

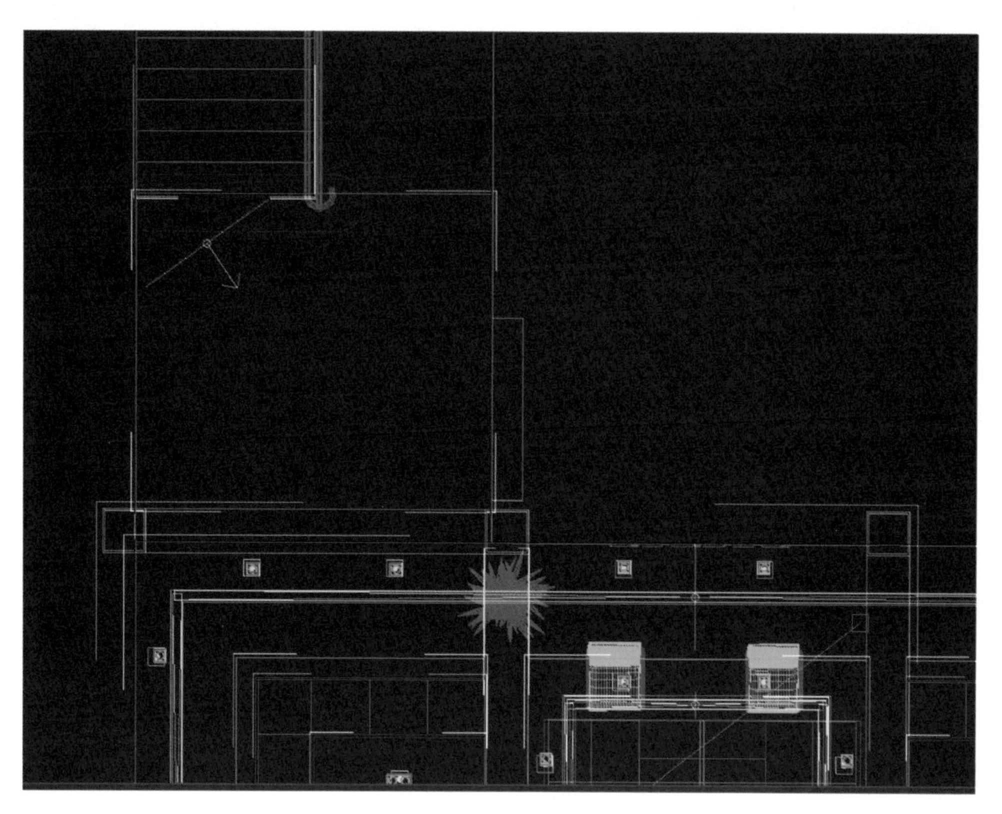

图 7-20　将 VR 面光旋转到位

㉔ 进入“修改命令”面板，设置 VR 面光的参数，如图 7-21 所示。

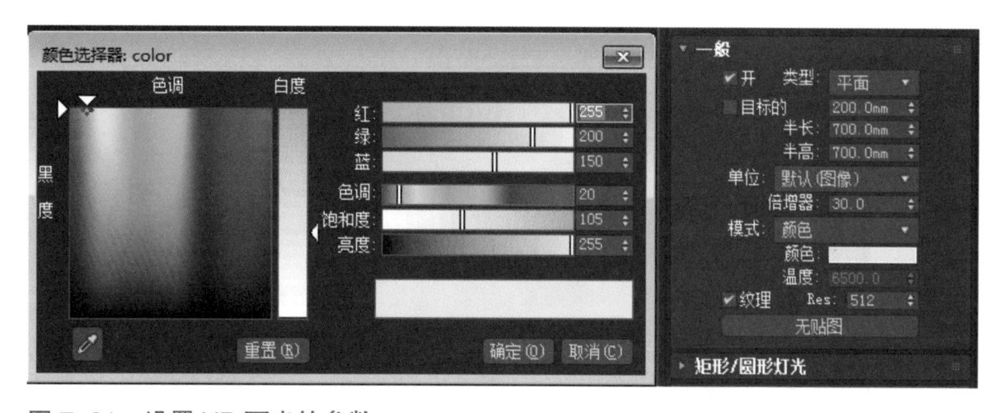

图 7-21　设置 VR 面光的参数

㉕ 切换到相机视图，按〈 F9〉键进行快速渲染，这时左侧亮起来了，和前厅的衔接也比较自然，如图 7-22 所示。

图 7-22 加入 VR 面光后效果

任务 2 设置材质

首先分析材质，在大厅效果图中主要有 10 种材质，如图 7-23 所示。

图 7-23 大厅材质

①按〈M〉键，打开“材质编辑器”窗口，选择第1个材质球，单击“Standard”按钮，弹出“材质/贴图浏览器”对话框，将其设置为“VRayMtl”类型，并命名为“白乳胶漆”，如图7–24所示。“白乳胶漆”材质的详细参数设置如图7–25所示。

图 7–24　设置为“VRayMtl”类型

②用类似步骤，设置“玻璃”材质，详细参数设置如图7–26所示。

③用类似步骤，设置“贝花白大理石”材质，详细参数设置如图7–27所示，“贝花白大理石”材质文件位于Abook资源中的“项目7\材质”。

④用类似步骤，设置“深红色烤漆玻璃”材质，详细参数设置如图7–28所示。

⑤用类似步骤，设置“清玻璃”材质，详细参数设置如图7–29所示。

⑥用类似步骤，设置“蓝色烤漆玻璃”材质，详细参数设置如图7–30所示。

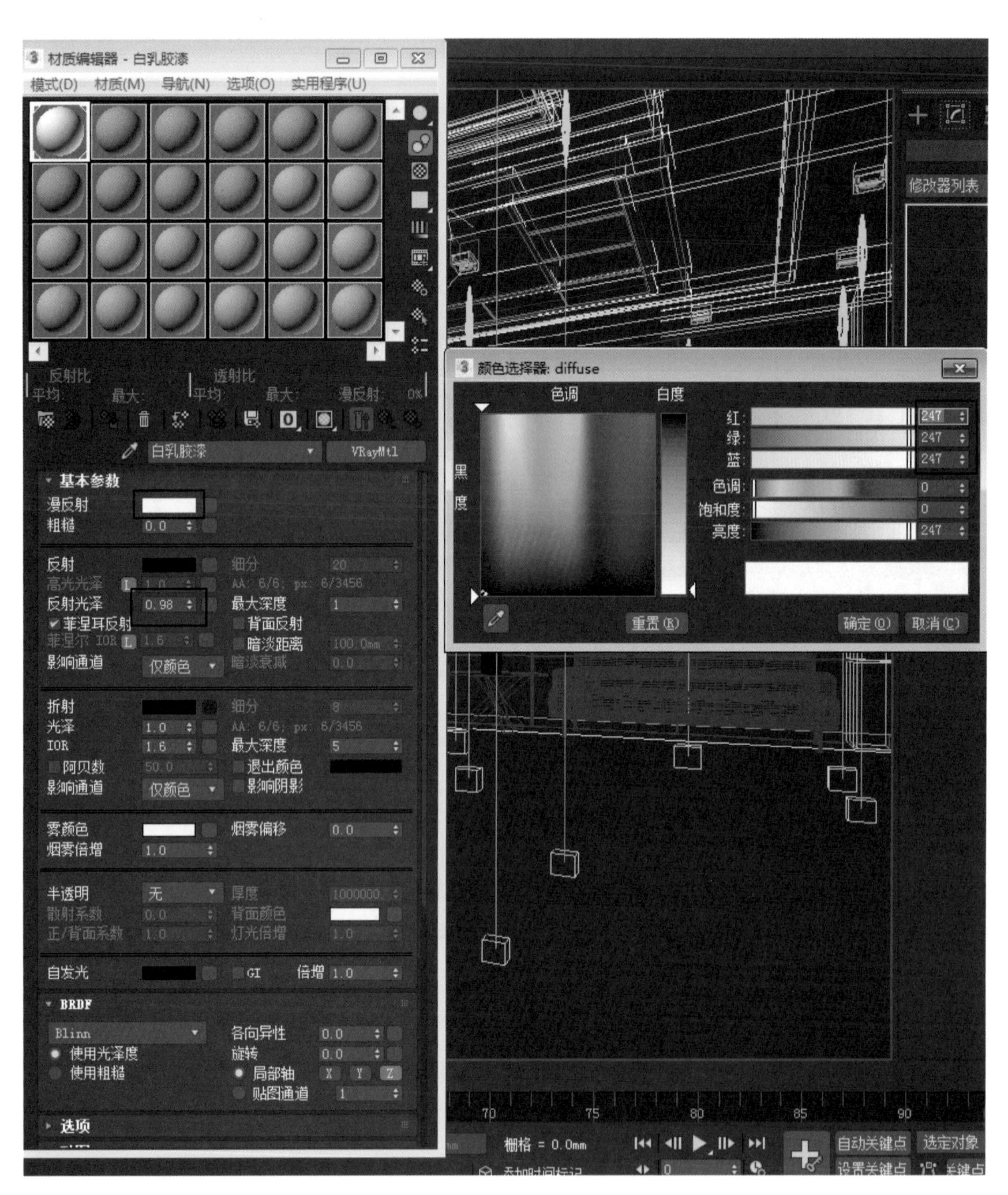

图 7-25 设置“白乳胶漆”材质参数

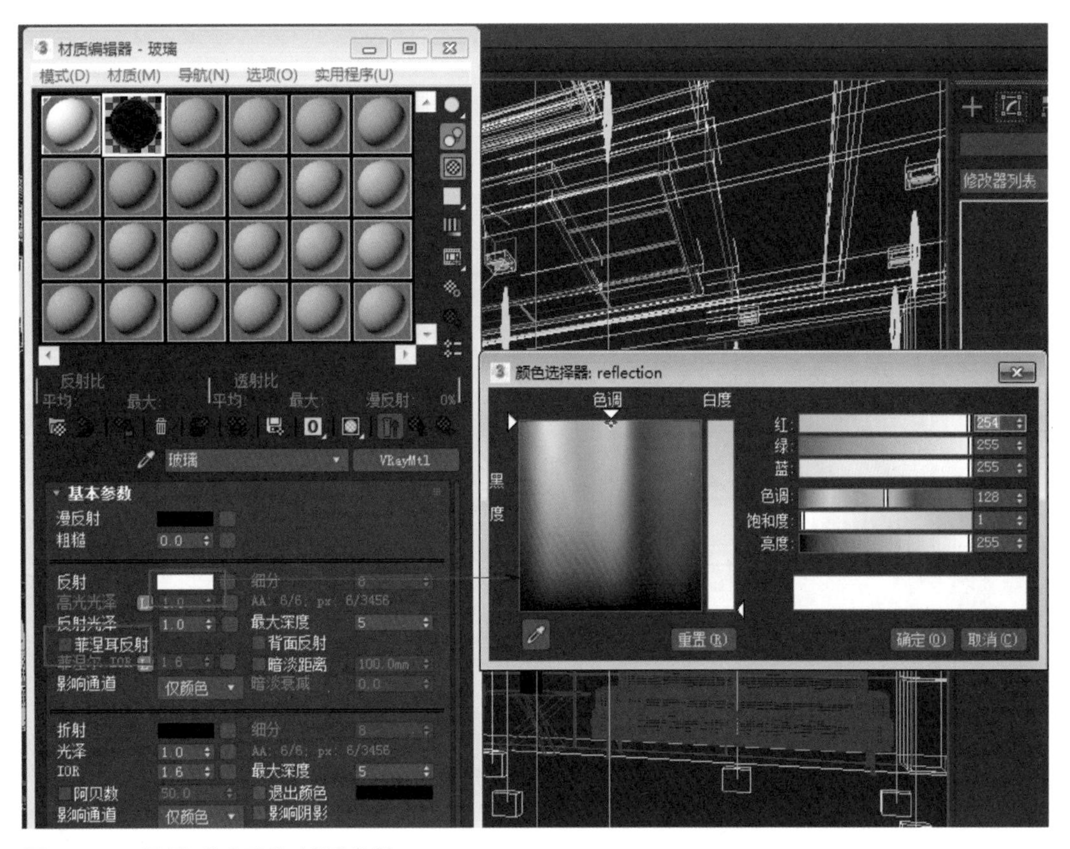

图 7–26　设置“玻璃”材质参数

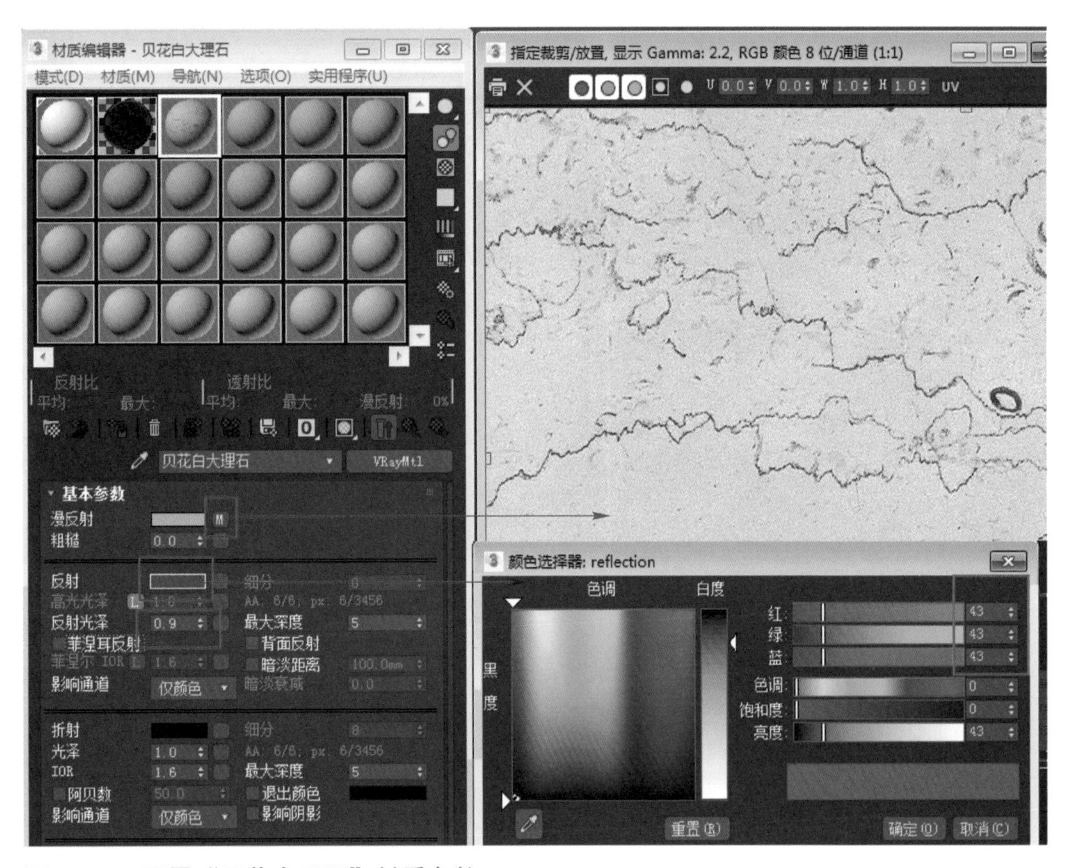

图 7–27　设置“贝花大理石”材质参数

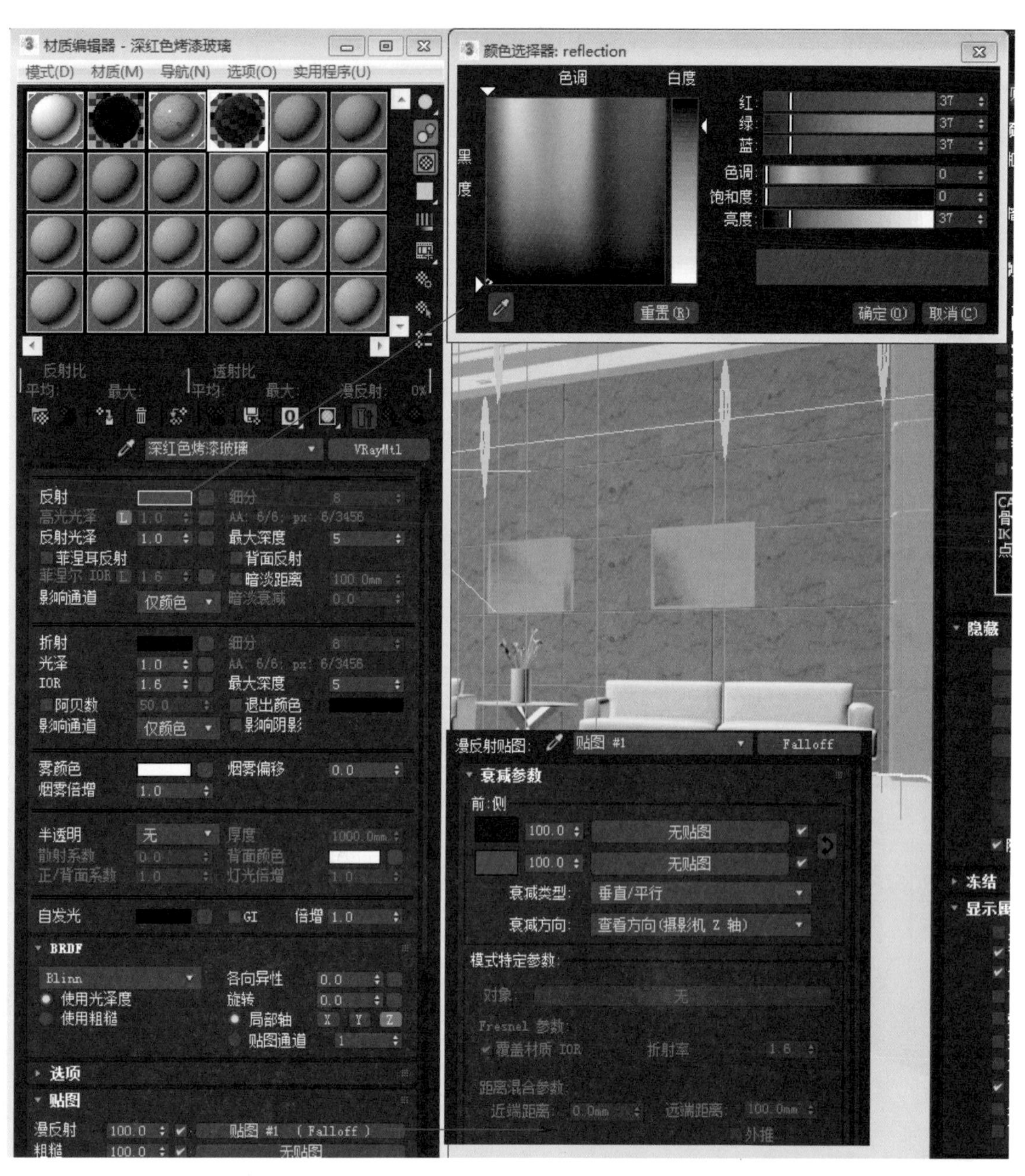

图 7-28　设置“深红色烤漆玻璃”材质参数

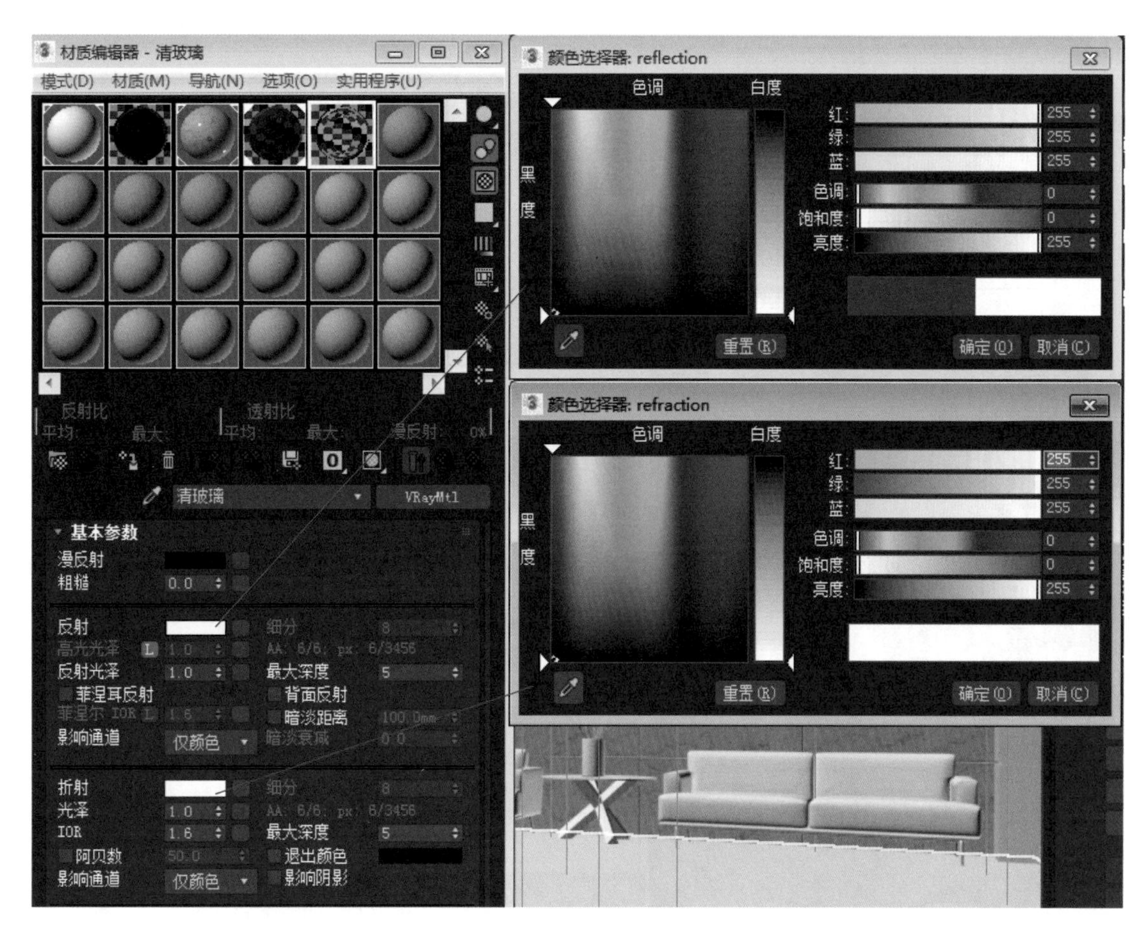

图 7-29　设置“清玻璃”材质参数

⑦ 用类似步骤，设置“人造大理石”材质，详细参数设置如图 7-31 所示。

⑧ 用类似步骤，设置“阿曼米黄大理石”材质，详细参数设置如图 7-32 所示，材质文件位于 Abook 资源中的“项目 7\ 材质”。

⑨ 用类似步骤，设置“艺术墙纸贴面”材质，详细参数设置如图 7-33 所示，“艺术墙纸贴面”材质文件是位于 Abook 资源中的“项目 7\ 材质”。

⑩ 用类似步骤，设置“洞岩”材质，详细参数设置如图 7-34 所示，“洞岩”材质文件位于 Abook 资源中的“项目 7\ 材质”。

在材质设置完成后，注意调整材质贴图坐标。

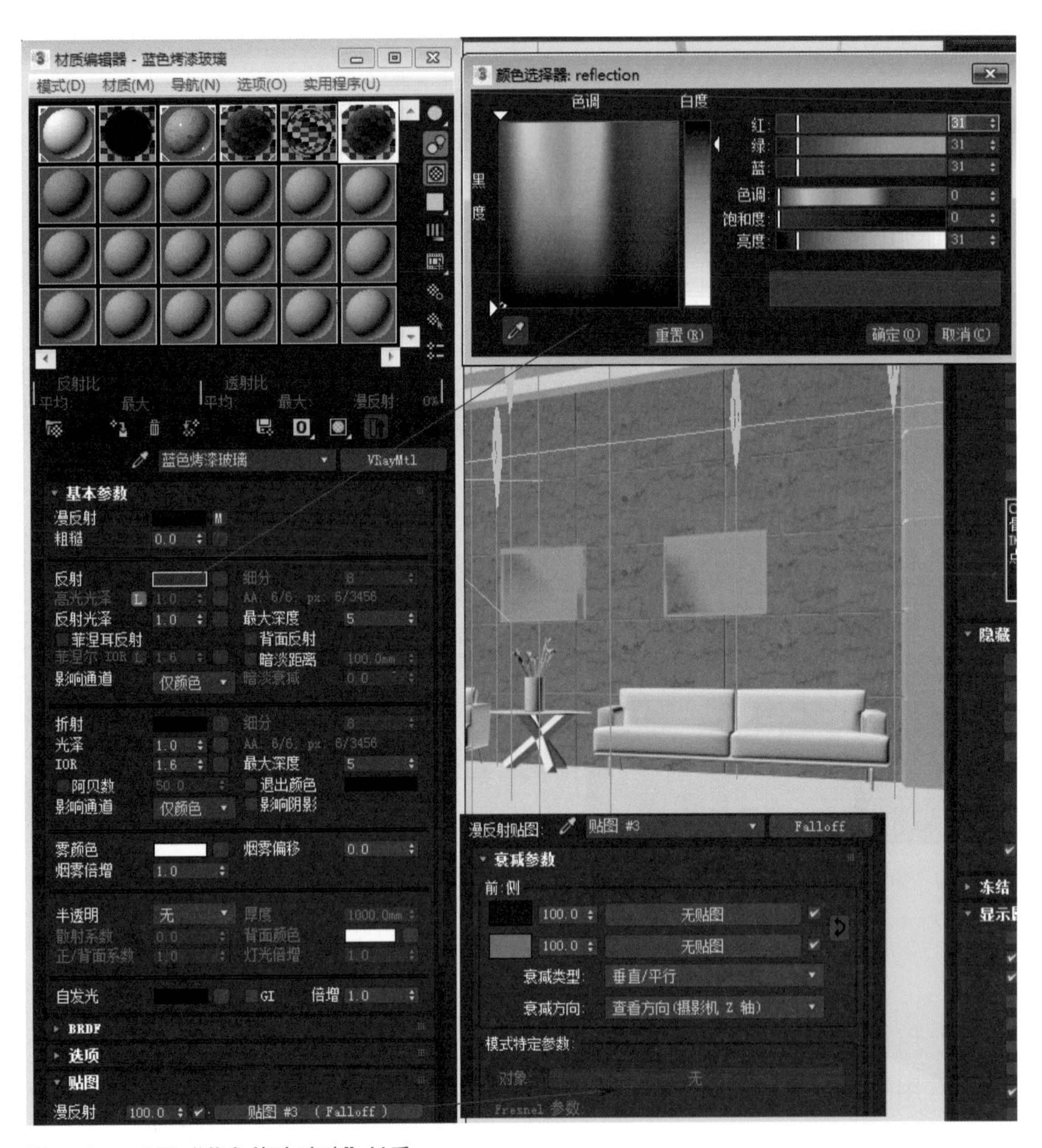

图 7-30 设置“蓝色烤漆玻璃”材质

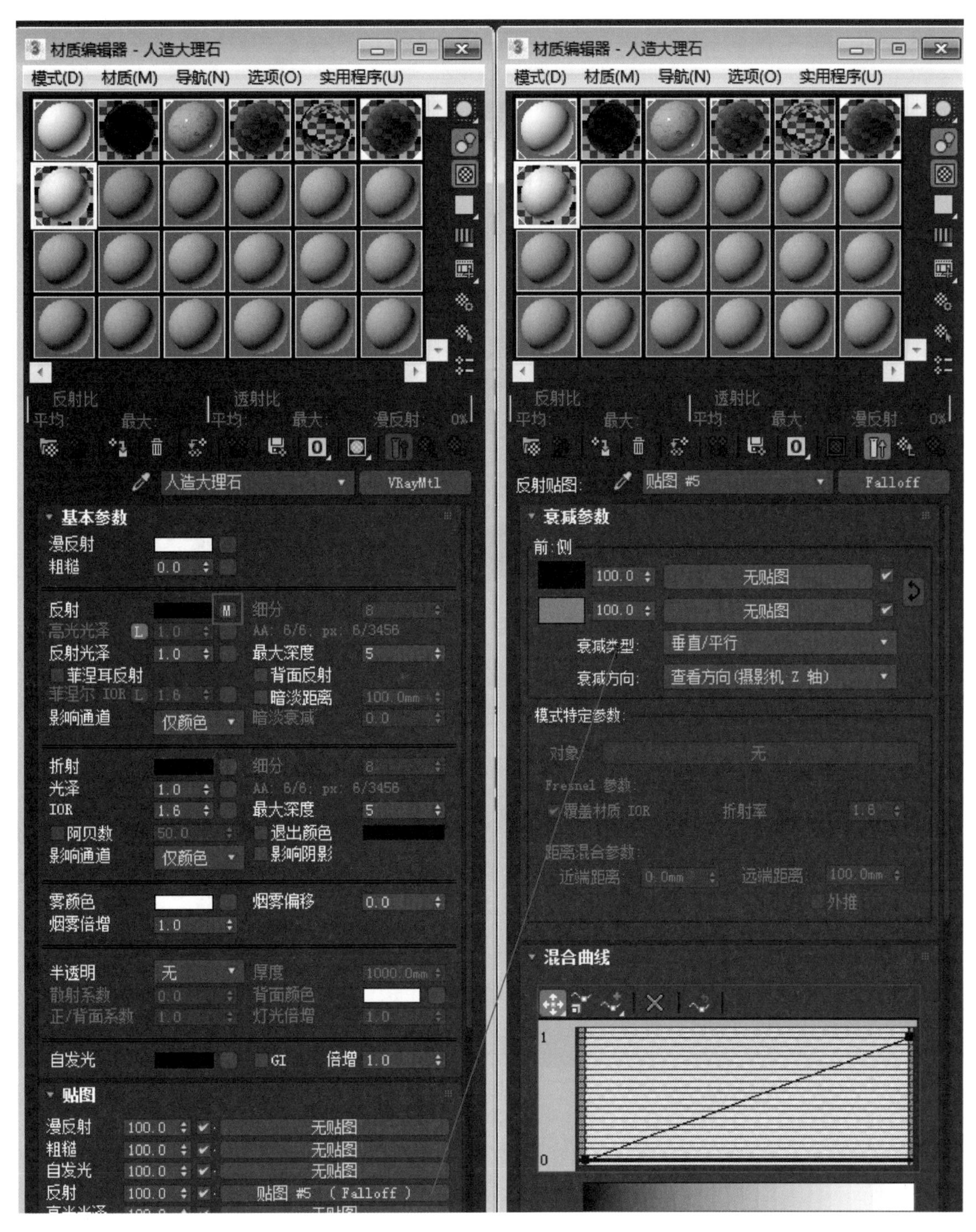

图 7-31　设置“人造大理石”材质

图 7-32　设置“阿曼米黄大理石”材质

图 7–33　设置“艺术墙纸贴面”材质

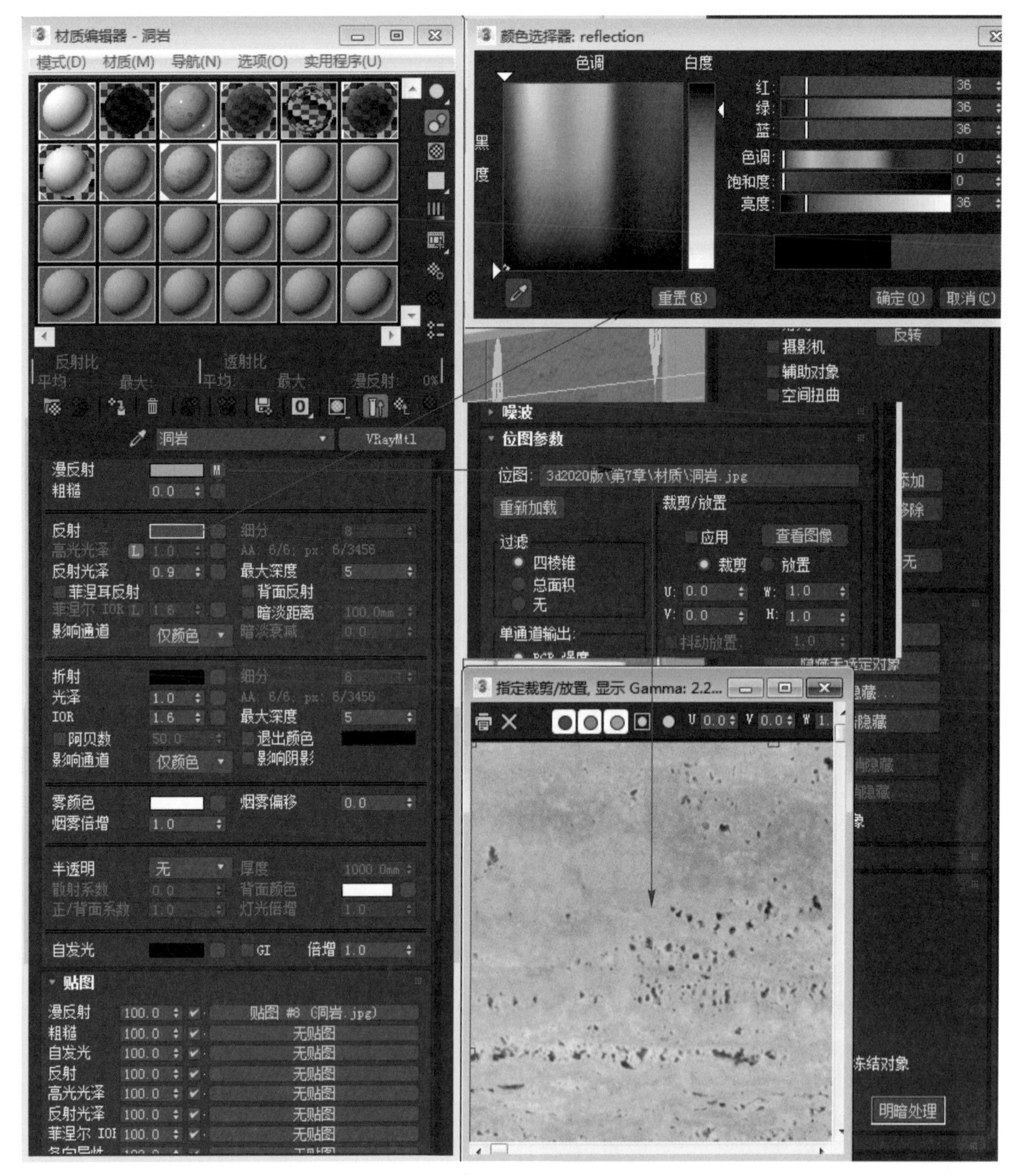

图 7-34 设置“洞岩”材质

任务 3 渲染最终图像

渲染最终图像是效果图制作的最后一步，也是最重要的一个环节，最终的设置将直接影响到图像的渲染品质。但也不是参数设置得越高越好，需要根据硬件配置调整。

① 首先按〈F10〉键打开“渲染场景：V-Ray Adv 3.60.03”对话框，如图 7-35 所示，所有的参数设置都将在这些选项卡中进行。

②进入“全局开关”卷展栏，设置参数如图 7–36 所示，不选中“覆盖材质”复选框。

③设置图像采样，进入“图像采样（抗锯齿）”“图像过滤”卷展栏，将“类型”设为“块”，将“过滤器”设为“Mitchell–Netravali”，如图 7–37 所示。

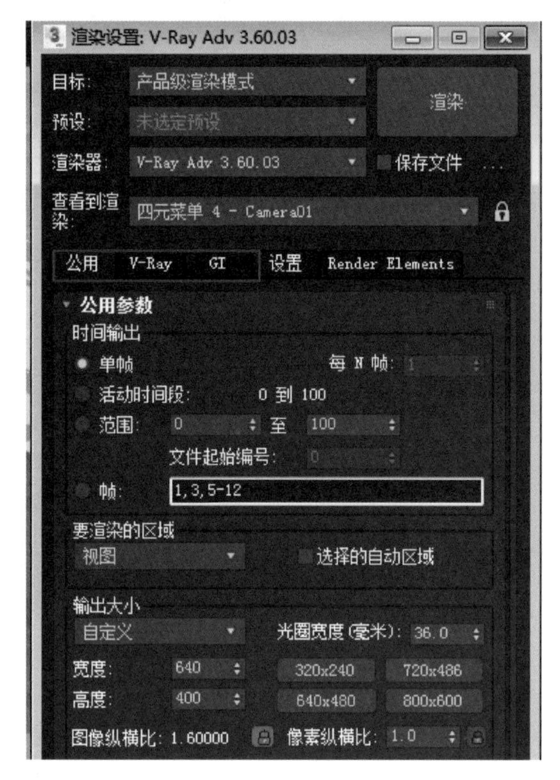

图 7–35　“渲染设置：V–Ray Adv 3.60.03”对话框

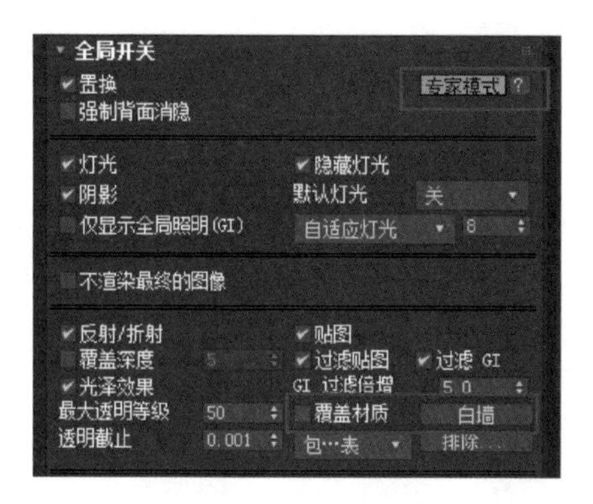

图 7–36　设置“全局开关”卷展栏

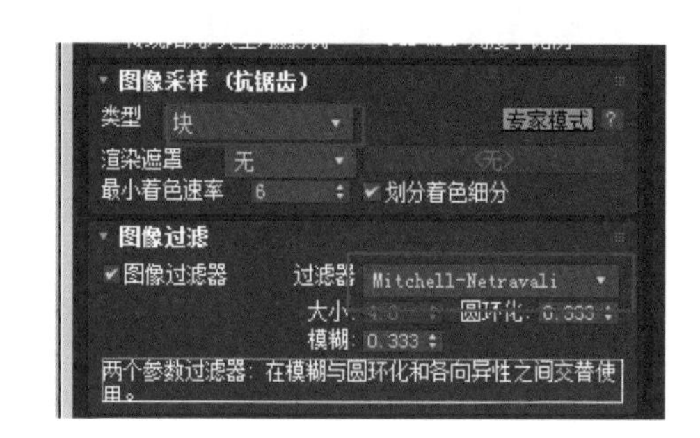

图 7–37　设置“图像采样（抗锯齿）”“图像过滤”卷展栏

④设置“颜色贴图”卷展栏，将“类型”设置为“指数”，将“暗部倍增”改为“1.25”，“亮部倍增”保持“1.0”不变，如图 7–38 所示。

⑤进入“GI”选项卡，改为“专家模式”，将“首次引擎”改为“发光贴图”，倍增为“1.0”；“二次引擎”改为“灯光缓存”，倍增为“0.6”，如图 7–39 所示。

⑥单击“V–Ray 快速设置”按钮，VR 已经预设了各种类型需要输出的参数，选择“建筑室内”选项，由于此时是测试，因此选择最小的参数进行渲染，如图 7–40 所示。

⑦单击“渲染”按钮，对相机视图进

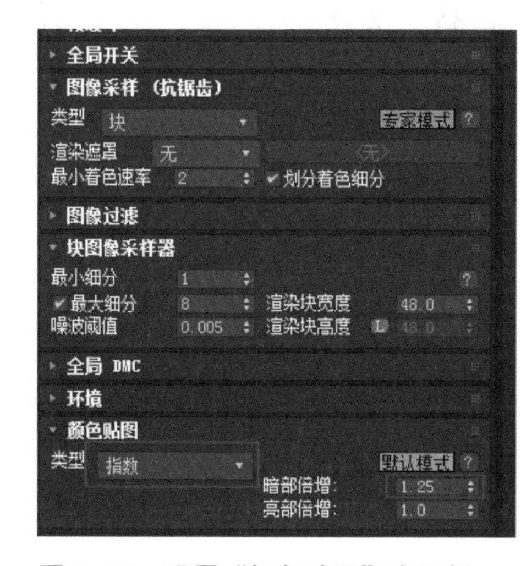

图 7–38　设置“颜色贴图”卷展栏

行渲染，右下角前面的是已运行的时间，后面是还需要的时间。跑动的光子如图 7–41 所示。

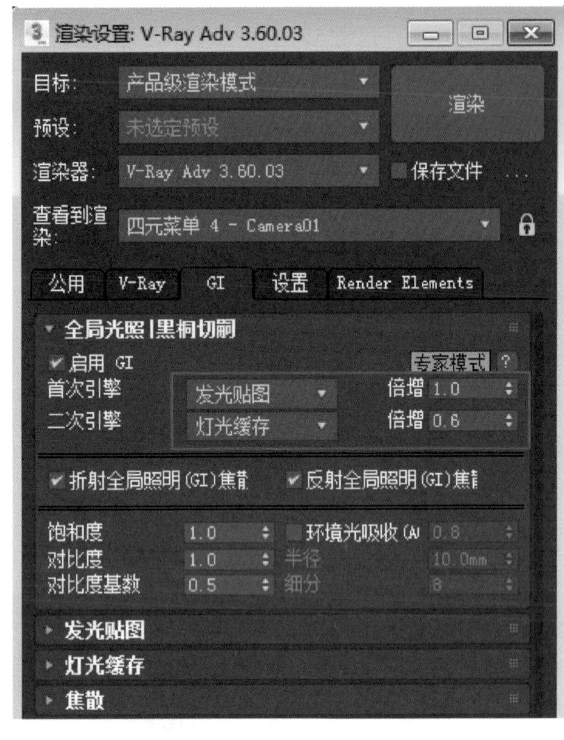

图 7–39　设置“GI”选项卡

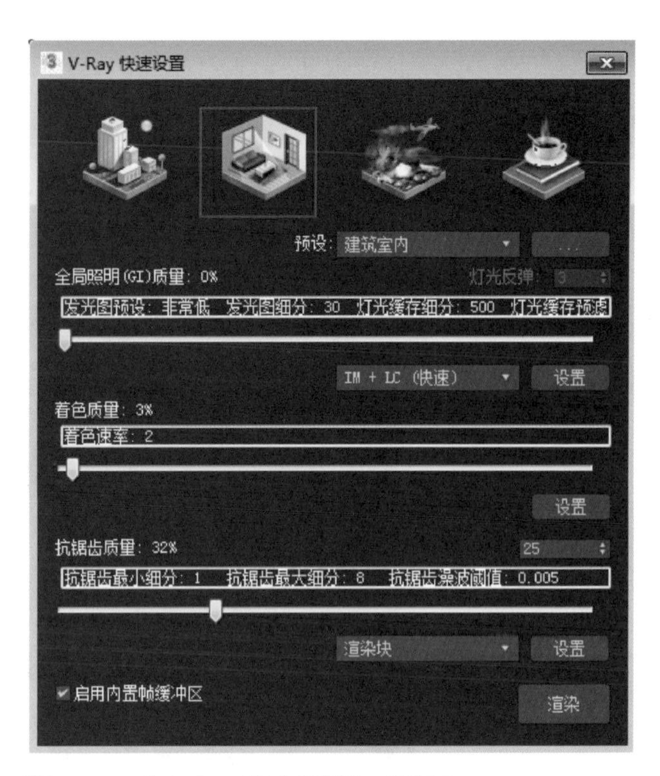

图 7–40　“V–Ray 快速设置”对话框

⑧ 设置最终“输出大小”尺寸为“1 600 × 1 000”，如图 7–42 所示。在“渲染输出”选项区中单击“文件”按钮，设置保存目录，并选择“保存文件”复选框。

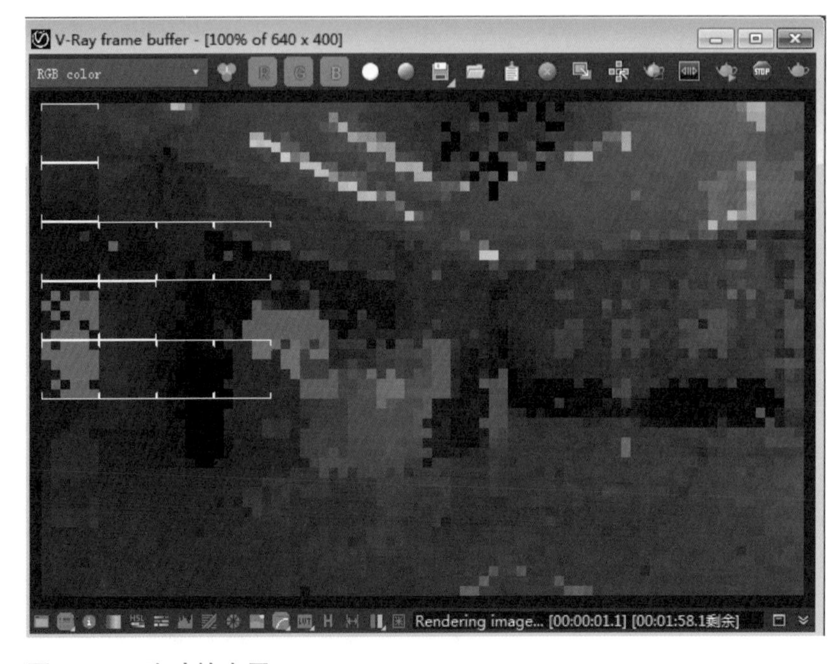

图 7–41　跑动的光子

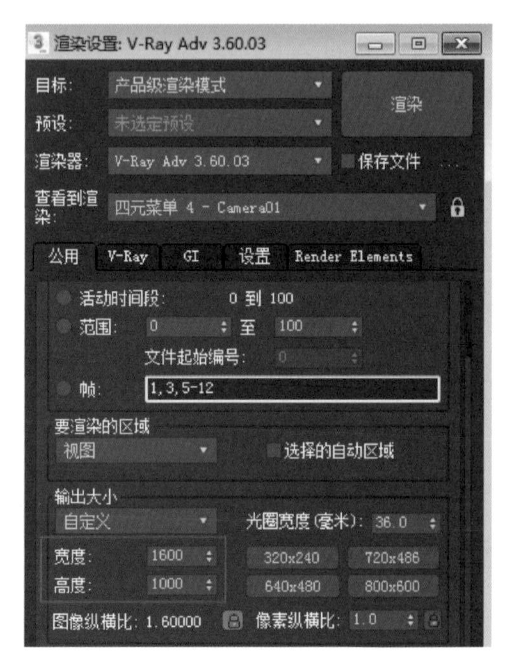

图 7–42　设置输出大小

⑨ 将快捷设置参数设置为高，渲染后的效果如图 7–43 所示。

图 7–43　渲染效果

任务 4　使用 Photoshop 进行后期处理

① 打开渲染的图片，选择“图像”→“调整”→“曲线”命令，将画面稍微调亮一点。

② 选择“图像”→“调整”→“亮度 / 对比度”命令，调整对比度为“+15”。

③ 选择“图像”→“调整”→“色彩平衡”命令，调整色彩。

④ 选择“图像”→“调整”→“照片滤镜”命令，在弹出的“照片滤镜”对话框中，在“滤镜”单选钮右边选择“冷却滤镜（LBB)”选项，将“浓度”修改为“11”，如图 7–44 所示。

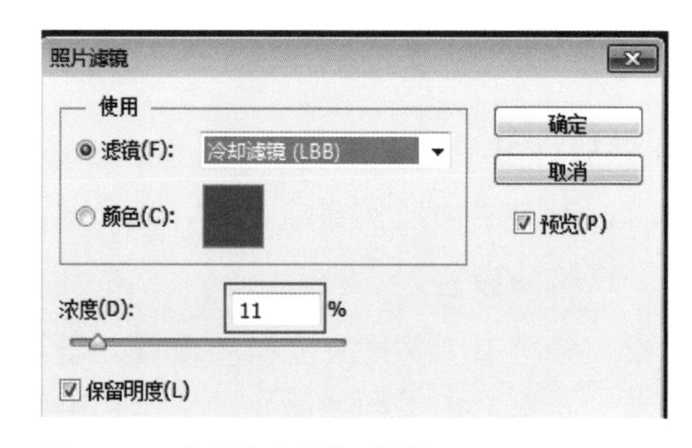

图 7–44　“照片滤镜”对话框

⑤ 最终效果如图 7–45 所示。

图 7-45　最终效果图

课后练习

1. 参考书中实例完成 VR 灯光设置，学习主灯光、辅助灯光、筒灯灯光、灯带的设置。
2. 参考书中实例完成材质设置，学习各类材质设置及覆盖材质的运用方法。
3. 参考书中实例完成测试渲染和出图渲染的 VR 设置，完成后期 PS 处理。
4. 运用 3ds Max 软件设计完成一个小型大厅的效果图制作。

项目 8　制作全景卧室效果图

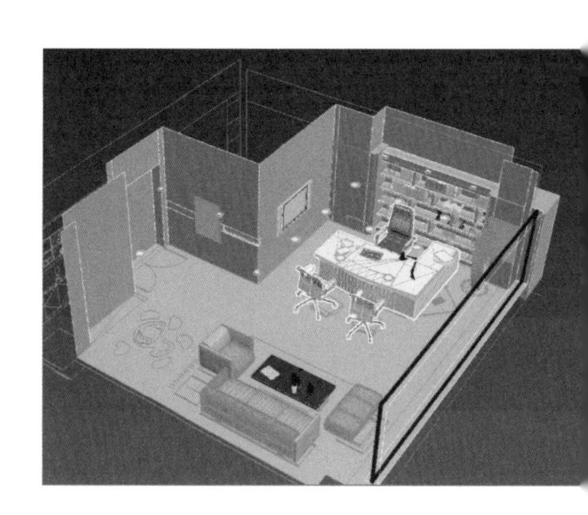

在这个项目，我们将介绍一种全新的渲染器：CR（全景效果图渲染器），它的设置比较简单。在室内设计行业，特别是家装设计行业，全景效果图可以给客户更直观的视觉感受。

① 打开 3ds Max 2018，设置单位为“mm”，然后打开卧室模型文件，文件位于 Abook 资源中的“项目 8\模型”。打开后有可能会弹出一个“缺少 Dll”提示对话框，如图 8-1 所示，单击“打开”按钮。

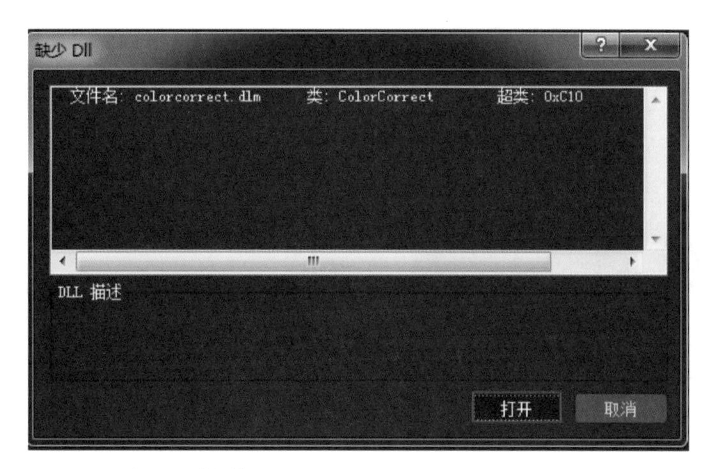

图 8-1　提示对话框之一

② 因为每个计算机的存储路径不同，打开后会弹出一个找不到材质的缺少外部文件的提示对话框，如图 8-2 所示，提示材质、灯光找不到导入路径。单击“浏览”→“添加”按钮，为这些材质、灯光找到路径，如图 8-3 所示。

图 8-2　提示对话框之二

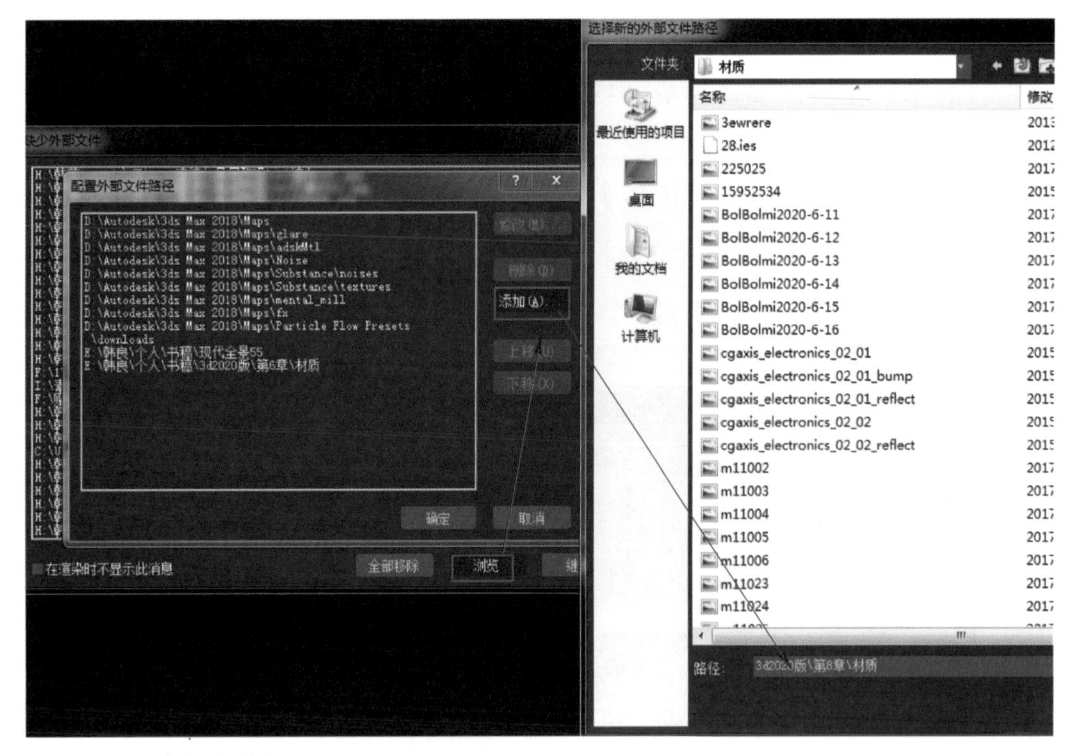

图 8–3　寻找相应路径

③ 单击“渲染设置”按钮或者按〈F10〉键，打开“渲染设置”对话框，将渲染器改为“CoronaRenderer”渲染器，将输出宽度和高度改为“640”“320”，并锁定“图像纵横比”，在“指定渲染器”卷展栏将材质编辑器改为“Corona 5”，如图 8–4 所示。

④ 在“Scene”选项卡中，将“批次限制”改为“10”（这个数字越高，渲染就越细致，运行时间越长），“噪点等级限制”改为“3.0”，如图 8–5 所示。

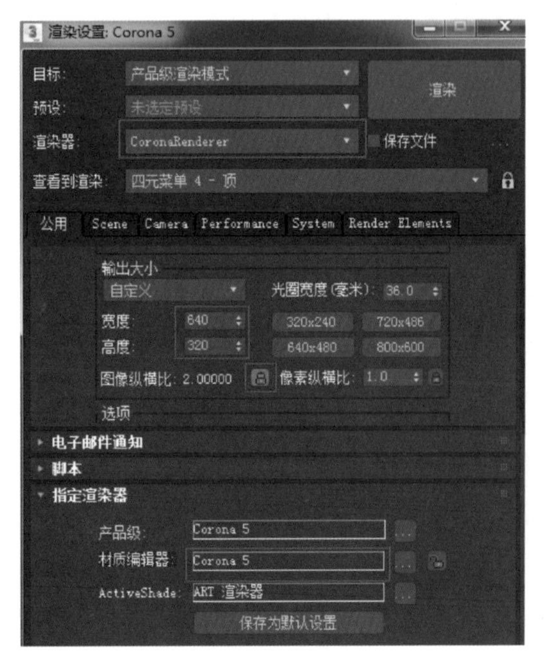

图 8–4　“渲染设置：Corona 5”对话框

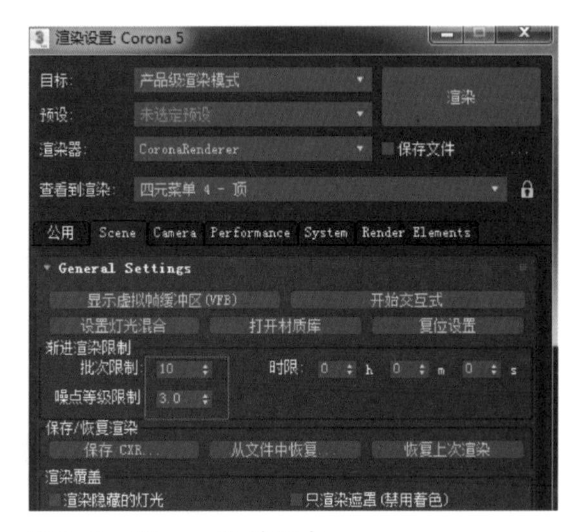

图 8–5　“Scene”选项卡

⑤ 在顶视图建一个 box，长、宽、高分别为 5 000 mm、30 mm、6 000 mm，命名为“室外风景”，将它移动到如图 8–6 的位置。

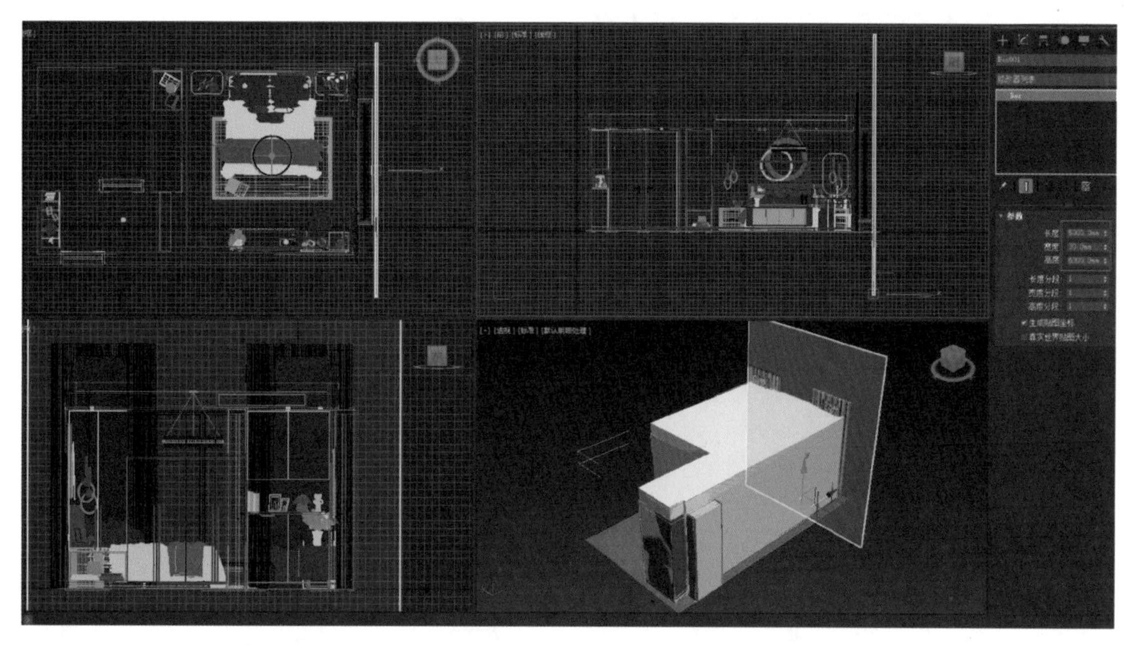

图 8–6　移动“室外风景”

⑥ 打开“材质编辑器”对话框，选择第一个材质球，改名“室外风景”，单击“Standard”按钮，在打开的对话框中选择“CoronaLightMtl”选项，如图 8–7 所示。然后在“Corona 灯光材质”卷展栏中单击“无贴图”按钮，找到 Abook 资源“项目 8\ 材质 \ 室外风景 .JPG”，并将材质赋予“室外风景”模型，如图 8–8 所示。

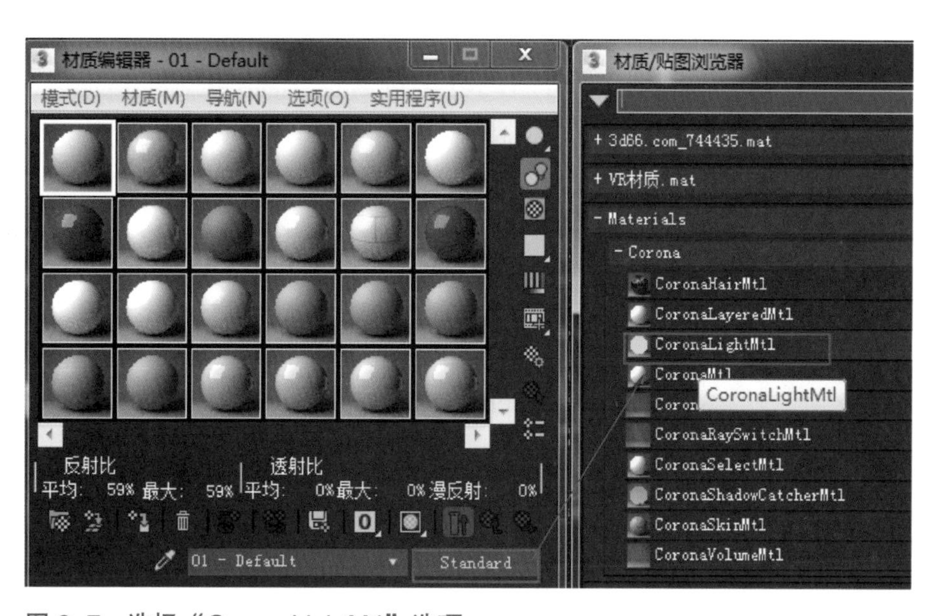

图 8–7　选择“CoronaLightMtl”选项

图 8-8　将材质赋予“室外风景”

⑦ 选中床头悬挂的 4 个圆形灯管，隐藏其他物体，解开组。选择第二个材质球，改名“白瓷灯管”。将“反射”→“级别”、“折射”→“级别”均改为“1”“自发光”→“倍增”改为“0.2”，“反射”→“菲涅尔 IOR”改为“15”，“折射”→“颜色”改成“淡灰”。单击反射颜色边上的灰色，设置衰减贴图，将前色改成灰色，并把材质赋予“灯管”，如图 8-9 所示。

⑧ 关闭组，打开所有隐藏，选中床背后的环形灯管，隐藏其他物体。选择第三个材质球，改名为“暖光”，选择“CoronaLightMtl”选项，颜色改为“暖黄色”，强度为“2.0”，并把材质赋予“环形灯管”，如图 8-10 所示。

⑨ 切换到顶视图，在床前面位置放置一个 CR 相机 CoranoCam，“目标距离”设为“3 000.0 mm”，类型改为“球形 360°”，如图 8-11 所示。

⑩ 重新选择相机，确认相机 CoronaCamera001、CoronaCamera001.Target 都被选中，右键单击“移动”按钮，在弹出的“移动变换输入”对话框中选择“Z”设为“1 000.0 mm”，如图 8-12 所示。

⑪ 切换到相机视图。单击“渲染设置”按钮，在“Scene”选项卡中单击“设置灯光混合”按钮，在弹出的对话框中选择第一个“Instanced Lights”单选钮，然后单击“Generate”按钮，如图 8-13 所示。

图 8–9　将材质赋予“灯管”

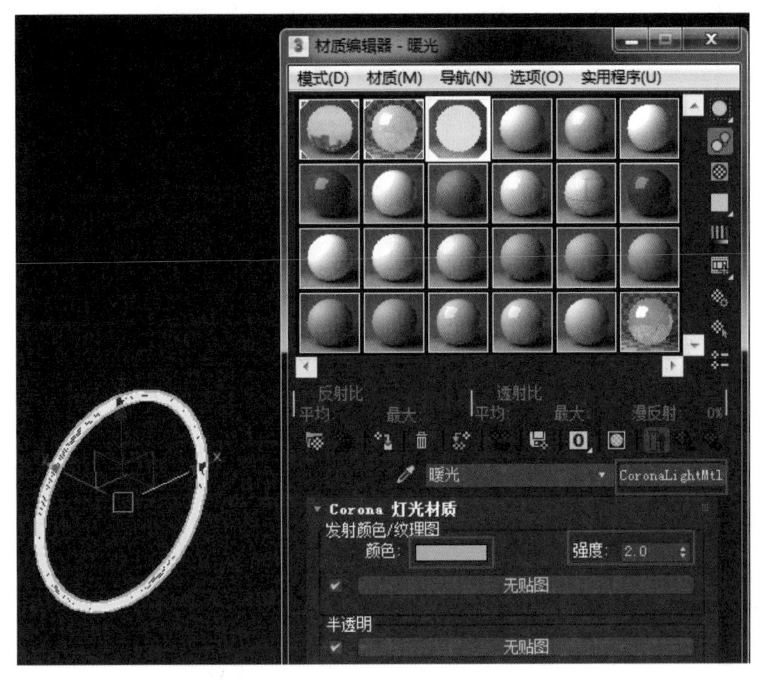

图 8–10　将材质赋予“环形灯管”

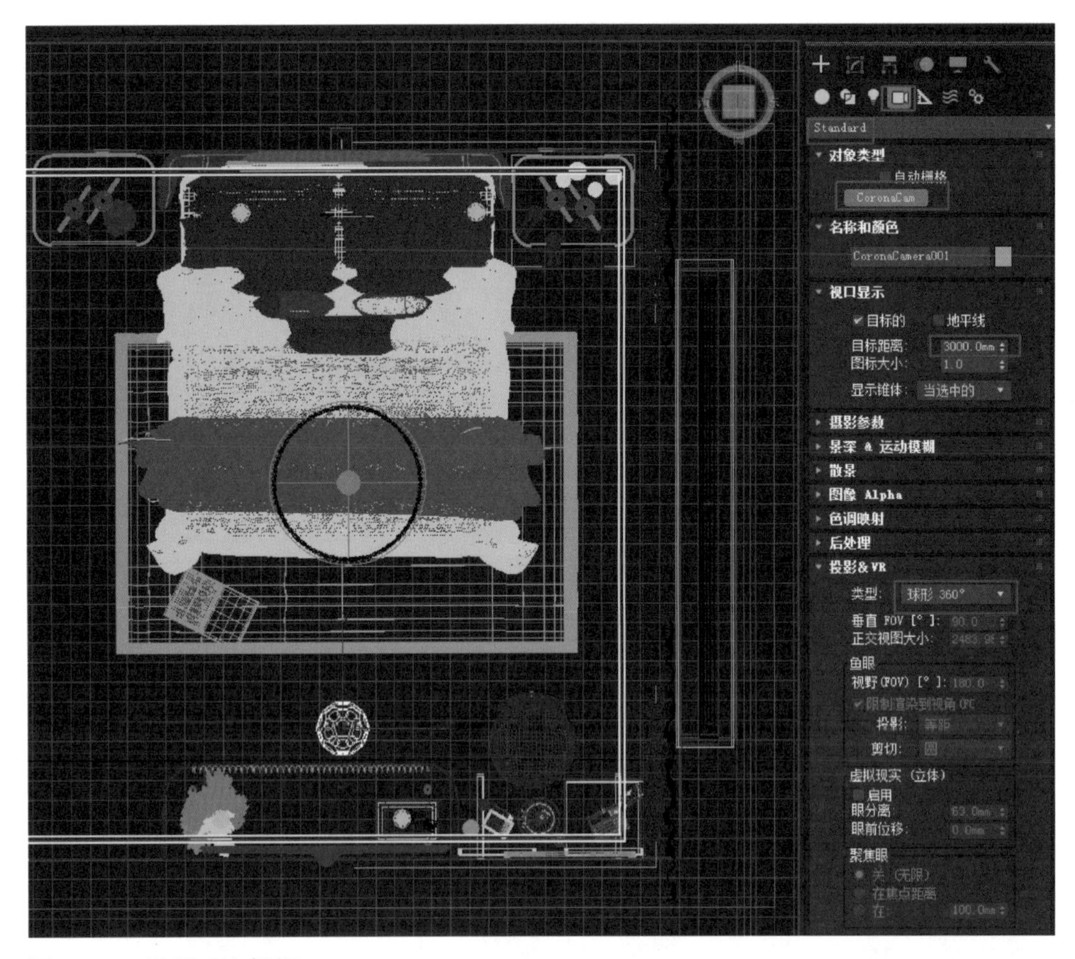

图 8-11　设置 CR 相机

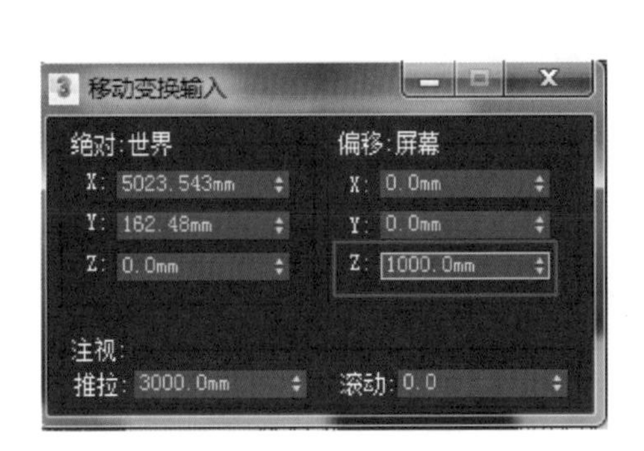

图 8-12　“移动变换输入”对话框

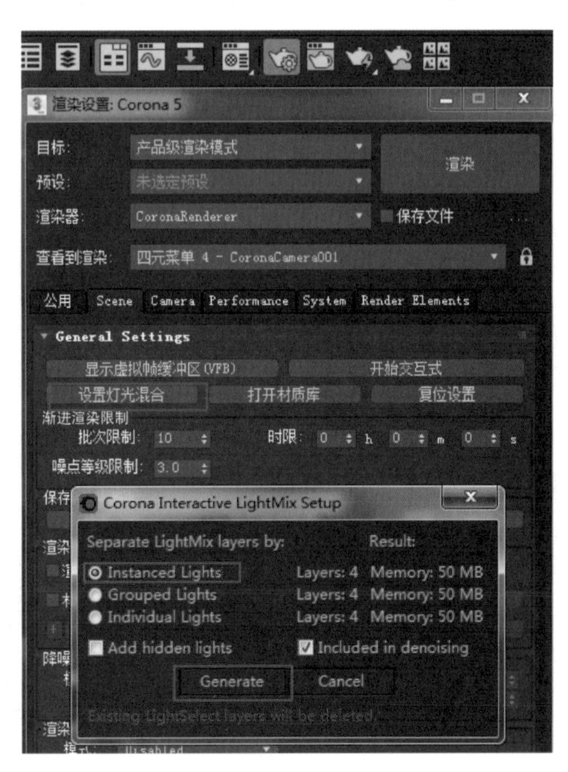

图 8-13　设置“Scene”选项卡参数

⑫ 单击“渲染”按钮，测试效果，如图 8-14 所示。

图 8-14　渲染

⑬ 渲染完成后单击渲染面板中的“LightMax”按钮，观看效果，图 8-15、图 8-16、图 8-17、图 8-18 所示的分别是开启全部灯光、开启“Environment”、开启“环形灯管”和开启“Rest (unassigned)”的效果。

图 8-15　开启全部灯光效果

图 8-16　开启“Environment”效果

图 8-17　开启“环形灯管”效果

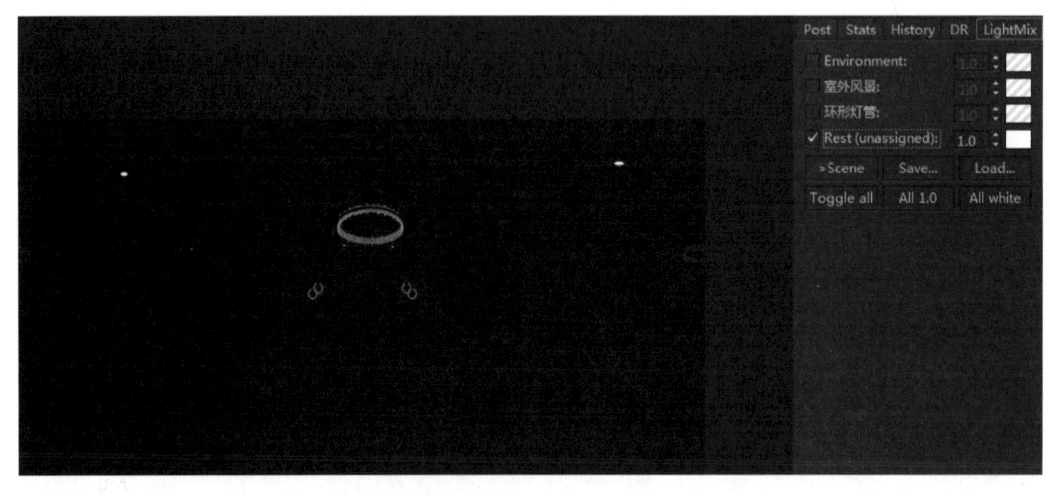

图 8-18　开启“Rest（unassigned）”效果

⑭ 可以继续调整参数，看一下画面的变化。如图 8-19 所示，调高室外风景对应数值后画面整体变亮，灯光效果更强烈了。

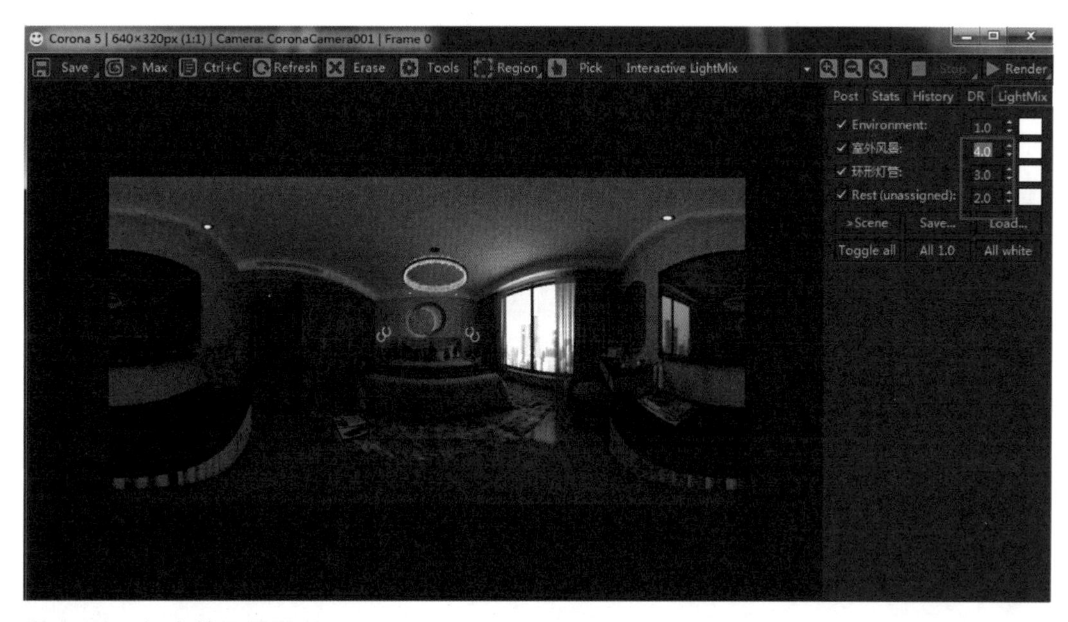

图 8-19　灯光效果更强烈

⑮ 由于室内还有几个筒灯，将筒灯打开，切换到顶视图，在走廊处放置一个 CR 灯光。单击 “Coronalight” 按钮，“强度” 设为 “20.0”，颜色改为暖色，不选中 “直接可见” “反射可见” “折射可见” 复选框，IES 选取 Abook 资源中的 “项目 8\ 材质 \28.ies”，如图 8-20 所示。

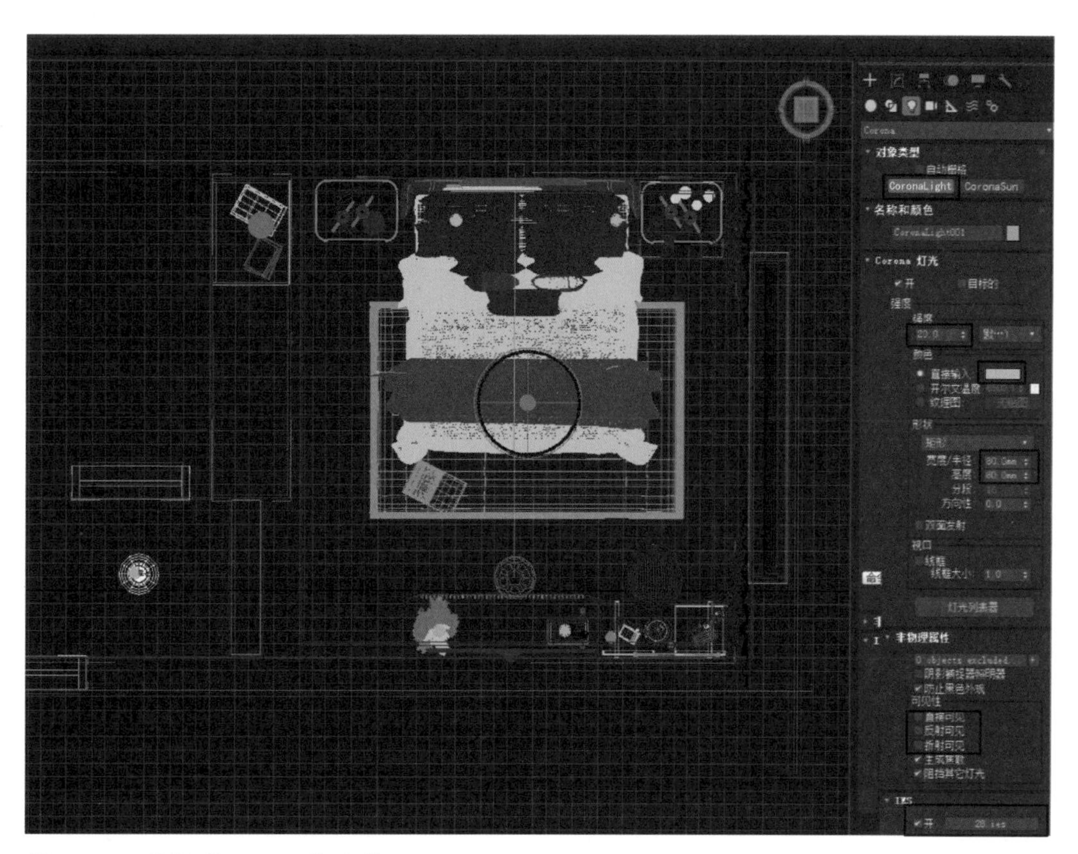

图 8-20　设置 “Corona” 参数

⑯ 将 CR 灯光实例复制到各筒灯的位置，切换到前视图，并将它们移动到筒灯下端，如图 8-21 所示。

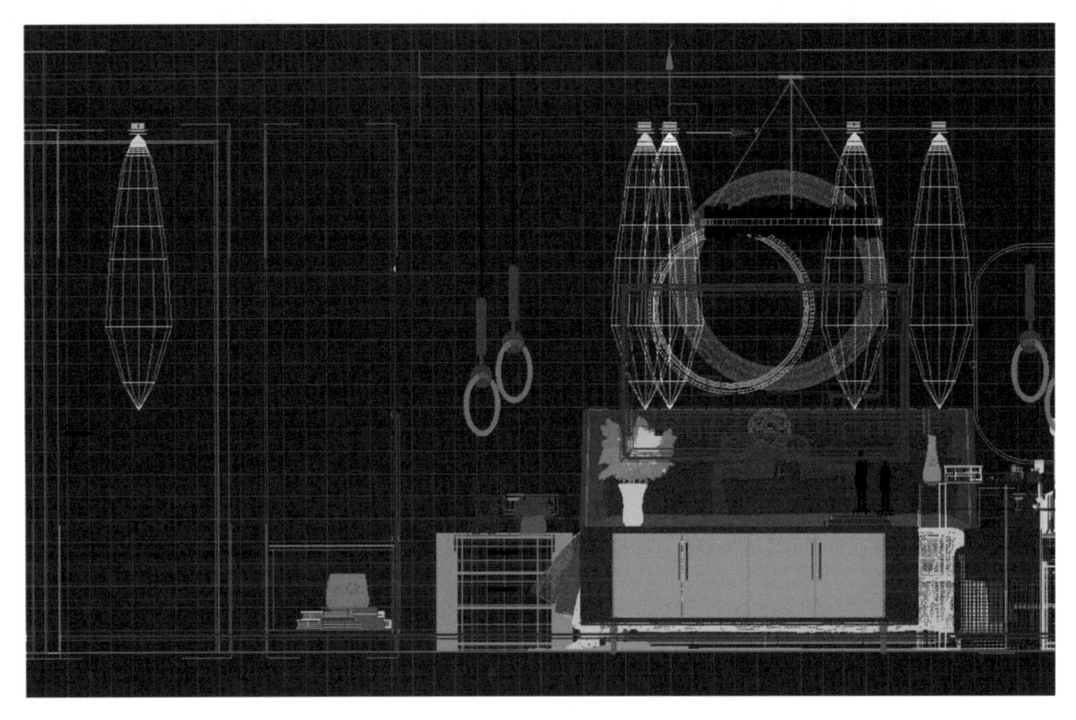

图 8-21　移动 CR 灯光

⑰ 切换到相机视图，打开“渲染设置”面板，重新在 Scend 中选择“设置灯光混合”，单击“渲染”按钮，渲染结束后全景效果如图 8-22 所示。

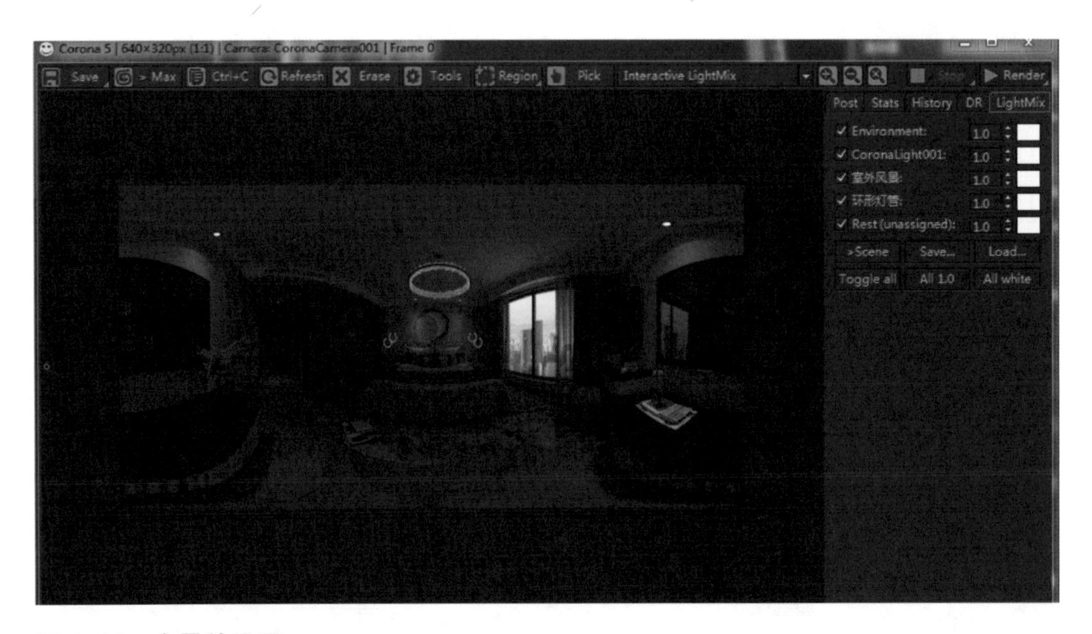

图 8-22　全景效果图

⑱ 若感觉室内比较暗，灯光的效果也不够强烈，可调整一下灯光的参数，进而调整画面效果，如图 8-23 所示。

图 8-23　调整后的全景效果图

⑲ 最终渲染，打开“渲染”设置面板，将输出大小改为“1 600 × 800”，将“批次限制”改为“50”，单击“渲染”按钮，如图 8-24 所示。一般商业出图时，“输出大小”最小为“3 600 × 1 800”，“批次”最小为“200”，“噪点”最小为“5”。

图 8-24　设置渲染参数

⑳ 最终效果如图 8-25 所示。

图 8-25 最终效果图

课后练习

1. 参考书中实例完成材质路径设置、CR 渲染面板设置、CR 材质球设置。
2. 参考书中实例完成 CR 灯光设置、CR 渲染面板的调试，全景渲染出图。
3. 运用 3ds Max 软件完成一幅家装客厅的 CR 渲染效果图。

郑重声明

读者意见反馈

为收集对教材的意见建议,进一步完善教材编写并做好服务工作,读者可将对本教材的意见建议通过如下渠道反馈至我社。

咨询电话 400-810-0598

反馈邮箱 zz_dzyj@pub.hep.cn

通信地址 北京市朝阳区惠新东街4号富盛大厦1座
高等教育出版社总编辑办公室

邮政编码 100029

防伪查询说明

用户购书后刮开封底防伪涂层,使用手机微信等软件扫描二维码,会跳转至防伪查询网页,获得所购图书详细信息。

防伪客服电话 (010) 58582300

学习卡账号使用说明

一、注册/登录

访问 http://abook.hep.com.cn/sve,点击“注册”,在注册页面输入用户名、密码及常用的邮箱进行注册。已注册的用户直接输入用户名和密码登录即可进入“我的课程”页面。

二、课程绑定

点击“我的课程”页面右上方“绑定课程”,在“明码”框中正确输入教材封底防伪标签上的20位数字,点击“确定”完成课程绑定。

三、访问课程

在“正在学习”列表中选择已绑定的课程,点击“进入课程”即可浏览或下载与本书配套的课程资源。刚绑定的课程请在“申请学习”列表中选择相应课程并点击“进入课程”。

如有账号问题,请发邮件至:4a_admin_zz@pub.hep.cn。